構造振動学

千葉 正克・小沢田 正 著

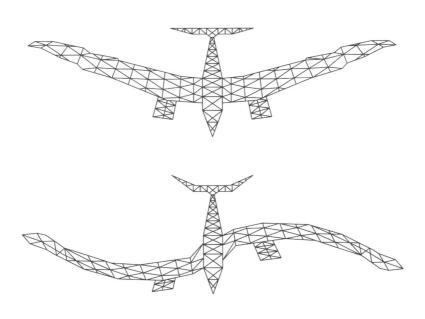

共立出版

まえがき

　自然界および人工的なさまざまな環境において，ある目的を達成するための構造物を安全性，経済性を考慮に入れて実現させるためには，その振動特性についての事前の検討が必要不可欠である．振動に起因する構造物の事故や失敗に直面するたびに，その問題解決のため実に多くのエンジニアがこれまで悪戦苦闘してきた．今後も新たに創造されるであろう各種構造物の振動問題に的確に対処するためには，基礎的構造要素あるいは構造物についての振動特性の理解が肝要である．

　薄板や薄肉殻構造は，自動車，電車，飛行機，ロケット，宇宙機，船舶のような輸送機の構造部材として広く用いられている．最近では，それらの高速化や低燃費化に伴う軽量化の要求により，構造不安定問題や振動問題の解決が求められている．

　構造物の振動特性について勉強しようとすると，まず「機械力学」や「振動工学」の教科書で，1自由度系と2自由度系について学習する．それらに関する教科書は数多く出版されている．ところが，さらに弦，棒，梁といった1次元弾性構造，膜や板の2次元弾性構造，そして機械，建築，航空宇宙などの実際の領域で広く用いられている殻（シェル）の3次元弾性構造の振動について勉強しようとすると，一部が「機械力学」や「振動工学」の教科書に記されているが，それらがまとまって書かれている教科書は残念ながらほとんどない．もちろん個別のテーマに関する仔細な専門書は存在するが，それらを収集，解読し，必要な事項を的確に抽出することは容易ではない．

　そこで本書は，3次元構造までの構造物の振動特性について勉強しようとする，機械工学，航空宇宙工学，海洋工学，建築・土木工学などの学部学生と大学院生を対象に，できるだけ項目を絞り，わかりやすく書かれたものである．

　著者らの長年の講義の経験から，学生が不得意とする項目については，丁寧に説明するとともに，演習問題を多く設け，巻末に解答を付した．さらに詳しい勉強のために，各章末に参考書や文献を示した．また，技術英語の習得を促進するため，一部英語の演習問題を設定するとともに，重要な用語については英語での表記も行

った．

　第 1 章～第 4 章では振動の基礎と集中質点系の振動について述べ，第 5 章～第 7 章では 1 次元，2 次元，3 次元弾性構造部材の振動特性について述べた．すなわち，

　第 1 章では，列車や船舶，宇宙機，建築構造物などで発生する振動とその制御例について紹介する．

　第 2 章では，振動の分類，ニュートンの運動方程式とダランベールの原理を用いた力のつり合いによる運動方程式の誘導，そして振動の表現について述べる．

　第 3 章では，1 自由度系の振動について，非減衰と減衰系，自由振動と強制振動系，並進運動と回転運動系，外力または外変位が作用する系について述べる．また，力のつり合いを用いないエネルギー法による運動方程式の誘導，衝撃力が作用する系でのラプラス変換を用いた解法についても述べる．

　第 4 章では，2 自由度系の振動について，第 3 章と同様な分類で述べる．一般的に連成する運動方程式を非連成化する方法，ダイナミックダンパ，ラグランジュの運動方程式，運動方程式の静連成と動連成，剛体モードなどについて述べる．

　第 5 章では，1 次元弾性構造である弦の横振動，棒の縦・ねじり振動，梁の曲げ振動について述べる．梁の振動では，軸力，弾性床，せん断変形と回転慣性の影響を考慮した場合についても述べた．

　第 6 章では，2 次元弾性構造である矩形または円形の膜や平板の振動について述べる．

　第 7 章では，3 次元弾性構造の振動を扱うため一般殻の「ひずみ-変位」の関係式を述べ，続いて円筒殻，円錐殻，球殻，トーラスの式を示す．また，最も広く用いられている円筒殻の曲げ振動について，Donnell の式と Love または Flügge の式を用いた場合を詳しく紹介する．

　最後に，本書の執筆に当たり，多くの教科書や専門書を参考にさせていただいた．各著者に厚くお礼申し上げる．

2016 年 8 月

著　者

目　　次

第1章　機械や構造物の振動

1.1　振動とは何か ……………………………………………………………………… *1*
1.2　機械や構造物の振動による問題とその対策について ………………………… *1*
　　　　　（1）新幹線の振動／（2）船舶の振動／（3）宇宙機の振動／（4）建物の振動
1.3　振動を積極的に利用する機器について ………………………………………… *5*

第2章　振動の基礎

2.1　振動系のモデル化 ………………………………………………………………… *9*
2.2　振動の種類 ………………………………………………………………………… *9*
2.3　運動方程式 ………………………………………………………………………… *10*
　　2.3.1　ニュートンの運動方程式 ………………………………………………… *10*
　　2.3.2　ダランベールの原理 ……………………………………………………… *11*
2.4　振動の表現 ………………………………………………………………………… *11*
　　2.4.1　調和振動 …………………………………………………………………… *11*
　　2.4.2　調和振動の複素数表示 …………………………………………………… *13*
2.5　フーリエ級数と調和解析 ………………………………………………………… *14*

第3章　1自由度系の振動

3.1　非減衰自由振動 …………………………………………………………………… *17*
　　3.1.1　並進運動系 ………………………………………………………………… *17*
　　　　A　ばね-物体系の運動方程式／B　運動方程式の解／C　固有円振動数
　　3.1.2　回転運動系 ………………………………………………………………… *21*
　　　　A　慣性モーメントと回転半径／B　平行軸の定理と直交軸の定理
　　3.1.3　エネルギー法とレーリー法 ……………………………………………… *28*
　　　　A　エネルギー法／B　レーリー法
3.2　減衰自由振動 ……………………………………………………………………… *31*
　　3.2.1　粘性減衰 …………………………………………………………………… *32*
　　　　A　運動方程式／B　減衰振動波形／C　減衰比の求め方
　　3.2.2　クーロン摩擦 ……………………………………………………………… *37*

　　　　　A　運動方程式／ B　減衰振動波形
3.3　非減衰強制振動 ……………………………………………………… *41*
　　3.3.1　周期加振力が作用する場合 ……………………………… *41*
　　3.3.2　周期加振変位が作用する場合 …………………………… *43*
3.4　減衰強制振動 ………………………………………………………… *44*
　　3.4.1　運動方程式 ………………………………………………… *44*
　　3.4.2　周波数応答曲線 …………………………………………… *44*
　　3.4.3　減衰比の評価：Q 値 ……………………………………… *46*
　　3.4.4　実験における共振点の測定 ……………………………… *47*
3.5　基礎励振 ……………………………………………………………… *49*
3.6　衝撃応答 ……………………………………………………………… *51*
　　3.6.1　インパルス応答 …………………………………………… *52*
　　3.6.2　任意波形の外力による応答 ……………………………… *54*
　　3.6.3　ステップ応答 ……………………………………………… *55*
　　3.6.4　ラプラス変換を用いた応答 ……………………………… *57*

第 4 章　多自由度系の振動

4.1　2自由度非減衰系の振動 …………………………………………… *63*
　　4.1.1　自由振動 …………………………………………………… *63*
　　　　　A　並進運動系／ B　回転運動系／ C　並進・回転運動系
　　4.1.2　運動方程式の非連成化 …………………………………… *74*
　　4.1.3　強制振動 …………………………………………………… *75*
　　　　　A　運動方程式／ B　周波数応答
4.2　2自由度減衰系の振動 ……………………………………………… *78*
　　4.2.1　ダイナミックダンパ ……………………………………… *78*
　　4.2.2　粘性減衰と外力がある場合の運動方程式の非連成化 … *82*
4.3　ラグランジュの運動方程式 ………………………………………… *83*
4.4　運動方程式の静連成と動連成 ……………………………………… *87*
4.5　剛体モード …………………………………………………………… *90*
4.6　3自由度非減衰系の自由振動 ……………………………………… *92*
　　4.6.1　運動方程式 ………………………………………………… *92*
　　4.6.2　固有円振動数と固有振動モード ………………………… *93*
4.7　n 自由度系の自由振動 ……………………………………………… *96*

第5章 1次元弾性体の振動

- 5.1 弾性体の振動解析について ……………………………………………… *99*
- 5.2 1次元構造とは ……………………………………………………………… *99*
- 5.3 弦の振動 …………………………………………………………………… *100*
- 5.4 棒の振動 …………………………………………………………………… *105*
  - 5.4.1 棒の縦振動 ……………………………………………………… *105*
  - 5.4.2 棒のねじり振動 ………………………………………………… *109*
- 5.5 梁の曲げ振動 ……………………………………………………………… *113*
  - 5.5.1 オイラー・ベルヌーイ梁 ……………………………………… *113*
  - 5.5.2 種々の影響を考慮した梁 ……………………………………… *121*
    A 軸力の影響/ B 弾性床の影響/ C せん断変形と回転慣性の影響
  - 5.5.3 強制振動 ………………………………………………………… *128*

第6章 2次元弾性体の振動

- 6.1 2次元構造とは …………………………………………………………… *131*
- 6.2 膜の振動 …………………………………………………………………… *131*
  - 6.2.1 矩形膜 …………………………………………………………… *131*
  - 6.2.2 円形膜 …………………………………………………………… *137*
- 6.3 平板の曲げ振動 …………………………………………………………… *143*
  - 6.3.1 矩形板 …………………………………………………………… *143*
  - 6.3.2 円形板 …………………………………………………………… *149*

第7章 3次元弾性体の振動

- 7.1 3次元構造とは …………………………………………………………… *157*
- 7.2 殻の振動 …………………………………………………………………… *158*
  - A 円筒殻/ B 円錐殻/ C 球殻/ D トーラス
- 7.3 円筒殻の曲げ振動 ………………………………………………………… *169*
- 7.4 Flügge の式と Donnell の式 ……………………………………………… *176*
  - 7.4.1 Donnell の式による固有円振動数 …………………………… *176*
  - 7.4.2 境界条件の影響 ………………………………………………… *177*
  - 7.4.3 Donnell の式と Flügge の式による最小固有振動数の比較 ………… *178*
- 7.5 応力関数を用いた円筒殻の曲げ振動の運動方程式 ………………………… *179*

演習問題解答……………………………………………………………………… *183*
付　録…………………………………………………………………………… *207*
索　引…………………………………………………………………………… *213*

1 機械や構造物の振動

1.1 振動とは何か

　周期（period：T）と呼ばれる一定の時間間隔である状態を繰り返す，またはある基準値または平均値を中心にしてこれよりも大きい状態と小さい状態を交互に繰り返す現象を**周期運動**（periodic motion）または**振動**（vibration）という．この現象が単位時間内に繰り返される回数を**振動数**（frequency：f）または**周波数**という．

　わたしたちの身のまわりには，いろいろな振動現象が発生している．たとえば自然によって発生する現象としては，惑星や衛星の運行，風による水面や木々の振動，海の波，天候や気温の変動，地震による地盤や建物の振動，デコボコ道を走行する自動車や荒天の海を航行する船舶の振動，気流の乱れによる航空機の翼の振動，強風下の橋や高層ビルの振動などがあげられる．一方人工的に発生する振動現象には，エンジンの振動，シェーバーや電動工具，脱水機の振動，楽器の振動，振り子やクレーンで吊り下げられた物体の振動，ブランコの振動などがある．さらに，わたしたちの体に目を転じると，心臓の拍動，血圧変動，肺の伸縮，鼓膜や声帯の振動，筋肉の痙攣，震え，生活リズムや体調の周期的変動（バイオリズム）なども振動現象と考えられる．

1.2 機械や構造物の振動による問題とその対策について

　振動が原因となる問題や騒音の例は多く，その現象の解明や対策のために，これまでに多くの研究や対策法の開発が行われてきた．以下にいくつかの例を紹介す

る．

(1) 新幹線の振動

我が国が世界に誇る新幹線は，営業最高速度を開業当初の時速 210 km から，現在では一部で 320 km にまで引き上げてきている．高速化に伴う車体振動や騒音の低減化を図るために，**アクティブ振動制御**（active vibration control），車体傾斜制御をはじめとする多くの画期的な技術が開発されてきた．その一例として，図 1.1 は車体の水辺方向振動（横ゆれ）を低減させるためのアクティブ振動防止制御システム[1] の概念図を示している．センサで車体の揺れを検知し，制御装置により揺れを抑える最適な力をアクチュエータから車体に作用させる仕組みである．これらの技術の結集により，時速 300 km 超の高速走行時でも快適な**乗り心地**（ride quality）が達成されたといわれている．

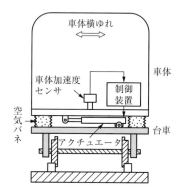

図 1.1　新幹線の横揺れに対するアクティブ振動防止制御システム

(2) 船舶の振動

船は高波や強風によって振動し，船酔いの原因となる乗り心地の悪化や貨物の荷崩れを引き起こしたり，最悪の場合には転覆事故に至ることもある．この振動の代表的な例が，船の**横揺れ**（rolling）および**縦揺れ**（pitching）である．ここでは，転覆につながる可能性が大きい横揺れを抑制するアンチローリング・タンク装置[2] について紹介する．

図 1.2 はその概念図を示している．船体の両側に設置されたタンクは，相当に太いパイプで相互に連結されている．船がある振動周期で横揺れするとき，タンク内の液体を移動させ，図のように液体の重さによって揺れと逆方向の**減揺モーメント**（anti-rolling moment）を発生させ，揺れを抑制する装置である．船の固有の振動周期のみに対応する受動型，および船の時々刻々の振動周期を随時検出しそれに対応して強制的に液体を移動させる能動型がある．この装置は，一般に船の速度が遅いと

図 1.2　船の横揺れ振動を抑制するアンチローリング・タンク装置

きや停止しているときに効果を発揮し，平均で50-70％程度の揺れ角の減少率をもたらすとされており，多くの船舶に採用されている．

(3) 宇宙機の振動

ロケットの打ち上げ時のきわめて激しい振動により，搭載されている衛星あるいは探査機器の不具合がたびたび発生しているといわれている．厳しい重量制限の中でこれを防止するために，設計段階における入念な振動解析とともに，実機モデルを用いて打ち上げ時の環境よりも厳しい振動試験を課すことにより種々の対策を講じている．図 1.3 は超小型衛星「まいど1号」（約 50 cm^3，50 kg）の振動試験の状況である．振動対策の1つとして，構造部材の接合面にポリイミドテープを挟み込んで振動の効果的な減衰を得ている[3]．

図 1.3　超小型衛星「まいど1号」の振動試験風景

国際宇宙ステーション（ISS）では**微小重力**（micro gravity）環境を利用した各種の精緻な実験が行われているが，図 1.4 からもわかるように，定期的に可動するアンテナや太陽電池パドルに発生する振動は真空環境のため減衰が遅く，長く続くため微小重力環境を乱す原因となり問題となっている[4]．また，補給や人員交代用の宇宙輸送機のドッキング，アンドッキングおよび姿勢変更，軌道修正に伴ってス

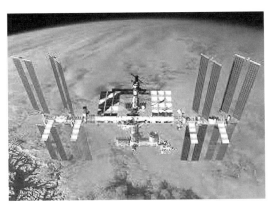

図 1.4　国際宇宙ステーション（ISS），右下が日本のモジュール「きぼう」（©ISAS,JAXA）

テーション全体に発生する大きな低周波振動も防止が難しい．宇宙ステーションの構造は複雑であり，さらに宇宙空間という特異で厳しい環境のため，地上における場合に比べて振動対策は容易でないのが現状である．

(4) 建物の振動

世界でも有数の地震国である我が国では，その対策として**耐震**（seismic resistant，壁や柱などを強化し建物自体の構造を強くして振動に対抗する），**免震**（seismic isolation，建物と地面との間に積層ゴムなどを用いた免震装置を設け振動する地面と建物を絶縁する），**制振**（seismic suppression，ダンパーなどの振動軽減装置を建物内に設け振動を抑制する：**制震**とも記される）は，今や必要不可欠な技術となってきている．実際に，この技術は高層のビルやタワーのみならず，一般住宅においても実用化され，普及しつつある．

たとえば，より身近な木造住宅用制震システム[5),6)]においては，図 1.5 のように住宅の筋かいの代わりにコンパクトなダンパーを壁内に内蔵設置する．この手法は，地震のエネルギーを熱エネルギーなどに変換し，消散させることにより，揺れを低減させ住宅内部の被害を減少させると同時に，家屋の損壊を防止する効果も高いとされている．

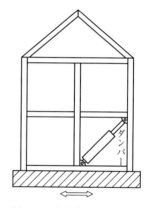

図 1.5 木造住宅用制震ダンパー

少し変わった例として，東京スカイツリーの塔本体部の制振システム[7)]を紹介する．塔の中央部に設けられた鉄筋コンクリート製円筒から成る**心柱**（central piller）と，それを取り囲む鉄骨製タワー本体の間はオイルダンパーで図 1.6 のように接続されている．大きな地震時には，心柱が付加質量のごとく作用し，鉄骨製タワー本体と互いに逆方向に振れることにより揺れを 50％程度相殺・抑制し，塔に発生するせん断力を 40％程度低減することが可能とされている．この技術は，日本の伝統的建築物である五重塔の心柱を用いた建築様式からヒントを得たものといわれている．

一方，続々と建設されている超高層のビル，マンションなどの上層階は，強風や中小の地震により低振動数で比較的振幅の大きい不快な揺れが長く続くという特性を有している．これは構造的にはまったく問題がないものの，居住性の面で大きな問題となっている．防止対策として，ビルの振動に共振する最適な質量を有する振り子バネシステム（**チューンド・マス・ダンパー**（tuned mass damper：**TMD**））

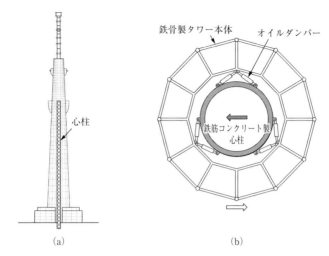

図 1.6 東京スカイツリーの制振システム[7]（(a) 塔と心柱，(b) 塔断面図）

を用いてパッシブに振動を抑制したり，最適な質量を有する錘をビルの振動と逆位相で強制的に動かして（**アクティブ・マス・ダンパー**（active mass damper：AMD））アクティブに振動を抑制するシステムなどが導入されている．

前者の例としては，東京スカイツリーのゲイン塔頂部に設置されている 40 t，25 t（それぞれ 620 m，625 m に設置）の質量を有する倒立振り子型の風揺れ対策用制振装置[8]がある．後者の例としては，横浜ランドマークタワー（高さ 296 m）屋上に設置されている 170 t の質量の錘を 2 基用いた制振装置[9]がある．2000 年以降に我が国で建設された超高層ビルには，上述のような何らかの制振装置が組み込まれているといわれている．

1.3 振動を積極的に利用する機器について

振動現象は上述のようにやっかいな問題を引き起こすだけではなく，積極的に利用されて重要な働きをしている場合も多い．以下にいくつかの例を紹介する．

携帯電話やマッサージ機のバイブレータ，振動搬送機，振動加工機，振動転圧機，超音波モータ・アクチュエータなどでは，むしろ安定した規則正しい振動が有効に利用されている．また，振動刺激を利用した生体細胞，組織，臓器の活性化促進[10]や超音波振動を利用する骨折などの損傷回復促進も行われている．

振動の発生原理としては，携帯電話などの小型の場合は偏心質量を有するモータの回転による不つり合い振動を利用することが多く，振動転圧機などの大型の場合はエンジンの回転をカムまたはクランクシャフトを利用した往復運動によって発生する振動を利用する．また超音波モータ・アクチュエータ，生体細胞計測・操作用のセンサ・アクチュエータ[11]，さらにマイクロ・ナノマシンの駆動機構などの特殊な例として，圧電素子（piezoelectric element）を貼り付けた振動子の微小振動を利用する場合などもある．

振動の積極的利用の代表的な例として，**水晶振動子**[12]（crystal or quartz oscillator）を紹介する．圧電体である水晶の結晶に電圧をかけると変形が発生する．たとえば，図 1.7 に示す「音さ」状の微小な水晶振動子が時計に組み込まれているが，これは電圧をかけることによって 1 秒間に 32768 回（32.768 kHz）規則的に安定した振動するように形や寸法が設計されている．すなわち $2^{15} = 32768$ であるため，振動数を 2 分の 1 ずつ落とす**分周**（frequency division）という操作を 15 回繰り返すと 1 秒間に 1 回という信号を得ることができ，時間の基準として時計に用いることができるのである．

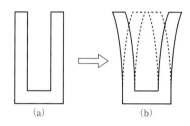

図 1.7　代表的水晶振動子の形状（a）とその振動形のイメージ（b）

水晶振動子による時計は原子時計のような精度は出ないが，温度や電圧変動の影響を受けにくく，誤差は 1 ヶ月で 15～20 秒程度に留まるとされている．さらに小型化，簡素化，低コスト化に適しているため，いわゆるクォーツ時計をはじめとして，ラジオ，コンピュータ，携帯電話，OA 機器，カーエレクトロニクスにおける発振回路など今日でも非常に多くの機器に使用されている．

演習問題

1.1　身のまわりで，問題となっているまたは困っている振動現象を 3 件述べよ．また，その解決策について考えよ．

1.2　身のまわりで，役に立っている振動現象を 3 件述べよ．

1.3　機械や構造物の振動現象が原因でこれまでに国内外で発生した大きな事故について調べてみよ．また，その後の対策および事故の再発の有無についても調べてみよ．

1.4　標準的な乗用車 1 台につき，何個の水晶振動子がどのような用途で使用されてい

るか調べてみよ．

〈参考文献〉

1) 梶谷，加藤，浅野：乗り心地向上の取組み，*JR EAST Technical Review*, No.31, 特集論文-16, 2010.
2) 橋本，末吉，峯垣：パラメトリック横揺れ防止装置としてのアンチローリングタンクの性能推定，日本船舶海洋工学会論文集，第6号，pp. 305-311, 2007.
3) M. Chiba and T. Furukawa：A new approach to vibration reduction analysis using thin polyimide tape inserted between structural elements, *Experimental Mechanics*, Vol. 51 (8), pp. 1285-1299, 2011.
4) 大熊，村上，後藤：宇宙輸送機による国際宇宙ステーションの振動，日本マイクログラビティ応用学会誌，Vol. 28, No. 1, pp. 13-17, 2011.
5) https://www.sumitomoriko.co.jp/trc-damper-wh/spec/jikken.html
6) https://www.kyb-ksm.co.jp/products/vibration_control/vibration_control-0013.html
7) http://www.nikken.co.jp/ja/skytree/index.php
8) 森下，笹島，冨谷，田阪，久保：東京スカイツリー用制振装置の開発，三菱重工技報，Vol.49, No.1, pp.96-98, 2012.
9) 阿比留，原田，尾木，山崎，溜：高層ビル用制震装置の開発，三菱重工技報，Vol.32, No.3, pp.195-198, 1995.
10) Tadashi Kosawada, Tomoyuki Koizumi, Kazuya Ugajin, Zhonggang Feng, Kaoru Goto：Novel Three-dimensional Micro Vibration Actuator for Imposing Dynamic Stimulations to Promote Differentiation of iPS Cells, *Microsystem Technologies*, Vol.22, pp.45-56, 2016.
11) Ken-ichi Konno, Tadashi Kosawada, Masato Suzuki, Takeshi Nakamura, Zhonggang Feng, Yasukazu Hozumi, Kaoru Goto：Dynamic actuation and sensing micro-device for mechanical response of cultured adhesive cells, *Microsystem Technologies*, Vol.16, pp.993-1000, 2010.
12) 板生：情報マイクロシステム—微小振動論，朝倉書店, 1998.

2 振動の基礎

2.1 振動系のモデル化

機械構造物の振動を解析しようとする場合には，その振動系の力学的特性を適切に表現する，最も簡単なモデルに置き換える（modelling）ことが必要となる．

振動系の基本要素には，**慣性**（inertia），**復元性**（restorability），**減衰**（damping）がある．慣性は物体のそのときの運動状態を持続しようとする性質であり，復元性は**平衡状態**（equilibrium state）に戻そうとする性質である．減衰は運動を妨げようとする抵抗であり，後述するように，**粘性減衰**（viscous damping），**摩擦減衰**（frictional damping），**構造減衰**（structural damping）などが挙げられる．

振動系に**外力**（external force）または**励振力**（excitation force）が働くと振動が発生し，それは振動系の**応答**（response）という．励振には，大きく分けて**周期的励振**（periodic excitation），**無周期的励振**（aperiodic excitation），**不規則励振**（random excitation）がある．

2.2 振動の種類

振動系が励振されない場合の振動は**自由振動**（free vibration）または**固有振動**（natural vibration），励振が作用する場合には**強制振動**（forced vibration）と呼ばれる．その応答は，時間的に一定して変わらない場合は**定常応答**（steady response），そうでない場合には**非定常応答**（unsteady response）と呼ばれる．（表2.1）

また，励振力が物体の変位，速度，加速度などの関数となり，振動系が不安定と

表 2.1 外力の種類

種類	励振力の例		
周期的励振	(a) 正弦波	(b) 三角波	(c) 合成波
無周期励振	(d) インパルス	(e) ステップ	(f) 半周期正弦波
不規則励振		(g) 不規則波	

なり起こる**自励振動**（self-excited vibration）がある．

さらに，振幅が微小である範囲では**線形振動**（linear vibration）であるが，たとえば振幅が大きくなると**非線形振動**（non-linear vibration）となり，線形振動では観られない現象が発生する．本書では非線形振動は扱わない．

2.3 運動方程式

物体の運動を記述する**運動方程式**（equation of motion）は，**ニュートンの運動法則**（Newton's law of motion），**ダランベールの原理**（d'Alembert's principle），**エネルギー保存則**（law of conservation of energy）等を用いて誘導される．

2.3.1 ニュートンの運動方程式

ニュートンの第 2 法則（**運動の法則**（law of motion））：
「運動の変化は，作用した力に比例し，物体の質量に反比例する」
「質量 m の物体に力 F を作用させると，力が作用した方向に加速度 α を生

じ，α の大きさは F に比例し，m に反比例する」

より，質量 m の物体に力 F を作用させたときに生じる加速度を α とすると，$\alpha = \ddot{u}(t)$ から，運動方程式として次式が得られる．

$$F = m\ddot{u}(t) \tag{2.1}$$

2.3.2　ダランベールの原理

運動している物体に作用する見かけ力である**慣性力**（inertia force）：$(-m\ddot{u}(t))$ を導入し，力 F と**静的**なつり合いにあるとし，物体に作用する力の総和が零となる状態がつり合った状態と考える．運動方程式として次式が得られる．

$$-m\ddot{u}(t) + F = 0 \tag{2.2}$$

上式で "$-$" の符号が付くのは

> **ニュートンの第1法則（慣性の法則**（law of inertia））：
> 「力を受けない質点は，静止したままか，等速運動を行う」

から，物体にとってみれば「動きたくない」からと考えると理解でき，そこで慣性力は**慣性抵抗**（inertial resistance）とも呼ばれる．

このように，両者の方法から誘導される運動方程式の形は同じであるが，自由度が大きい系の場合に生じる符号の間違いを減らすため，本書では主に**ダランベールの原理**の考え方で運動方程式を誘導するが，ニュートンの運動方程式によっても同じ式が得られる．

2.4　振動の表現

2.4.1　調和振動

等しい時間間隔 T で繰り返す運動は，**周期運動**（periodic motion）という．時間 T[s] は振動の**周期**（period），その逆数 $f = 1/T$ は**振動数**（frequency）と呼ばれ，単位は Hz を用いる．

たとえば，ばねに吊り下げられた錘の上下運動を，一定速度で動く記録テープ上に示すと，図2.1のような波形が得られる．横軸には時間 t が取ってあり，任意時間を $t = 0$ にしている．式で表現すると

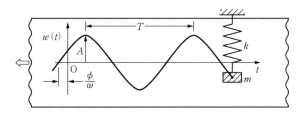

図 2.1　錘の運動

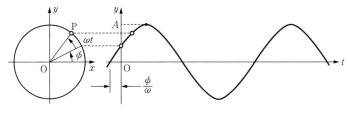

図 2.2　錘の運動の複素表示

$$w(t) = A\sin\left(\frac{2\pi}{T}t + \phi\right) \tag{2.3}$$

と書ける．A は**振幅**（amplitude），ϕ は時刻 $t=0$ での**初期位相**（initial phase angle）と呼ばれる．式（2.3）は以下のようにも書ける．

$$w(t) = A\sin(\omega t + \phi) \tag{2.4}$$

ここに

$$\omega = \frac{2\pi}{T} \tag{2.5}$$

は，ばね定数 k と錘の質量 m によって定まる，このシステム固有の物理量で，**固有円振動数**（natural circular frequency）と呼ばれる．単位は rad/s である．また

$$f = \frac{\omega}{2\pi} \tag{2.6}$$

は**固有振動数**（natural frequency）と呼ばれる．このような，正弦関数や余弦関数で表される振動を**調和振動**（harmonic vibration）という．

また，このような波形は，図 2.2 に示すような，半径 A の円周上を角速度 ω で等速運動する点 P の y 軸への投影によっても表現される．x 軸への投影は次式となり

$$x = A\cos(\omega t + \phi) \tag{2.7}$$

速度，加速度はそれぞれ以下の式で与えられる．

$$\dot{x} = -\omega A \sin(\omega t + \phi) = \omega A \cos\left(\omega t + \phi + \frac{\pi}{2}\right) \quad (2.8)$$

$$\ddot{x} = -\omega^2 A \cos(\omega t + \phi) = \omega^2 A \cos(\omega t + \phi + \pi) \quad (2.9)$$

これらより，変位と比べて，速度は大きさがω倍となり，位相が$\pi/2$進み，加速度はω^2倍となり，位相がπだけ進んでいることがわかる．

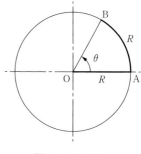

図 2.3 ラジアン

ω の単位は rad/s で表されるため，**円振動数**（circular frequency）と呼ばれる．これは2πラジアンを周期Tで運動するため，式（2.5）のように定義されるからである．

さて，ここで改めてラジアンとは．いま，半径Rの円を考えよう（図2.3）．半径と同じ長さのひもをA点から円周に沿って貼り付けると，円弧 AB の中心角$\angle$AOB$=\theta$は，どんな大きさの円でも同じ角度になる．これを１**ラジアン**（radian）と呼び，この角度の測り方を**弧度法**（circular measure）という．

半径Rの円周の長さは$2\pi R$なので，Rとの比をとることで$360°$は2πに対応することがわかる．また$360°/2\pi \approx 57.3°$，つまり$1\,\text{rad} \approx 57.3°$となる．

2.4.2 調和振動の複素数表示

調和振動を，x軸を実軸，y軸を虚軸とする複素平面上のベクトルZと考えると

$$Z = x + iy = A\cos(\omega t + \phi) + iA\sin(\omega t + \phi) \quad (2.10)$$

ここに$i = \sqrt{-1}$は虚数単位である．$\theta = \omega t + \phi$とすると，次のようになる．

$$Z = x + iy = \sqrt{x^2 + y^2}\, e^{i\theta}, \quad \theta = \tan^{-1}\frac{y}{x} \quad (2.11)$$

したがって，式（2.10）は

$$Z = A e^{i(\omega t + \phi)} = \overline{A} e^{i\omega t}, \quad \overline{A} = A e^{i\phi} \quad (2.12)$$

このように，調和振動を複素数表示することができる．$\overline{A}$は**複素振幅**（complex amplitude）と呼ばれる．粘性減衰があるシステムの応答を求める際には，計算が容易になる．

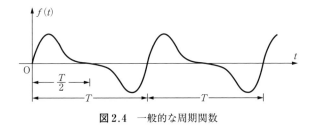

図 2.4　一般的な周期関数

2.5　フーリエ級数と調和解析

前節では，円振動数 ω の調和振動を考えたが，図 2.4 に示すような周期が $T = 2\pi/\omega$ の一般的な振動を考えよう．

任意の周期関数 $f(t)$ は，**基本円振動数**（fundamental circular frequency）ω_0 の整数倍の値をもつ周期関数で表現することができる．そのような調和関数列を**フーリエ級数**（Fourier series）と呼び，次式で定義される．

$$f(t) = \frac{1}{2}a_0 + \sum_{n=1}(a_n \cos n\omega_0 t + b_n \sin n\omega_0 t), \quad \omega_0 = \frac{2\pi}{T} \tag{2.13}$$

ここに n は整数で，$n = 1, 2, \cdots$，係数 a_n, b_n は，**フーリエ係数**（Fourier coefficients）と呼ばれ，次式で与えられる．

$$\begin{aligned}
a_0 &= \frac{1}{T}\int_{-T/2}^{T/2} f(t)\,dt, \\
a_n &= \frac{2}{T}\int_{-T/2}^{T/2} f(t)\cos n\omega_0 t\,dt, \quad n = 0, 1, \cdots \\
b_n &= \frac{2}{T}\int_{-T/2}^{T/2} f(t)\sin n\omega_0 t\,dt, \quad n = 1, 2, \cdots
\end{aligned} \tag{2.14}$$

ⅰ）$f(t)$ が**奇関数**（odd function）の場合：$f(-t) = -f(t)$

$$f(t) = \sum_{n=1} b_n \sin n\omega_0 t, \quad b_n = \frac{4}{T}\int_0^{T/2} f(t)\sin n\omega_0 t\,dt, \tag{2.15}$$

ⅱ）$f(t)$ が**偶関数**（even function）の場合：$f(-t) = f(t)$

$$f(t) = \frac{1}{2}a_0 + \sum_{n=1} a_n \cos n\omega_0 t, \quad a_0 = \frac{2}{T}\int_0^{T/2} f(t)\,dt,$$

$$a_n = \frac{4}{T}\int_0^{T/2} f(t)\cos n\omega_0 t\,dt \tag{2.16}$$

また，式（2.13）の第 2 項は

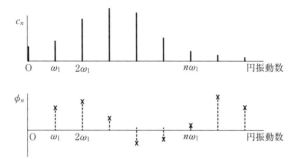

図 2.5　周期関数のフーリエスペクトル

$$a_n \cos n\omega_0 t + b_n \sin n\omega_0 t$$
$$= \sqrt{a_n^2 + b_n^2} \left(\frac{a_n}{\sqrt{a_n^2 + b_n^2}} \cos n\omega_0 t + \frac{b_n}{\sqrt{a_n^2 + b_n^2}} \sin n\omega_0 t \right) \quad (2.17)$$
$$= c_n \cos(n\omega_0 t - \phi_n)$$

と変形できる．ここに

$$c_n = \sqrt{a_n^2 + b_n^2}, \quad \phi_n = \frac{b_n}{a_n} \quad (2.18)$$

c_n と ϕ_n を $n\omega_0$ に対してプロットすると，図 2.5 を得る．これを**フーリエスペクトル**（Fourier spectrum）という．c_n と ϕ_n を決定することを**調和解析**（harmonic analysis）という．

なお，$\omega_0 = \frac{2\pi}{T}$ より，$\omega_0 t = \frac{2\pi}{T} t$ なので，$t \to -\frac{T}{2} \sim \frac{T}{2}$: $\omega_0 t \to -\pi \sim \pi$ となり，式 (2.14) は，次式のようにも書ける．

$$a_0 = \frac{1}{2\pi} \int_{-\pi}^{\pi} f(t) \, d(\omega_0 t),$$
$$a_n = \frac{1}{\pi} \int_{-\pi}^{\pi} f(t) \cos n\omega_0 t \, d(\omega_0 t), \quad n = 0, 1, \cdots \quad (2.19)$$
$$b_n = \frac{1}{\pi} \int_{-\pi}^{\pi} f(t) \sin n\omega_0 t \, d(\omega_0 t), \quad n = 1, 2, \cdots$$

〈参考文献〉

1) W. Thomson : Theory of vibration with application, Prentice-Hall, Inc., 1972.

3　1自由度系の振動

3.1　非減衰自由振動

　減衰のないシステムの**自由振動**（free vibration）を考える．この場合，システムには外力等が働かず，システムの**固有振動特性**（vibration characteristics），つまり，**固有振動数**（natural frequency），**振動モード**（vibration mode）を求めることになる．

3.1.1　並進運動系（translational motion system）

A．ばね-物体系の運動方程式

　重力 g の作用下で，質量 m の物体がばね定数 k のばねで吊り下げられているシステムを考える．なお，物体（または錘）は大きさをもたず，**質量**（mass）のみを有する**質点**（point mass）と考える．

　次の2つの座標系で，自由振動の運動方程式を導いてみよう．

　(a)　**物体を取り付けないとき（ばねの自然長）**のばね端を原点にとる y 座標（下向き）：図3.1．

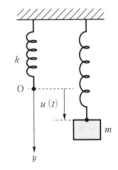

図3.1　ばね-物体

　物体が $u(t)$ 変位すると，物体には次の3つの力が働く．

　・慣性力：$-m\ddot{u}$　・ばねの復元力：$-ku$　・重力：mg

第2項は，ばねが伸びることで物体を引き戻そうとする力である．これらがつり合うので，ダランベールの原理より

$$-m\ddot{u} - ku + mg = 0$$

$$m\ddot{u} + ku = mg \qquad (3.1)$$

これが y 座標を用いた場合の運動方程式であり,ニュートンの運動方程式の考え方からも同じ式が得られる.この式は $u(t)$ についての 2 階の非同次(右辺 $\neq 0$)の微分方程式である.

(b) 次に,物体を取り付けて,<u>δ だけ変位した点(静的平衡点)</u>を原点にとる x 座標(下向き):図 3.2.

物体が $w(t)$ 変位すると,物体には

・慣性力:$-m\ddot{w}$ ・ばねの復元力:$-kw$

が働き,これらがつり合うので,ダランベールの原理より

$$-m\ddot{w} - kw = 0$$
$$m\ddot{w} + kw = 0 \qquad (3.2)$$

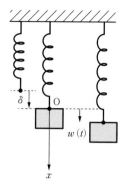

図 3.2 ばね-物体

これが x 座標を用いた場合の運動方程式であり,ニュートンの運動方程式の考え方からも同じ式が得られる.この式は式 (3.1) とは異なり 2 階の同次(右辺 $=0$)の微分方程式である.

ここで,$u(t)$ と $w(t)$ の関係は,$u(t) = w(t) + \delta$ なので,式 (3.1) に代入すると

$$m(\ddot{w} + \ddot{\delta}) + k(w + \delta) = mg$$

また

$$mg = \delta k \qquad (3.3)$$

より

$$\delta = \frac{mg}{k}, \quad m\ddot{w} + kw + \cancel{mg} = \cancel{mg}$$
$$m\ddot{w} + kw = 0 \qquad (3.4)$$

となり,式 (3.1) から式 (3.2) が導かれることがわかる.

このように,座標の原点をどこにするかで得られる運動方程式が異なる.解を求める場合,式 (3.1) は非同次の微分方程式なので,**特殊解**(particular solution)も求める必要があるため,式 (3.2) の方が取り扱いやすい.そこで,今後はつり合い位置を原点に取った座標系を用いることにする.

B. 運動方程式の解

次に,運動方程式 (3.2) を満足する $w(t)$ を求める.

[Step 1] まず,次のパラメータを導入:$\omega^2 = k/m$ すると,式 (3.2) は次式になる.

$$\ddot{w} + \omega^2 w = 0 \qquad (3.5)$$

[Step 2] 次に，変位を $w(t) = Ae^{i\alpha t}$ の形に仮定する．A と α は定数．
$$-A\alpha^2 e^{i\alpha t} + \omega^2 A e^{i\alpha t} = 0$$
$$-\alpha^2 + \omega^2 = 0$$

これは**特性方程式**（characteristic equation）と呼ばれる．α について解くと
$$\alpha = \pm\omega$$
$$\therefore w(t) = A_1 e^{i\omega t} + A_2 e^{-i\omega t} \tag{3.6}$$

A_1 と A_2 は定数．ここで，**オイラーの公式**（Euler's formula）（付録 A2 参照）を用いると
$$e^{\pm i\beta x} = \cos\beta x \pm i\sin\beta x \tag{3.7}$$
$$w(t) = A_1(\cos\omega t + i\sin\omega t) + A_2(\cos\omega t - i\sin\omega t)$$
$$= (A_1 + A_2)\cos\omega t + (A_1 - A_2)i\sin\omega t$$
$$= C\cos\omega t + D\sin\omega t$$
$$= E\cos(\omega t + \phi) \tag{3.8}$$

ここに，C, D, E, ϕ は未定定数で，**初期条件**（initial condition）より決定される．このように，$w(t)$ は $\sin\omega t$ と $\cos\omega t$ の和で表すことができる．

C． 固有円振動数

この振動系は，たとえば物体を手で少し引張った後離すと，物体は上下に**単振動**（simple harmonic motion）する．このときの円振動数は，このシステム固有のもので，**固有円振動数**（natural circular frequency）ω_0 と呼ばれる．

前項では，運動方程式を厳密に解いた．運動方程式から固有円振動数を求めるには，物体が振幅 A，固有円振動数 ω の単振動すると仮定し
$$w(t) = A\sin\omega t \quad \text{or} \quad A\cos\omega t$$
式（3.2）に代入すると
$$-\omega^2 mA\sin\omega t + kA\sin\omega t = 0 \quad \rightarrow \quad \omega_0 = \sqrt{\frac{k}{m}} \quad \therefore \ 0 \leq \omega_0 \tag{3.9}$$
のように求めることができる．

【例題 3.1】 液体中に浮いている円柱

半径 R，長さ L，質量 m，密度 ρ_s の円柱が，密度 ρ_f の液体中に深さ H だけ沈んだ状態で平衡状態にある（図 3.3）．液体の粘性や液体中に発生する渦等は考えない．

いま，平衡状態から下向きに w だけ変位した場合を考えると，円柱には
・慣性力：$-m\ddot{w}$ ・復元力 ＝ 増分浮力：$-\pi R^2 w \rho_f g$

が働き，これらがつり合う（ダランベールの原理）ので

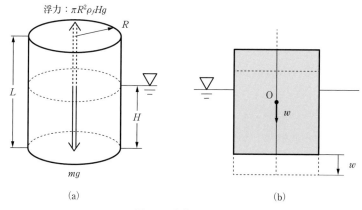

図 3.3　液体中の円柱

$$-m\ddot{w} - \pi R^2 w \rho_f g = 0 \tag{a}$$

ここに，$m = \pi R^2 L \rho_s$ より

$$\pi R^2 L \rho_s \ddot{w} + \pi R^2 \rho_f g\, w = 0 \tag{b}$$

運動方程式は，次のようになる．

$$\ddot{w} + \frac{g\rho_f}{L\rho_s} w = 0 \tag{c}$$

ニュートンの運動方程式の考え方からも同じ式が得られる．固有円振動数は，次式で与えられる．

$$\omega_0 = \sqrt{\frac{g\rho_f}{L\rho_s}} \quad \text{または} \quad \omega_0 = \sqrt{\frac{g}{H}} \tag{d}$$

$$\therefore \quad \frac{\rho_s}{\rho_f} = \frac{H}{L}$$

このように，この問題では，ばねの復元力に相当するのは円柱が受ける浮力であることがわかる．

【例題 3.2】　先端に錘を有する片持ち梁

長さ l の片持ち梁の先端に，質量 m の錘が付けられた振動系を考える（図 3.4）．

錘による梁先端の曲げたわみを w_l とすると，式 (3.3) に相当する式として次式が成り立つ．E は縦弾性係数，I は断面 2 次モーメント，k

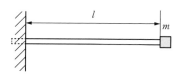

図 3.4　先端に錘を有する片持ち梁

はばね定数である．

$$mg = kw_l = k\frac{(mg)l^3}{3EI} \qquad (a)$$

これより

$$k = \frac{3EI}{l^3} \qquad (b)$$

となり，固有円振動数は次式のように求められる．

$$\omega_0 = \sqrt{\frac{k}{m}} = \sqrt{\frac{3EI}{ml^3}} \qquad (c)$$

この問題では，ばねの復元力に相当するのは，**梁の曲げ剛性** EI である．

演習問題

3.1 未知の質量 m を有する物体と未知のばね定数 k を有するばねから成り，固有円振動数 ω を有する振動系がある．この系に質量 M の物体を加えたとき，系の固有円振動数が Ω になった．m と k を求めよ（図 3.5）．

3.2 2 つのばねを（a）並列に，または（b）直列に繋いだ場合の**等価ばね定数**（equivalent spring constant）k_{eq} を求めよ（図 3.6）．

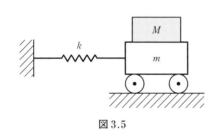

図 3.5

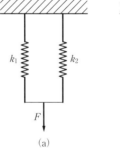

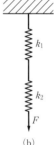

図 3.6

3.1.2 回転運動系 (rotational motion system)

これまでは，**力のつり合い**を考えて物体が並進運動する場合の運動方程式を誘導した．次に，物体がある点回りに回転運動する場合を考える．その際には**モーメントのつり合い**を考えることになる．

図 3.7 に示した質量 m の物体が O 点回りに平面内を振り子のように振動する場合を考えよう．いま

J：**慣性モーメント** (moment of inertia)（回転のしや

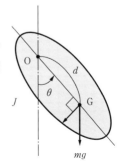

図 3.7　物理振り子

さ，回転のし難さを表す）
$\ddot{\theta}$：回転角加速度
d：O 点と重心 G との距離

とし，物体が θ だけ反時計回りに回転したとすると，O 点回りのモーメントのつり合い式は以下のようになる．

$$-J\ddot{\theta}-mgd\sin\theta=0$$

第 1 項は，並進運動の場合の慣性力に対応するもので，回転慣性モーメントと呼ぼう．第 2 項は，重心 G に重力が作用することによって生じる復元モーメントで，元に戻そうとする方向に作用するため − が付く．整理して

$$J\ddot{\theta}+mgd\sin\theta=0 \qquad (3.10)$$

なお，ニュートンの運動方程式の考え方からも同じ式が得られる．ここで θ が微小とすると，$\sin\theta\approx\theta$ と置くことができ

$$J\ddot{\theta}+mgd\theta=0 \qquad (3.11)$$

のような，θ に関する 2 階の線形微分方程式が得られる．

さて，式（3.11）は θ が微小とした場合に成立する．$\sin\theta$ を θ で展開すると次式のようになり（付録 A6 参照）

$$\sin\theta=\theta-\frac{\theta^3}{3!}+\frac{\theta^5}{5!}-\frac{\theta^7}{7!}+\cdots \qquad (3.12)$$

$\sin\theta\approx\theta$ ということは，右辺の第 1 項までで近似したことになる．図 3.8 には横軸に θ を取った図を示す．θ がある範囲では θ と $\sin\theta$ はほぼ重っている．また，具体的な数値を表 3.1 に示す．θ の欄のアミの部分の数値が $\sin\theta$ と異なる部分であり，どの程度まで近似をゆるすかに依存する．たとえば，$\theta=15°$ でも誤差は 1.1% 程度である．

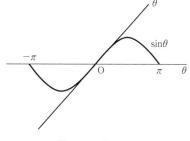

図 3.8　θ と $\sin\theta$

表 3.1　θ と $\sin\theta$

θ（度）	θ（ラジアン）	$\sin\theta$
1	0.0174533	0.0174524
5	0.08726	0.08716
10	0.17453	0.17365
15	0.26179	0.25882
20	0.34907	0.34202
25	0.43633	0.42262
30	0.52360	0.50000
35	0.61087	0.57358
40	0.69813	0.64279

A． 慣性モーメントと回転半径

図 3.9 に示す質量 M の一様な剛体の OO′ 軸まわりの慣性モーメント J は，微小体積 dv_i を考え，その質量 dm_i と回転軸からの距離の 2 乗 r_i^2 の積の総和として，次式で与えられる．

$$J=\sum_{i=1}^{\infty} dm_i r_i^2 \quad (3.13)$$

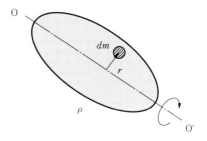

図 3.9 慣性モーメント

ここで，密度を ρ とすると

$$dm=\rho dv$$

より

$$J=\int_v r^2 dm = \rho \int_v r^2 dv \quad (3.14)$$

また

$$J=M\kappa^2 \quad (3.15)$$

としたときの κ を，**回転半径**（radius of gyration）と呼ぶ．

【例題 3.3】 長さ l，質量 m の一様な剛体棒が，重心 O 点を通る紙面に垂直な軸まわりに平面内を回転する場合を考えよう（図 3.10）．

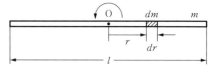

図 3.10 剛体棒の慣性モーメント

棒の単位長さ当たりの質量：**線密度**（line density）を ρ_l とすると，O 点から r の距離にある長さ dr の微小質量は，次のようになる．

$$dm=\rho_l dr$$

したがって，式 (3.14) より

$$J=\int_{-\frac{l}{2}}^{\frac{l}{2}} r^2 \rho_l dr = \rho_l \int_{-\frac{l}{2}}^{\frac{l}{2}} r^2 dr = \rho_l \left[\frac{r^3}{3}\right]_{-\frac{l}{2}}^{\frac{l}{2}} = \frac{\rho_l l^3}{12}$$

ここで，全質量 $m=\rho_l l$ であるから

$$J=\frac{\rho_l l^3}{12}=\frac{ml^2}{12} \quad \text{(a)}$$

回転半径は次式となる．

$$\kappa=\sqrt{\frac{l^2}{12}}=\frac{\sqrt{3}}{6}l \quad \text{(b)}$$

演習問題

3.3 例題 3.3 で，棒の端を回転中心とすると，慣性モーメントと回転半径はどのよう

になるか.

【例題 3.4】 円板

半径 R, 質量 M の一様な円板の中心 O を固定軸とし, O のまわりの慣性モーメントと回転半径を求めよう (図 3.11). ただし, 円板は薄いものとする.

半径が r と $r+dr$ との間にある円輪板要素に着目し, この円輪板要素の面積を dS, 質量を dm, また円板の**面積密度**（area density）を ρ_a とすると

$$dm = \rho_a dS \tag{a}$$

となり, 面積要素 dS は

$$dS = 2\pi r dr \tag{b}$$

したがって, 円輪板要素の質量 dm は

$$dm = 2\pi \rho_a r dr \tag{c}$$

式 (c) を定義式 (3.14) に代入すると

$$J = \int_0^R r^2 2\pi \rho_a r dr = 2\pi \rho_a \int_0^R r^3 dr = 2\pi \rho_a \left[\frac{r^4}{4}\right]_0^R = \frac{\pi \rho_a R^4}{2} \tag{d}$$

ここで, 円板の全質量 $M = \rho_a \pi R^2$ であるから

$$J = \frac{MR^2}{2} \tag{e}$$

回転半径は, $J = M\kappa^2$ より

$$\kappa = \sqrt{\frac{J}{M}} = \frac{\sqrt{2} R}{2} \tag{f}$$

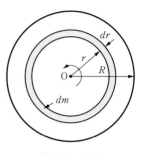

図 3.11 円板

【例題 3.5】 矩形板

2 辺の長さが a と b, 質量が M の一様な長方形板の長い辺に平行で重心を通る軸 OO′ まわりの慣性モーメントと回転半径を求めよう (図 3.12). ただし, 板は薄いものとする.

板の重心を通る OO′ からの距離が y と $y+dy$ との間にある, 細長い板要素に着目する. この板要素の面積を dS, 質量を

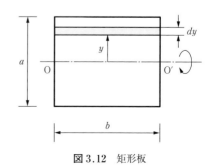

図 3.12 矩形板

dm，面積密度を ρ_a とすると

$$dm = \rho_a \, dS = \rho_a b \, dy \tag{a}$$

式 (a) を定義式 (3.14) に代入すると

$$J = \int_{-a/2}^{a/2} y^2 \rho_a b \, dy = \rho_a b \int_{-a/2}^{a/2} y^2 \, dy = \rho_a b \left[\frac{y^3}{3} \right]_{-a/2}^{a/2} = \frac{\rho_a a^3 b}{12} \tag{b}$$

ここで，長方形平板の質量 $M = \rho_a ab$ であるから

$$J = \frac{Ma^2}{12}, \quad \kappa = \frac{\sqrt{3}}{6} a \tag{c}$$

B．平行軸の定理と直交軸の定理

例題のような簡単な形状の物体の慣性モーメントを計算することは比較的やさしいが，複雑な形状の場合には計算は非常に複雑になる．そのような場合，次に示す2つの慣性モーメントに関する定理を用いると便利である．

I　平行軸の定理 (parallel-axis theorem)

> 物体の任意の軸に関する慣性モーメント J は，この物体の重心 G を通り，その軸に平行な軸に関する慣性モーメント J_G と，物体の質量に 2 軸間の距離 a の 2 乗を掛けた積との和に等しい（図 3.13）．
>
> $$J = J_G + Ma^2 \tag{3.16}$$

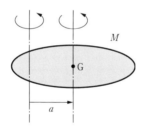

図 3.13　平行軸の定理

II　直交軸の定理 (perpendicular-axis theorem)

> <u>厚さを無視できる</u>平面内の一点 O を通り，その平面に垂直な軸（z 軸）に関する平板の慣性モーメント J_z は，点 O を通る平面内の任意の 2 直交軸（x-y 軸）に関する慣性モーメントの和に等しい（図 3.14）．
>
> $$J_z = J_x + J_y \tag{3.17}$$

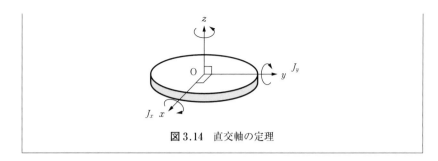

図 3.14　直交軸の定理

【例題 3.6】 単振り子（simple pendulum）

質量 m の錘（おもり）が，長さ l のひもに吊り下げられて，O 点まわりに平面内を微小往復回転運動する単振り子を考えよう（図 3.15）．

まず，O 点まわりの慣性モーメントは $J=ml^2$ となるので，運動方程式は

$$-J\ddot{\theta}-mgl\sin\theta=0 \quad \rightarrow \quad J\ddot{\theta}+mgl\sin\theta=0$$

$$\ddot{\theta}+\frac{g}{l}\sin\theta=0, \quad \sin\theta\approx\theta \quad \rightarrow \quad \ddot{\theta}+\frac{g}{l}\theta=0$$

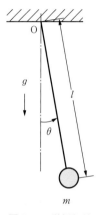

図 3.15　単振り子

これらから，固有円振動数は $\omega_0=\sqrt{\dfrac{g}{l}}$ となり，周期は

$$T=\frac{1}{f}=\frac{2\pi}{\omega_0}=2\pi\sqrt{\frac{l}{g}}$$

で与えられる．これら ω_0 と T は錘の質量 m には関係なく，振り子の長さ l と重力加速度 g で決まることがわかる．周期運動において，周期が振幅の大きさに関係なく一定であるとき，**等時性**（isochronism）を有するという．

単振り子の場合，$\sin\theta\approx\theta$ と仮定できるときに近似的に等時性を有する．

【例題 3.7】 先端に円板を有する軸棒

長さ l，直径 d の軸棒に，円板が付いた振動系を考える（図 3.16）．軸棒の**横弾性係数**（modulus of transverse elasticity）を G，**断面 2 次極モーメント**（polar moment of inertia of area）を I_p，ねじりのばね定数を k とする．

いま，円板にねじりモーメント T を作用させた場合の軸棒のねじり角を θ とすると，次式が成り立つ．

$$T=k\theta=k\frac{Tl}{GI_p}$$

これより，ばね定数 k は以下のように定まる．

$$k = \frac{GI_p}{l} = \frac{G}{l}\frac{\pi d^4}{32}$$

円板の運動方程式は

$$J\ddot{\theta} + k\theta = 0$$

となり，固有円振動数は次式のように求められる．

$$\omega_0 = \sqrt{\frac{k}{J}} = \sqrt{\frac{\pi G d^4}{32 l J}}$$

この場合，復元モーメントに相当するのは，軸棒の**ねじり剛性**（torsional rigidity）GI_p である．

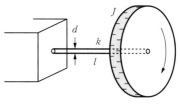

図 3.16　軸棒のねじり

演習問題

3.4　一辺の長さが l，質量 m の正方形板の上辺の中央点 O を面内回転が自由になるように支持した．板が面内方向に振り子のように微小回転運動する場合を考える（図 3.17）．
　(a)　座標を定義し，O 点まわりの慣性モーメント J を求めよ．
　(b)　板の運動方程式を誘導し，固有円振動数 ω を求めよ．

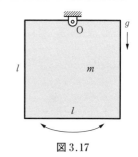

図 3.17

3.5　半径 R，質量 m，面積密度 ρ_a の一様な半円形板が，直径の中央点 O を面内回転が自由になるように支持されている．板が面内方向に振り子のように微小回転運動する場合を考える（図 3.18）．
　(a)　半円形板の重心の位置を求めよ．
　(b)　座標を定義し，O 点回りの慣性モーメント J を求めよ．
　(c)　板の運動方程式を誘導し，固有円振動数 ω を求めよ．

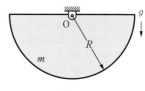

図 3.18

3.6　長さ l の剛体棒と質量 m の錘から成る振り子が，回転軸を鉛直軸に対して α 傾けられて支持されている（図 3.19）．α が小さいほど，水平面に近い面上を運動する．このような振り子を**水平振り子**（horizontal pendulum）という．α を小さく取るほど周期は長くなるため地震波の測定で用いられ，**長周期振り子**（long-period pendu-

(a) この振動系の運動方程式を誘導せよ．剛体棒の質量は無視する．
(b) 固有円振動数 ω を求め，$\omega^2 - \alpha$ の関係を図示し説明せよ．

3.7 長さ l の剛体棒と質量 m の錘から成る振り子が，支点 O を下にして，支点から h の位置を 2 つのばねで支持されている．このような振り子は**倒立振り子**（inverted pendulum）と呼ばれる（図 3.20）．

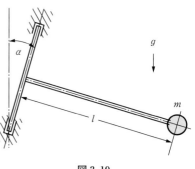

図 3.19

(a) 座標を定義し，この振動系の運動方程式を誘導せよ．ただし，剛体棒の質量は無視する．
(b) 固有円振動数 ω を求め，$\omega^2 - h$ の関係を図示し説明せよ．

3.8 半径 R，質量 m の円板に糸を渡し，一端はばねを介して床に，もう一端には質量 M の錘を吊した．錘が上下に自由振動する場合を考える（図 3.21）．
(a) 運動方程式を誘導せよ．ただし，座標は各自定義し図に記せ．
(b) 固有円振動数 ω を求めよ．

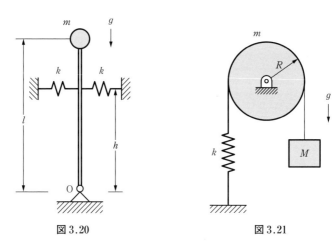

図 3.20 図 3.21

3.1.3 エネルギー法とレーリー法

これまでは，システムの力のつり合い，またはモーメントのつり合いから運動方程式を導いた．ここでは，システムのエネルギーを考えることにより，運動方程式

または固有振動数を求める方法を紹介する．

A．エネルギー法（energy method）

エネルギーが保存される**保存系**（conservative system）では，全エネルギーは（時間に関して）一定である．つまり，運動エネルギーを T，ポテンシャルエネルギーを U とすると

$$T+U=\text{const.} \quad \text{or} \quad \frac{d}{dt}(T+U)=0 \tag{3.18}$$

が成立し，運動方程式を導くことができる．

【例題 3.8】 ばねで拘束された物体（図 3.22）

物体が $u(t)$ 変位したときの運動エネルギーを T，ポテンシャルエネルギーを U とすると

$$T=\frac{1}{2}m\left(\frac{du}{dt}\right)^2, \quad U=\frac{1}{2}ku^2$$

$$T+U=\frac{1}{2}m\left(\frac{du}{dt}\right)^2+\frac{1}{2}ku^2=\text{const.}$$

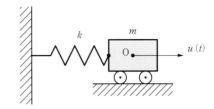

図 3.22　ばねで拘束された物体

$$\frac{d}{dt}(T+U)=m\frac{du}{dt}\frac{d^2u}{dt^2}+ku\frac{du}{dt}=0$$

$$\frac{du}{dt}\left(m\frac{d^2u}{dt^2}+ku\right)=0$$

$\frac{du}{dt}$ は任意なので

$$m\frac{d^2u}{dt^2}+ku=0 \tag{a}$$

が導かれる．このように，エネルギー法を用いると各項の符号を間違える心配がなく，機械的に運動方程式を導くことができる．

演習問題

3.9 図 3.1 に示す系の運動方程式を，エネルギー法を用いて求めよ．

B．レーリー法（Rayleigh method）

システムが**単振動**する場合，**エネルギー保存則**（conservation law of energy）より，「運動エネルギーが最大のときにはポテンシャルエネルギーは最小（零）となり，ポテンシャルエネルギーが最大のときは運動エネルギーが最小となる」ことに基づいて，固有振動数を求めることができる．

$$T_{\max}=U_{\max} \tag{3.19}$$

【例題 3.9】 上の例題 3.8 では，$u(t) = A\sin\omega_0 t$ と仮定し，式 (3.19) に代入すると

$$\frac{1}{2}m\left(\frac{du}{dt}\right)^2_{\max} = \frac{1}{2}ku^2_{\max} \tag{a}$$

$$\frac{1}{2}m(A\omega_0\cos\omega_0 t)^2_{\max} = \frac{1}{2}k(A\sin\omega_0 t)^2_{\max}$$

$$mA^2\omega_0^2 = kA^2$$

$$\therefore\ \omega_0 = \sqrt{\frac{k}{m}} \quad (\because\ 0 < \omega_0) \tag{b}$$

演習問題

3.10 ばねによって壁面に支持された，質量 M，半径 R の一様な厚さの円板が，床面を滑らずに転がり運動をしている（図 3.23）．エネルギー法を用いて，この振動系の固有円振動数を求めよ．なお，座標は各自定義し，図中に記せ．

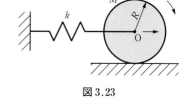

図 3.23

3.11 半径 r，質量 m の円板が，内半径 R の滑らかな円筒面上を滑ることなく転がり運動する（図 3.24）．エネルギー法を用いて，この系の固有円振動数を求めよ．ただし，座標は各自定義し図中に記せ．

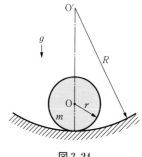

図 3.24

3.12 先端に質量 m の錘を付けた長さ l の剛体棒が，半径 R，質量 M の円板にしっかりと固定されている（図 3.25）．円板が滑ることなく転がり運動する場合を考える．C 点は床と円板の接点であり，円板はこの点を中心に回転運動していると見なすことができる（瞬間中心）．剛体棒の質量は無視する．

(a) 錘を付けた剛体棒の O 点回りの慣性モーメント J_0 を求めよ．

(b) 錘を付けた剛体棒が固定された円板の C 点回りの慣性モーメント J_C を求めよ．

(c) モーメントのつり合いから運動方程式を誘導し，固有円振動数を求めよ．

(d) 運動エネルギーとポテンシャルエネルギーを求め，レーリー法を用いて固有円振動数を求めよ．

3.13 一様断面積 A の U 字管内に，長さ l，密度 ρ の液体が入っている（図 3.26）．この液体柱が管内を上下に振動する場合の運動方程式を，次の 2 つの方法で導け．

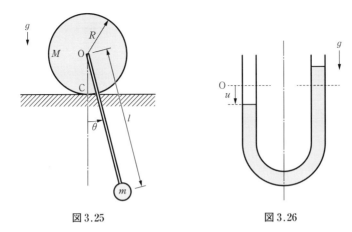

図 3.25　　　　　　　図 3.26

(a) 力のつり合いから.
(b) エネルギー法を用いて.

3.14　A small mass m is attached at the midpoint of a stretched wire of length l (Fig. 3.27). The wire is subjected to a high initial tension T which can be assumed to remain constant for small displacement, while its weight is negligible. Obtain the natural circular frequency of the mass for small vibrations in a vertical direction by

(a) The equation of motion through the equilibrium of force.
(b) The energy method.

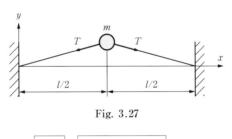

Fig. 3.27

3.2　減衰自由振動

　実現象では，物体が運動する場合，空気や水等の**流体抵抗**（fluid resistance），他の部材との**摩擦抵抗**（frictional resistance），材料内の**内部抵抗**（internal resistance）等により，システムのエネルギーは消費される．本節では，いくつかの**減衰力**（damping force）のあるシステムについて考えよう．

3.2.1 粘性減衰（viscous damping）

粘性減衰は液体中を物体が運動するときに生じる，速度に比例する抵抗であり，ゆっくりとした運動の場合には小さい．ダッシュポット（dashpot）でモデル化される（図3.28）．実用では，自動車の**ショックアブソーバ**（shock absorber）や，航空機の脚の**オレオ式緩衝装置**（oleo-pneumatic shock absorber）として，衝撃力を吸収するために用いられている．

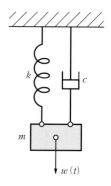

図 3.28 粘性減衰

A． 運動方程式

図 3.28 のように，つり合い位置を原点として，物体が $w(t)$ 変位すると，物体には

・慣性力：$-m\ddot{w}$ ・減衰力：$-c\dot{w}$ ・ばねの復元力：$-kw$

が働き，これらがつり合うので，ダランベールの原理より

$$-m\ddot{w} - c\dot{w} - kw = 0$$
$$m\ddot{w} + c\dot{w} + kw = 0 \tag{3.20}$$

となる．ニュートンの運動方程式の考え方からも同じ式が得られる．ここに，c は**粘性減衰係数**（coefficient of viscous damping）である．上式を m で割って，次のようなパラメータを導入すると

$$\omega_0^2 = \frac{k}{m}, \quad \zeta = \frac{c}{c_c}, \quad c_c = 2\sqrt{mk} \tag{3.21}$$

$$\ddot{w} + 2\zeta\omega_0\dot{w} + \omega_0^2 w = 0 \tag{3.22}$$

ここに，ω_0 は減衰のない場合のシステムの固有円振動数である．また，ζ は**減衰比**（damping ratio），c_c は**臨界減衰係数**（critical damping coefficient）と呼ばれる．

上式の解を $w(t) = Ae^{st}$：（A と s は定数）と置いて，式（3.22）に代入すると

$$s^2 Ae^{st} + 2\zeta\omega_0 s Ae^{st} + \omega_0^2 Ae^{st} = 0$$
$$(s^2 + 2\zeta\omega_0 s + \omega_0^2)Ae^{st} = 0$$
$$s^2 + 2\zeta\omega_0 s + \omega_0^2 = 0 \tag{3.23}$$

s に関する 2 次方程式が得られる．これは**特性方程式**（characteristic equation）と呼ばれ，s について解くと

$$s_1, s_2 = (-\zeta \pm \sqrt{\zeta^2 - 1})\omega_0 \tag{3.24}$$

となり

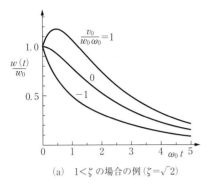
(a) 1<ζの場合の例 (ζ=√2)

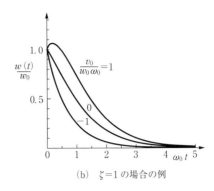
(b) ζ=1 の場合の例

図 3.29 減衰波形

$$w(t) = Be^{s_1 t} + Ce^{s_2 t}$$
$$w(t) = Be^{(-\zeta + \sqrt{\zeta^2 - 1})\omega_0 t} + Ce^{(-\zeta - \sqrt{\zeta^2 - 1})\omega_0 t}$$
$$w(t) = (Be^{\sqrt{\zeta^2 - 1}\omega_0 t} + Ce^{-\sqrt{\zeta^2 - 1}\omega_0 t})e^{-\zeta \omega_0 t} \qquad (3.25)$$

B, C は定数であり，**初期条件**（initial condition）により定めることができる．

物体の運動は式 (3.25) の平方根内の符号に依存することになる．以下の 3 つの場合について考えよう．

B． 減衰振動波形

i） 1<ζ の場合：$(2\sqrt{mk} = c_c < c)$

s_1 と s_2 はともに負の実数となり，$w(t)$ は時間 t とともに減少して零に近づく（図 3.29 (a)）．振動は起こらず，このような場合，**過減衰**（over damping）と呼ばれる．

なお式 (3.25) は，**双曲線関数**（hyperbolic function）

$$\cosh at = \frac{1}{2}(e^{at} + e^{-at}), \quad \sinh at = \frac{1}{2}(e^{at} - e^{-at})$$

を用いると

$$w(t) = ((B+C)\cosh\sqrt{\zeta^2 - 1}\,\omega_0 t + (B-C)\sinh\sqrt{\zeta^2 - 1}\,\omega_0 t)e^{-\zeta \omega_0 t}$$
$$w(t) = (D\cosh\sqrt{\zeta^2 - 1}\,\omega_0 t + E\sinh\sqrt{\zeta^2 - 1}\,\omega_0 t)e^{-\zeta \omega_0 t} \qquad (3.26)$$

の形でも表現できる．ここに，B, C, D, E は定数である．

いま，物体は初期変位を w_0，初期速度 v_0 を有しているとすると

$$w(0) = w_0, \quad \dot{w}(0) = v_0 \qquad (3.27)$$

となり，式 (3.26) を式 (3.27) に代入すると

$$D = w_0, \quad E = \frac{v_0/\omega_0 + \zeta w_0}{\sqrt{\zeta^2 - 1}}$$

となり，$w(t)$ は次式となる．

$$w(t) = (w_0 \cosh\sqrt{\zeta^2-1}\,\omega_0 t + \frac{v_0/\omega_0 + \zeta w_0}{\sqrt{\zeta^2-1}} \sinh\sqrt{\zeta^2-1}\,\omega_0 t)e^{-\zeta\omega_0 t} \quad (3.28\text{a})$$

$$\frac{w(t)}{w_0} = (\cosh\sqrt{\zeta^2-1}\,\omega_0 t + \frac{v_0/(w_0\omega_0) + \zeta}{\sqrt{\zeta^2-1}} \sinh\sqrt{\zeta^2-1}\,\omega_0 t)e^{-\zeta\omega_0 t} \quad (3.28\text{b})$$

ii) $\zeta = 1$ の場合：$(2\sqrt{mk} = c_c = c)$

この場合，s_1 と s_2 は重根となり，解は次式で与えられる．

$$w(t) = (F + Gt)e^{-\zeta\omega_0 t} \quad (3.29)$$

F, G は定数である．この場合，**臨界減衰**（critical damping）と呼ばれ，最も早く平衡点に収束する（図 3.29 (b))．このときの減衰係数は**臨界減衰係数**（critical damping coefficient）c_c と呼ばれ，c との比を**減衰比**（damping ratio）$\zeta = c/c_c$ と呼ぶ．

式（3.27）で与えられる初期条件下では，次式となる．

$$w(t) = \{w_0 + (\zeta w_0 \omega_0 + v_0)t\}e^{-\zeta\omega_0 t} \quad (3.30\text{a})$$

$$\frac{w(t)}{w_0} = \left\{1 + \left(\zeta + \frac{v_0}{w_0\omega_0}\right)\omega_0 t\right\}e^{-\zeta\omega_0 t} \quad (3.30\text{b})$$

iii) $0 < \zeta < 1$ の場合：$(0 < c < 2\sqrt{mk} = c_c)$

式（3.24）は，虚数単位 i を用いると，以下のようになる．

$$s_1, s_2 = (-\zeta \pm i\sqrt{1-\zeta^2})\omega_0 \quad (3.31)$$

$$w(t) = (\overline{B}e^{i\sqrt{1-\zeta^2}\omega_0 t} + \overline{C}e^{-i\sqrt{1-\zeta^2}\omega_0 t})e^{-\zeta\omega_0 t}$$

オイラーの公式（Euler's formula）

$$e^{\pm iat} = \cos at \pm i\sin at$$

を用いると

$$\begin{aligned}w(t) &= \{(\overline{B}+\overline{C})\cos\sqrt{1-\zeta^2}\,\omega_0 t + i(\overline{B}-\overline{C})\sin\sqrt{1-\zeta^2}\,\omega_0 t\}e^{-\zeta\omega_0 t} \\ &= (\overline{E}\cos\sqrt{1-\zeta^2}\,\omega_0 t + \overline{F}\sin\sqrt{1-\zeta^2}\,\omega_0 t)e^{-\zeta\omega_0 t} \\ &= (\overline{E}\cos\omega_d t + \overline{F}\sin\omega_d t)e^{-\zeta\omega_0 t}\end{aligned} \quad (3.32)$$

この場合，変位が振動しながら減少する**減衰振動**（damped vibration）が起き，**不足減衰**（under damping）と呼ばれる．また

$$\omega_d = \sqrt{1-\zeta^2}\,\omega_0 \quad (3.33)$$

は**減衰固有円振動数**（damped natural circular frequency）と呼ばれ，$\sqrt{1-\zeta^2} < 1$ なので，非減衰固有円振動数と比べると小さい値となる．

式（3.27）で与えられる初期条件下では次式となり，図 3.30 のように振幅は時間とともに振動しながら減少する．

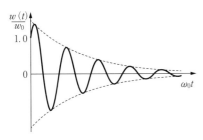
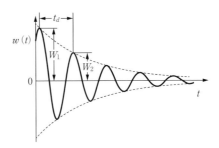

図 3.30　0<ζ<1 の場合の例（ζ=0.1）　　　　図 3.31　減衰波形

$$w(t) = (w_0 \cos \omega_d t + \frac{v_0 + \zeta w_0 \omega_0}{\omega_d} \sin \omega_d t) e^{-\zeta \omega_0 t} \quad (3.34\mathrm{a})$$

$$\frac{w(t)}{w_0} = (\cos \sqrt{1-\zeta^2} \omega_0 t + \frac{v_0/(w_0 \omega_0) + \zeta}{\sqrt{1-\zeta^2}} \sin \sqrt{1-\zeta^2} \omega_0 t) e^{-\zeta \omega_0 t} \quad (3.34\mathrm{b})$$

C．減衰比の求め方

あるシステムの減衰比を求める簡単な方法の 1 つは，自由振動での振幅比を測定することである．減衰比が大きいほど，減衰する速度は速くなる．

いま，次式で与えられる減衰振動を考える．

$$w(t) = W e^{-\zeta \omega_0 t} \sin(\sqrt{1-\zeta^2} \omega_0 t + \phi) \quad (3.35)$$

これは，図 3.31 のように描かれ，各ピークを順に $W_1, W_2, \cdots$ と記し，比をとると

$$r = \frac{W_1}{W_2} = \frac{W_2}{W_3} = \cdots = \frac{W_n}{W_{n+1}} = \frac{e^{-\zeta \omega_0 t_n}}{e^{-\zeta \omega_0 (t_n + t_d)}} = e^{\zeta \omega_0 t_d} \quad (3.36)$$

となり，**振幅は一定の比で減衰する**．すなわち，最大振幅値は**等比数列**（geometric progression）になっており，**包絡線**（envelope curve）は指数関数となっている．

対数をとった値 δ を**対数減衰率**（logarithmic decrement）と呼ぶ．

$$\delta = \ln r = \ln \frac{W_n}{W_{n+1}} = \zeta \omega_0 t_d \quad (3.37)$$

なお

$$\frac{W_1}{W_{n+1}} = \frac{W_1}{W_2} \cdot \frac{W_2}{W_3} \cdots \frac{W_n}{W_{n+1}} \quad \text{なので，} \quad \frac{W_1}{W_{n+1}} = \left(\frac{W_n}{W_{n+1}}\right)^n \;\rightarrow\; \frac{W_n}{W_{n+1}} = \left(\frac{W_1}{W_{n+1}}\right)^{\frac{1}{n}}$$

したがって δ は

$$\delta = \ln r = \ln \left(\frac{W_1}{W_{n+1}}\right)^{\frac{1}{n}} = \frac{1}{n} \ln \left(\frac{W_1}{W_{n+1}}\right) \quad (3.38)$$

とも表現することができる．

式 (3.37) に周期

$$t_d = \frac{2\pi}{\omega_d} = \frac{2\pi}{\omega_0\sqrt{1-\zeta^2}} \quad (3.39)$$

を代入すると

$$\delta = \frac{2\pi\zeta}{\sqrt{1-\zeta^2}} \quad (3.40)$$

これを図示すると図 3.32 の実線のようになり，ζ が小さい場合には，$\sqrt{1-\zeta^2} \cong 1$ となり，以下のように近似される（破線）．

$$\delta \cong 2\pi\zeta \quad (3.41)$$

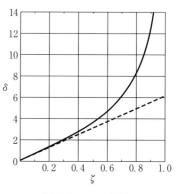

図 3.32　δ-ζ 関係

演習問題

3.15 下端に質量 m の錘を有する長さ $(a+d)$ の質量のない剛体棒が O 点で支持されている場合の微小回転運動を考える．棒の上端はばねで支持され，O 点から b の位置をダッシュポットで壁に支持されている．（図 3.33）

(a) 剛体棒の O 点回りの慣性モーメント J_0 を求めよ．

(b) 回転角を θ とし，系の運動方程式を求めよ．

(c) 系が減衰振動（周期運動）を行うための c の条件を求めよ．

(d) 減衰固有円振動数 ω_d を求めよ．

3.16 自動車が走行中に障害物を乗り越え，上下に振動し始める場合を考える．標準的な乗用車のサスペンションでは，1 周期で変位が 100% から 15% に減少するようにばね定数やダンパーの減衰係数が設定されるという．このときの対数減衰率の値を求めよ．

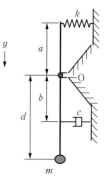

図 3.33

3.17 The weightless rigid rod with length $l_1 + l_2$, which is supported by the spring and the dashpot as shown in Fig. 3.34, is pivoted at point O for small rotational oscillations.

(a) Determine the moment of inertia J_0 of the rod with respect to point O.

(b) Find the equation of motion by introducing θ as the angle of rotation.

(c) Determine the critical damping coefficient c_c.

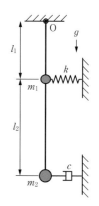

Fig. 3.34

(d) Obtain the damped natural circular frequency ω_d.

3.2.2 クーロン摩擦 (Coulomb's friction)

粗面上を物体が運動する場合の抵抗力を**固体摩擦** (solid friction) という．図 3.35 のように，質量 m の物体に水平な力 F を加えて床面上を滑らせようとするとき，F が小さい間は物体は静止したままであるが，F がある値を超えると滑り始める．このような経験則は，**静摩擦に関するクーロンの法則** (Coulomb's law of static friction) として知られている．

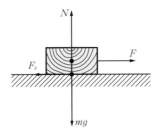

図 3.35 水平力 F を受ける物体

> 物体が静止しているときに発生する最大摩擦力 F_{sm} は，垂直反力 N に比例し，その接触面積には無関係である．
> $$F_{sm} = \mu_s N \tag{3.42}$$

μ_s は**静摩擦係数** (coefficient of static friction)．静摩擦係数 μ_s は，床面を傾けて滑り始める傾斜角 θ_s から

$$\mu_s = \tan \theta_s \tag{3.43}$$

と求めることができる．θ_s は**摩擦角** (angle of friction) と呼ばれる．

次に，滑り始めた物体は，摩擦力と等しい力を受ける．これを**動摩擦** (kinetic friction) という．動摩擦に関する経験則は，**動摩擦に関するクーロンの法則** (Coulomb's law of kinetic friction) として知られている．

> (a) 摩擦力は垂直反力 N に比例し，その接触面積には無関係である
> (b) 摩擦力は 2 つの物体の相対速度に依存しない
> $$F_k = \mu_k N \tag{3.44}$$

μ_k は**動摩擦係数**（coefficient of kinetic friction）．
一般に，動摩擦係数は静摩擦係数より小さい．

摩擦力と速度 v の関係は一般的に図 3.36 の曲線で表される．すなわち，力 F が臨界値 F_{sm} に達すると運動が始まり，それとともに摩擦力は一旦低下し，再び増加する．このように μ_k の値は速度 v によって変化するが，一定とした場合を**クーロン摩擦**（Coulomb's friction）と呼び，図中の直線で表されるのである．

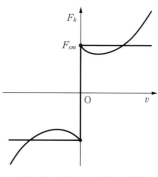

図 3.36　摩擦力-速度の関係

A． 運動方程式

次に，図 3.37 に示すばねで支持された質量 m の物体の運動を考える．摩擦力は速度と反対方向に作用し，摩擦力を上回るだけの慣性力と復元力がなくなると，運動は停止することになる．

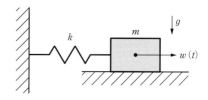

図 3.37　クーロン摩擦を受ける物体

摩擦力の大きさを $F_d = \mu_k m g$ とすると，運動方程式は

$$m\ddot{w} + F_d \operatorname{sgn}(\dot{w}) + kw = 0 \tag{3.45}$$

となる．ここに，sgn($\dot{w}$) は**符号関数**（signum function）で，$\dot{w}$ が正の場合は $+1$，負の場合は -1 となる．

$$\operatorname{sgn}(\dot{w}) = \frac{\dot{w}}{|\dot{w}|} \tag{3.46}$$

したがって，式 (3.45) は $\dot{w}$ の符号により，次の 2 つの式で表現される．

$$m\ddot{w} + kw = -F_d \quad \text{for} \quad 0 < \dot{w} \tag{3.47a}$$

$$m\ddot{w} + kw = F_d \quad \text{for} \quad \dot{w} < 0 \tag{3.47b}$$

ここで，F_d による静変位 $\delta = F_d / k$ と置くと

$$\ddot{w} + \omega_0^2 (w + \delta) = 0 \quad \text{for} \quad 0 < \dot{w} \tag{3.48a}$$

$$\ddot{w} + \omega_0^2 (w - \delta) = 0 \quad \text{for} \quad \dot{w} < 0 \tag{3.48b}$$

B． 減衰振動波形

いま，物体を手で右方向に引張り

$$\text{初期変位 } w(0) = w_0, \quad \text{初期速度 } \dot{w}(0) = 0 \tag{3.49}$$

を与えた後，手を離した場合の物体の運動を考える．

図 3.38 (a) には予想される変位 $w(t)$ の時間履歴を，(b) には対応する速度 $\dot{w}(t)$ を表している．

i) $\bm{t_0<t<t_2}$：$(0<t<\pi/\omega_0)$

物体が初期位置 w_0 から左方向に運動する区間では，図 3.38（b）より速度 $\dot{w}(t)<0$ であるので，運動方程式は

$$\ddot{w}+\omega_0^2(w-\delta)=0 \quad \text{for} \quad \dot{w}<0$$

が適用される．ここで，新しい変数 $x=w-\delta$ を導入すると

$$\ddot{x}+\omega_0^2 x=0$$

となる．これより，$\dot{w}(t)<0$ の領域において，物体は $x=0$ である静的平衡点を中心とする単振動を行うことがわかる．なお，$x=w-\delta$ なので，$w=\delta$ が静的平衡点となる．

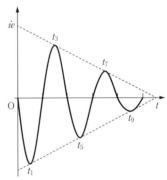

(b)

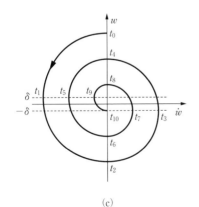

(c)

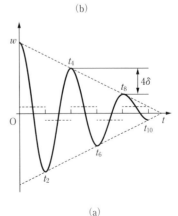

(a)

図 3.38　クーロン摩擦を受ける物体の運動

初期条件：式 (3.49) を用いると，解は次式となり

$$x(t) = (w_0 - \delta)\cos\omega_0 t \quad \text{or} \quad w(t) = \delta + (w_0 - \delta)\cos\omega_0 t \quad (3.50\text{a})$$

$$\dot{w}(t) = \omega_0(\delta - w_0)\sin\omega_0 t \quad (3.50\text{b})$$

物体は $t_2 = \pi/\omega_0$ で左の極限位置に達する．

$$x(t_2) = -(w_0 - \delta) \quad \text{or} \quad w(t_2) = \delta - (w_0 - \delta) = -(w_0 - 2\delta) \quad (3.51\text{a})$$

$$\dot{w}(t_2) = 0 \quad (3.51\text{b})$$

その位置は左側（$w<0$）の $(w_0 - 2\delta)$ であり，振幅は 2δ だけ減少することがわかる．

ⅱ) $t_2 < t < t_4$: $(\pi/\omega_0 < t < 2\pi/\omega_0)$

次に，物体が左極限位置から右方向に運動する区間では，図 3.38（b）より速度 $0 < \dot{w}(t)$ であるので，運動方程式は

$$\ddot{w} + \omega_0^2(w + \delta) = 0 \quad \text{for} \quad 0 < \dot{w}$$

が適用される．ここで，新しい変数 $y = w + \delta$ を導入すると，$\ddot{y} + \omega_0^2 y = 0$ となる．これより，$0 < \dot{w}(t)$ の領域において，物体は $y = 0$ である静的平衡点を中心とする単振動を行うことがわかる．なお，$y = w + \delta$ なので，$w = -\delta$ が静的平衡点となる．

この場合の初期条件は，初期変位：$w(t_2) = -(w_0 - 2\delta)$，初期速度 $\dot{w}(t_2) = 0$ であるので，これらを用いると，解は次式となる．

$$y(t) = (w_0 - 3\delta)\cos\omega_0 t \quad \text{or} \quad w(t) = -\delta + (w_0 - 3\delta)\cos\omega_0 t \quad (3.52\text{a})$$

$$\dot{w}(t) = \omega_0(3\delta - w_0)\sin\omega_0 t \quad (3.52\text{b})$$

物体は $t_4 = 2\pi/\omega_0$ で右の極限位置に達し

$$y(t_4) = -(w_0 - 3\delta) \quad \text{or} \quad w(t_4) = -\delta + (w_0 - 3\delta) = w_0 - 4\delta \quad (3.53\text{a})$$

$$\dot{w}(t_4) = 0 \quad (3.53\text{b})$$

となる．その位置は右側（$0 < w$）の $(w_0 - 4\delta)$ であり，振幅はさらに 2δ だけ減少する．したがって，1周期で 4δ だけ減少することがわかる．

以下同様な運動を繰り返しながら，1周期間に**等差級数的**（arithmetically）に 4δ ずつ振幅が減少し，図 3.38（a）に示すように，振幅変化の包絡線は直線的に減少する．そして，ばねの復元力が摩擦力に打ち勝つことができなくなると運動は停止する．このため，クーロン摩擦が作用するシステムでは必ずしも平衡点で停止することはなく，**残留変位**（residual displacement）が発生する．機械系の停止位置が変動するため，サーボ機器の位置決め精度が低下する問題がある．したがって，高速・高精度の位置決めが必要な場合には，摩擦力を極力小さくすることが必要と

なる．

また，摩擦力の大きさによらず，固有周期は変化しないこともクーロン摩擦が作用するシステムの特徴である．

なお，図 3.38（c）は横軸に速度 $\dot{w}(t)$ を，縦軸に変位 $w(t)$ を示した**位相平面**（phase plane）であり，物体の運動を定性的に把握するのに有効な手法である．位相平面における解曲線は**トラジェクトリー**（trajectory）と呼ばれる．

3.3 非減衰強制振動

次に，システムに外力等が作用する場合を考える．この場合，**強制振動**（forced vibration）問題と呼ばれ，外力に対するシステムの**応答**（response）を求める問題となる．

3.3.1 周期加振力が作用する場合

ばね定数 k のばねで吊るされている質量 m の物体に，周期加振力 $F\sin\Omega t$ が作用する場合を考える（図 3.39）．x 座標を，つり合い位置を原点として下向きに取る．

物体が $w(t)$ 変位すると，物体には

・慣性力：$-m\ddot{w}$ 　・ばねの復元力：$-kw$

・外力：$F\sin\Omega t$

が働く．ダランベールの原理より，次の運動方程式が得られる．

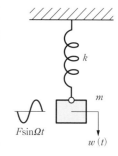

図 3.39　ばね-物体

$$-m\ddot{w}-kw+F\sin\Omega t=0$$

$$m\ddot{w}+kw=F\sin\Omega t \qquad (3.54)$$

なお，ニュートンの運動方程式の考え方からも同じ式が得られる．この式は右辺が零でない**非同次（非斉次）**（inhomogeneous）の微分方程式であり，**一般解**（general solution）は，右辺 $=0$ とした同次（斉次）方程式の解：**同次解**（homogeneous solution）と**特殊解**（particular solution）の和となる．なお，物理的には，同次解は**自由振動解**（free vibration solution），特殊解は**強制振動解**（forced vibration solution）に対応する．

式（3.8）より，同次解は次式で与えられる．

$$w_h(t)=A\cos\omega_0 t+B\sin\omega_0 t, \quad \omega_0=\sqrt{k/m} \qquad (3.55)$$

一方特殊解は，物体が振幅 D，（外力と同じ）円振動数 Ω で振動するものとし，$w_p = D \sin \Omega t$ と置いて，式（3.54）に代入すると

$$-m\Omega^2 D \sin \Omega t + kD \sin \Omega t = F \sin \Omega t$$

$$(-m\Omega^2 + k)D = F, \quad D = \frac{F}{(k - m\Omega^2)}$$

$$w_p(t) = \frac{F}{(k - m\Omega^2)} \sin \Omega t \tag{3.56}$$

となり，一般解はそれらの和で与えられる．

$$w(t) = w_h(t) + w_p(t)$$
$$= A \cos \omega_0 t + B \sin \omega_0 t + \frac{F}{(k - m\Omega^2)} \sin \Omega t \tag{3.57}$$

空気などの減衰のある実システムでは，自由振動解は減衰し，強制解が**定常応答**（steady response）として残るので，以下では，強制解に注目する．

式（3.56）を変形すると，次式となる．

$$w_p(t) = \frac{F/m}{\omega_0^2 - \Omega^2} \sin \Omega t = \frac{F/k}{1 - (\Omega/\omega_0)^2} \sin \Omega t \tag{3.58}$$

ここで，ばねの静的伸びを δ_{st} とすると，$F = k\delta_{st}$ の関係があり，$F/k = \delta_{st}$ となるため

$$w_p(t) = \frac{\delta_{st}}{1 - (\Omega/\omega_0)^2} \sin \Omega t \tag{3.59}$$

となる．振幅 $\overline{A} = \frac{\delta_{st}}{1 - (\Omega/\omega_0)^2}$ の比 $\frac{\overline{A}}{\delta_{st}} = \frac{1}{1 - (\Omega/\omega_0)^2}$ を (Ω/ω_0) に対して図示すると，**周波数応答曲線**（frequency response curve）と呼ばれる図 3.40 を得る．応答振幅 $\overline{A}$ は，$0 \leq \Omega/\omega_0 < 1$ では正，$1 < \Omega/\omega_0$ では負となり，$\Omega/\omega_0 = 1$ で $\pm\infty$ となる．つまり，外力の円振動数 Ω がシステムの固有円振動数 ω_0 に一致すると，**共振**（resonance）が発生し，振幅が無限大になる．

さて，負の応答振幅とはどう考えたら良いのか．それは，外力が作用する方向と逆方向に物体が動くということである．加振円振動数が共振点までは，外力と物体の動く方向は同方向（**同位相**（in phase））だが，共振点を過ぎるとそれぞれの方向は逆方向（**逆位相**（out of phase））になる．図 3.41 は**位相線図**（phase diagram）と呼ばれる線図で，外力と物体の運動方向の**位相**（phase）ϕ を示している．$0 \leq \Omega/\omega_0 < 1$ では 0，$1 < \Omega/\omega_0$ では π となり 180° ずれる．

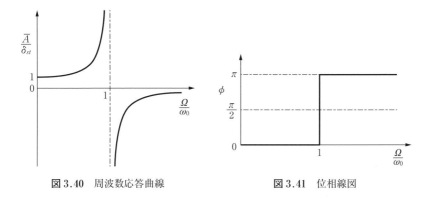

図 3.40 周波数応答曲線   図 3.41 位相線図

3.3.2 周期加振変位が作用する場合

次に,ばねを支持する壁が $U\sin\varOmega t$ で周期的に変位する場合を考える(図3.42).物体がつり合い位置から $w(t)$ 変位したとすると,物体には

・慣性力:$-m\ddot{w}$

・ばねの復元力:$-k(w-U\sin\varOmega t)$

が作用する.ばねの実質的伸びが "$w-U\sin\varOmega t$" であることに注意しよう.運動方程式は

$$-m\ddot{w}-k(w-U\sin\varOmega t)=0$$
$$m\ddot{w}+kw=Uk\sin\varOmega t \qquad (3.60)$$

となる.これは周期外力 $Uk\sin\varOmega t$ が作用する場合と等価であることがわかる.

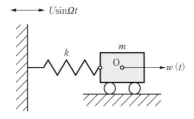

図 3.42 支持壁が周期的に変位する場合

3.4 減衰強制振動

次に，粘性減衰を有する系に周期外力が作用する場合を考えよう．

3.4.1 運動方程式

ばね定数 k のばねと減衰係数 c のダンパで吊るされている質量 m の物体に，周期加振力 $F\sin\Omega t$ が作用する場合を考える（図 3.43）．つり合い位置を原点として x 座標を下向きに取る．

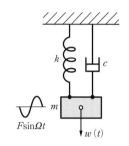

物体が $w(t)$ 変位すると，物体には

・慣性力：$-m\ddot{w}$ ・減衰力：$-c\dot{w}$

・ばねの復元力：$-kw$ ・外力：$F\sin\Omega t$

図 3.43 周期加振力が作用する場合

が働く．ダランベールの原理より，次の運動方程式が得られる．

$$-m\ddot{w}-c\dot{w}-kw+F\sin\Omega t=0$$
$$m\ddot{w}+c\dot{w}+kw=F\sin\Omega t \tag{3.61}$$

なお，ニュートンの運動方程式の考え方からも同じ式が得られる．上式を m で割って，次のパラメータを導入すると，運動方程式は式（3.63）となる．

$$\omega_0^2=\frac{k}{m}, \quad 2\zeta\omega_0=\frac{c}{m}, \quad \zeta=\frac{c}{c_c}, \quad c_c=2\sqrt{mk}, \quad f=\frac{F}{m} \tag{3.62}$$

$$\ddot{w}+2\zeta\omega_0\dot{w}+\omega_0^2 w=f\sin\Omega t \tag{3.63}$$

3.4.2 周波数応答曲線

減衰のある実システムでは，自由振動解は減衰し，強制解が**定常応答**（steady response）として残るので，前節と同様，以下では強制解に注目する．

非減衰系と異なるのは，非減衰系では，応答は周期加振力と同じ形：$D\sin\Omega t$ であったが，減衰系では，応答に遅れが生じるため，以下のような形に仮定する．

$$\begin{aligned}w_p&=A\sin(\Omega t-\alpha)\\&=D\sin\Omega t+E\cos\Omega t\end{aligned} \tag{3.64}$$

ここに，$D=A\cos\alpha$, $E=-A\sin\alpha$ である．

式（3.64）を式（3.63）に代入すると

$$\{(\omega_0{}^2-\Omega^2)D-2\zeta\omega_0\,\Omega E\}\sin\Omega t+\{2\zeta\omega_0\,\Omega D+(\omega_0{}^2-\Omega^2)E\}\cos\Omega t=f\sin\Omega t$$

上式が t に関係なく成り立つためには，$\sin\Omega t$ と $\cos\Omega t$ の係数が 0 とならなければならず

$$\sin\Omega t: \quad (\omega_0{}^2-\Omega^2)D-2\zeta\omega_0\,\Omega E=f$$
$$\cos\Omega t: \quad 2\zeta\omega_0\,\Omega D+(\omega_0{}^2-\Omega^2)E=0$$

さらに以下のパラメータを導入すると

$$\overline{\omega}=\frac{\Omega}{\omega_0},\quad \delta=\frac{F}{k}$$

$$\sin\Omega t: \quad (1-\overline{\omega}^2)D-2\zeta\overline{\omega}\,E=\delta$$
$$\cos\Omega t: \quad 2\zeta\overline{\omega}D+(1-\overline{\omega}^2)E=0$$

これらは D と E に関する連立非同次方程式であり，整理すると

$$\begin{pmatrix}1-\overline{\omega}^2 & -2\zeta\overline{\omega}\\ 2\zeta\overline{\omega} & 1-\overline{\omega}^2\end{pmatrix}\begin{Bmatrix}D\\ E\end{Bmatrix}=\begin{Bmatrix}\delta\\ 0\end{Bmatrix} \qquad (3.65)$$

となり，D と E について解くと

$$D=\frac{\begin{vmatrix}\delta & -2\zeta\overline{\omega}\\ 0 & 1-\overline{\omega}^2\end{vmatrix}}{\begin{vmatrix}1-\overline{\omega}^2 & -2\zeta\overline{\omega}\\ 2\zeta\overline{\omega} & 1-\overline{\omega}^2\end{vmatrix}}=\frac{\delta(1-\overline{\omega}^2)}{(1-\overline{\omega}^2)^2+(2\zeta\overline{\omega})^2},\quad E=\frac{\begin{vmatrix}1-\overline{\omega}^2 & \delta\\ 2\zeta\overline{\omega} & 0\end{vmatrix}}{\begin{vmatrix}1-\overline{\omega}^2 & -2\zeta\overline{\omega}\\ 2\zeta\overline{\omega} & 1-\overline{\omega}^2\end{vmatrix}}=\frac{-2\delta\zeta\overline{\omega}}{(1-\overline{\omega}^2)^2+(2\zeta\overline{\omega})^2}$$

$$(3.66)$$

したがって

$$w_p=\frac{\delta(1-\overline{\omega}^2)}{(1-\overline{\omega}^2)^2+(2\zeta\overline{\omega})^2}\sin\Omega t-\frac{2\delta\zeta\overline{\omega}}{(1-\overline{\omega}^2)^2+(2\zeta\overline{\omega})^2}\cos\Omega t$$
$$=\frac{\delta}{(1-\overline{\omega}^2)^2+(2\zeta\overline{\omega})^2}\{(1-\overline{\omega}^2)\sin\Omega t-2\zeta\overline{\omega}\cos\Omega t\} \qquad (3.67)$$

ここで

$$\overline{w}_p=w_p/\delta,\quad \tau=\omega_0 t$$

と置くと

$$\overline{w}_p=\frac{1}{(1-\overline{\omega}^2)^2+(2\zeta\overline{\omega})^2}\{(1-\overline{\omega}^2)\sin\overline{\omega}\tau-2\zeta\overline{\omega}\cos\overline{\omega}\tau\}$$
$$=\frac{1}{\sqrt{(1-\overline{\omega}^2)^2+(2\zeta\overline{\omega})^2}}\sin(\overline{\omega}\tau-\alpha) \qquad (3.68)$$
$$=\overline{A}\sin(\overline{\omega}\tau-\alpha)$$

ただし

$$\overline{A} = \frac{1}{\sqrt{(1-\overline{\omega}^2)^2 + (2\zeta\overline{\omega})^2}}, \quad \tan\alpha = -\frac{E}{D} = \frac{2\zeta\overline{\omega}}{1-\overline{\omega}^2} \quad (3.69)$$

$\overline{w}_p$ は応答振幅 w_p の，ばねの静たわみ δ に対する比で，種々の減衰パラメータ ζ について，加振円振動数比 $\overline{\omega} = \Omega/\omega_0$ に対して図示すると，図 3.44 が得られる．これは，**周波数応答曲線**（frequency response curve）と呼ばれ，$\overline{\omega} = 0$ では $\overline{w}_p = 1$ となり，$\overline{\omega}$ が増加すると，$\overline{\omega} = 1$ で共振が発生し，減衰がない場合：$\zeta = 0$ では振幅比は無限大になる．減衰がある場合：$\zeta \neq 0$ には，振幅比は有限となり，そのピークは ζ の増加とともに小さくなる．

図 3.45 には $\overline{\omega}$ に対する位相 α の変化を示す．減衰がない場合：$\zeta = 0$ には，$0 \leq \overline{\omega} < 1$ で $\alpha = 0$，$1 < \overline{\omega}$ では $\alpha = 180°$ となる．減衰がある場合：$\zeta \neq 0$ には，位相 α は，$\overline{\omega} = 1$ で $\alpha = 90°$ を通り，0° から徐々に 180° へ変化する．実験で固有振動数を計測する場合，加振波形と応答波形の位相差が $\alpha = 90°$ となる点を探すことになる（3.4.4 実験における共振点の測定参照）．

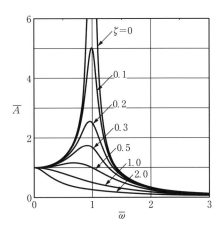

図 3.44　周波数応答曲線

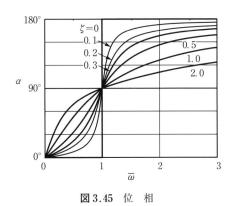

図 3.45　位　相

3.4.3　減衰比の評価：Q 値

比較的小さな減衰を有する系の減衰比は，強制振動応答の**鋭さ**（sharpness）から評価することができる．

図 3.46 に示すように，共振点での最大振幅 $\overline{A}_{max}$ に対し，$\overline{A}_{max}/\sqrt{2}$ の振幅の点を P_1 と P_2 とし，振動数比を $\overline{\omega}_1$ と $\overline{\omega}_2$ とすると，減衰比 ζ は $\overline{\omega}_1$ と $\overline{\omega}_2$ によって次式で与えられる．

$$\zeta = \frac{\overline{\omega}_2 - \overline{\omega}_1}{2} = \frac{1}{2Q} \quad (3.70)$$

$$Q = \frac{1}{\overline{\omega}_2 - \overline{\omega}_1} = \frac{\omega_0}{\omega_2 - \omega_1} = \frac{f_0}{f_2 - f_1} \quad (3.71)$$

ここに，P_1 と P_2 は**ハーフパワーポイント**（half-power point），$\omega_2 - \omega_1$ は**バンド幅**（band width）と呼ばれる．また，Q は **Q 値**（quality factor）と呼ばれ，Q が大きいほどピークが鋭く，減衰比は小さい．

なお，式（3.70）は次のように導出される．式（3.68）より，共振点 $\overline{\omega} = 1$ での振幅比は $\overline{A}_{\omega=1} = 1/2\zeta$ であり，$\overline{A}_{\omega=1}/\sqrt{2} = 1/(2\sqrt{2}\zeta)$ となる．したがって，$\overline{\omega}_1$ と $\overline{\omega}_2$ は次式から求まる．

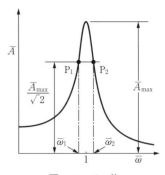

図 3.46　Q 値

$$\frac{1}{2\sqrt{2}\zeta} = \frac{1}{\sqrt{(1-\overline{\omega}^2)^2 + (2\zeta\overline{\omega})^2}}$$

$$\overline{\omega}^4 + 2(2\zeta^2 - 1)\overline{\omega}^2 + 1 - 8\zeta^2 = 0$$

$$\overline{\omega}^2 = (1 - 2\zeta^2) \pm 2\zeta\sqrt{1 + \zeta^2}$$

小さな減衰を仮定しているので，$\zeta^2 \ll 1$ とすると

$$\overline{\omega}^2 = 1 \pm 2\zeta \;\rightarrow\; \overline{\omega}_1 \approx 1 - \zeta, \;\; \overline{\omega}_2 \approx 1 + \zeta$$

となり

$$\overline{\omega}_2 - \overline{\omega}_1 = 2\zeta \quad \therefore \;\; \zeta = \frac{\overline{\omega}_2 - \overline{\omega}_1}{2} \quad (3.72)$$

このようにして減衰比を求める方法を**ハーフパワーポイント法**（half-power point method）という．実験で周波数応答を測定して，減衰比を求める場合に用いられる．

3.4.4　実験における共振点の測定

共振点では加振力と応答の位相差が $\alpha = 90°$ となることを利用して，固有振動数を測定することができる．

いま，加振力波形を振幅 A，円振動数 ω の調和関数

$$x(t) = A\cos\omega t \quad (3.73)$$

応答波形を振幅 B，円振動数 ω，位相差 α の調和関数

$$y(t) = B\cos(\omega t + \alpha) \quad (3.74)$$

と仮定する．

ここで，式（3.73）と式（3.74）で表される x-y 平面での交点 P の軌跡は**リサ

ージュ軌跡（Lissajous orbit）と呼ばれ，以下のように求めることができる．

式 (3.73) より

$$\frac{x(t)}{A} = \cos \omega t \tag{3.75}$$

式 (3.74) より

$$y(t) = B\cos(\omega t + \alpha) = B(\cos \omega t \cos \alpha - \sin \omega t \sin \alpha) \tag{3.76}$$

式 (3.75) と式 (3.76) より

$$\left(\frac{x}{A}\right)^2 - 2\left(\frac{x}{A}\right)\left(\frac{y}{B}\right)\cos \alpha + \left(\frac{y}{B}\right)^2 = \sin^2 \alpha \tag{3.77}$$

簡単化のために，$A=B$ とすると

$$x^2 - 2xy\cos \alpha + y^2 = A^2 \sin^2 \alpha \tag{3.78}$$

となる．この式は一般に楕円の式であるが，位相差 α の値によってその形が異なる．いくつかの位相差 α に対する軌跡を，表 3.2 と表 3.3 にまとめる．

実験では，加振力波形と応答波形をオシロスコープやデータロガーに入力して，画面上に軌跡を観ることができる．$A=B$ となるようにゲインを調整すると，軌跡が円となる加振振動数が求める固有振動数になる．

表 3.2 位相差 α による軌跡

α	式 (3.78)	軌跡
0	$(x-y)^2 = 0$	直線
$\pi/4$	$x^2 - \sqrt{2}xy + y^2 = A^2/2$	楕円
$\pi/2$	$x^2 + y^2 = A^2$	円
$3\pi/4$	$x^2 + \sqrt{2}xy + y^2 = A^2/2$	楕円
π	$(x+y)^2 = 0$	直線

表 3.3 リサージュ軌跡

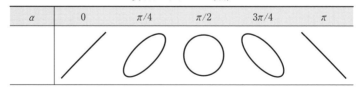

3.5 基礎励振

前節では,物体に周期加振力が作用する場合を考えた.実システムでは,物体を支持している基礎が運動することで,間接的に物体が励振される場合がある.

いま,ばねとダンパで支持された物体があり,支持基盤が周期変位 $y(t)$ の運動する場合の物体の応答変位 $w(t)$ を考える(図3.47).この場合の運動方程式は

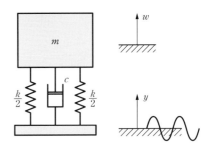

図 3.47 基礎励振

$$-m\ddot{w}-c(\dot{w}-\dot{y})-k(w-y)=0$$
$$m\ddot{w}+c\dot{w}+kw=ky+c\dot{y} \quad (3.79)$$

上式を m で割って,式(3.62)のパラメータを導入すると

$$\ddot{w}+2\zeta\omega_0\dot{w}+\omega_0^2 w=\omega_0^2 y+2\zeta\omega_0\dot{y} \quad (3.80)$$

となり,外力 $\omega_0^2 y+2\zeta\omega_0\dot{y}$ が作用する強制振動系となっていることがわかる.

ここで,応答変位 $w(t)$ は基礎の変位より ϕ だけ遅れるとし

$$y(t)=Ye^{i\Omega t}, \quad w(t)=We^{i(\Omega t-\phi)}=We^{i\Omega t}e^{-i\phi} \quad (3.81)$$

と置いて,式(3.80)に代入すると

$$(-\Omega^2+i2\zeta\omega_0\Omega+\omega_0^2)We^{-i\phi}=(\omega_0^2+i2\zeta\omega_0\Omega)Y$$

$$\frac{We^{-i\phi}}{Y}=\frac{\omega_0^2+i2\zeta\omega_0\Omega}{\omega_0^2-\Omega^2+i2\zeta\omega_0\Omega} \quad (3.82)$$

となる.振幅比の絶対値は,**変位伝達率**(displacement transmissibility)と呼ばれる.

$$\left|\frac{W}{Y}\right|=\sqrt{\frac{\omega_0^4+(2\zeta\omega_0\Omega)^2}{(\omega_0^2-\Omega^2)^2+(2\zeta\omega_0\Omega)^2}}=\sqrt{\frac{1+(2\zeta\overline{\Omega})^2}{(1-\overline{\Omega}^2)^2+(2\zeta\overline{\Omega})^2}} \quad (3.83)$$

ここに

$$\overline{\Omega}=\frac{\Omega}{\omega_0}$$

次に,式(3.81)の実部と虚部を比較すると次式を得る.

$$\tan\phi=\frac{2\zeta\overline{\Omega}^3}{1-\overline{\Omega}^2+(2\zeta\overline{\Omega})^2} \quad (3.84)$$

式(3.83)と式(3.84)を図示すると,図3.48のようになる.図より
・減衰比 ζ の大きさに関わらず,加振振動数比 $\overline{\Omega}=\sqrt{2}$ において,変位伝達率

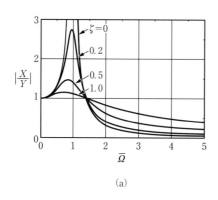
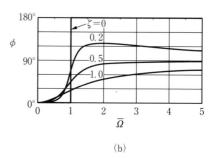

(a)　　　　　　　　　　　(b)

図 3.48　変位伝達率

$=1$ となる.

- $\bar{\Omega}=\sqrt{2}$ 以下では変位伝達率 >1 であり，物体は支持基盤よりも絶対値が大きい運動を示す.
- $\bar{\Omega}=\sqrt{2}$ 以上になると変位伝達率は零に近づき，物体はほとんど運動しなくなる.

ことがわかる.

演習問題

3.18　質量 m の車体がばねとダンパで支持され，振幅 a，波長 l の正弦波状の路面上を速度 v で走るモデルを考える（図 3.49）．速度 v の関数として，以下を求めよ．
　(a)　路面の変動 $y_e(t)$
　(b)　系の運動方程式
　(c)　車体に発生する定常振動の振幅比
　(d)　系が共振状態となる場合の速度（**危険速度**（critical speed））

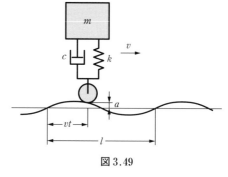

図 3.49

3.19　図 3.50（a）と（b）に示す振動系がある．いま，AB が関数 $y(t)=y_0\sin\Omega t$ により上下方向に振動する場合について，それぞれの系の（1）運動方程式および（2）質量 m の物体の応答振幅（つり合い位置を原点とする）を求めよ．

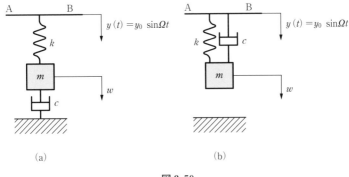

図 3.50

3.6 衝撃応答

　これまで，調和外力が作用する場合の系の応答を考えてきたが，本節では衝撃力等のそれ以外の外力に対する応答を考える．このような場合，応答は**定常応答**（steady state response）とはならず，**過渡応答**（transient response）となる．

　たとえば，旅客機が着陸する際に生じる衝撃力を吸収するため，**降着装置**（landing gear）または**脚**（gear）には**緩衝装置**（shock absorber）が備わっており，衝撃力の緩和が行われている．航空機の場合は，その後に**反発**（rebound）しないことが求められている．

　図3.51は**空気-油圧式（オレオ式）緩衝装置**（oleo-pneumatic shock absorber）の原理図である．上部気室には高圧空気（窒素）が封入してあり，下部には作動油が入っている．着陸の衝撃を受けると上部気室の空気が断熱圧縮され，空気ばねとして働くと同時に，下部の作動油はオリフィスを通って上部の気室に流れ込むの

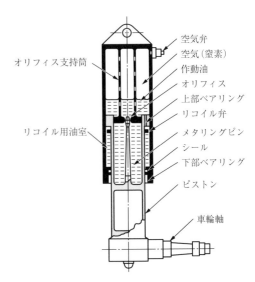

図 3.51　オレオ式緩衝装置

図 3.52　エアバス A380 の主脚（© Airbus）

で，流体摩擦により運動エネルギーが熱エネルギーに変換される．

図 3.52 は総 2 階建ての旅客機A380 の**主脚**（main gear）（翼脚）である．最大重量（質量）約 560 ton の機体を，それぞれ 6 つと 4 つのタイヤを有する主脚（胴体下と翼下）2 組と，1 つの**前脚**（nose gear）で支える．通常，設計値として 3 m/s の降下速度に耐えることが要求される．

3.6.1　インパルス応答（impulse response）

物体に，図 3.53 のような，短い時間に極めて大きい外力 $F(t)$ が作用する場合，その物体は**衝撃**（impact）を受けるといい，そのような外力を**衝撃力**（impulsive force）または**インパルス力**と呼ぶ．

$F(t)$ と時間 Δt で囲まれる面積は**力積**（impulse）と呼ばれ，衝撃の大きさを示す．

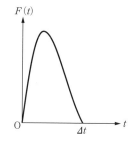

図 3.53　衝撃力

$$\tilde{F} = \int_0^t F(t)dt \tag{3.85}$$

衝撃により，質量 m の物体は**運動量**（momentum）の変化を生じ，速度 v_0 から v に変化したとする．

$$\tilde{F} = \int_0^t F(t)dt = \int_0^t \frac{d(mv)}{dt}dt = mv - mv_0 \tag{3.86}$$

物体が初め静止している場合（$v_0=0$）には，速度は以下のようになる．

$$v = \frac{\widetilde{F}}{m} \qquad (3.87)$$

このように，インパルス力を与えるということは，物体に初速度 $\widetilde{F}/m$ を与える効果と同等であることがわかる．

このようなインパルスを表現する関数として，図 3.54 に示す**インパルス関数**（impulse function）または**ディラックのデルタ関数**（Dirac delta function）がある．数学的には，次式で定義される．

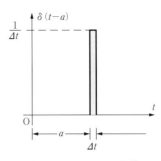

図 3.54 インパルス関数

$$\begin{aligned}\delta(t-a) &= 0 \quad \text{for} \quad t \neq a \\ \int_{-\infty}^{\infty} \delta(t-a) dt &= 1\end{aligned} \qquad (3.88)$$

単位は［1/s］である．この図では時刻 $t=a$ で作用する一般的な場合を示しているが，時刻 $t=0$ で作用する**単位インパルス**（unit impulse）$\delta(t)$ に対するシステムの応答は，**インパルス応答**（impulse response）と呼ばれる．なお，前述したように，図中の矩形の斜線部分の面積 $\left(\frac{1}{\Delta t} \times \Delta t = 1\right)$ は**力積**（impulse）を表す．

一例として，図 3.55 に示すばねとダンパで支持された物体に，大きさ F のインパルス力が作用する場合を考える．

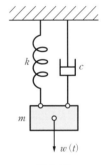

図 3.55

自由振動の運動方程式は

$$m\ddot{w} + c\dot{w} + kw = 0 \qquad (3.20)$$

であり，上式を m で割って，式 (3.21) のパラメータを導入すると

$$\ddot{w} + 2\zeta\omega_0 \dot{w} + \omega_0^2 w = 0$$

一般解は，$0<\zeta<1$ の場合に式 (3.32) で与えられる．

$$w(t) = (\overline{E} \cos \omega_d t + \overline{F} \sin \omega_d t) e^{-\zeta\omega_0 t} \qquad (3.32)$$

初期条件は，前述の理由により次式となる．

$$\text{初期変位}: w(0) = 0, \quad \text{初期速度}: \dot{w}(0) = \frac{F}{m} \qquad (3.89)$$

それらより，$\overline{E} = 0$，$\overline{F} = \dfrac{F}{m\omega_d}$ となり，応答変位は

$$w(t) = \frac{F}{m\omega_d} e^{-\zeta\omega_0 t} \sin \omega_d t = \frac{F}{m\omega_0 \sqrt{1-\zeta^2}} e^{-\zeta\omega_0 t} \sin \sqrt{1-\zeta^2}\,\omega_0 t \qquad (3.90\text{a})$$

となる．減衰がない場合には

$$w(t) = \frac{F}{m\omega_0} \sin \omega_0 t \tag{3.90b}$$

となる．

なお，大きさが1のインパルス応答は，**単位インパルス応答**（unit impulse response）と呼ばれ，$g(t)$ と表記される場合がある．

$$w(t) = g(t) = \frac{1}{m\omega_0 \sqrt{1-\zeta^2}} e^{-\zeta \omega_0 t} \sin \sqrt{1-\zeta^2} \, \omega_0 t \tag{3.91a}$$

$$w(t) = g(t) = \frac{1}{m\omega_0} \sin \omega_0 t \tag{3.91b}$$

3.6.2 任意波形の外力による応答

任意波形の外力に対するシステムの応答は，このインパルス応答を元に表現することができる．

任意波形の外力 $f(t)$ を図3.56（a）に示すように，連続したインパルス列と考える．いま，時刻 $t=\tau$ における1つのインパルスに注目すると，その強さは

$$\tilde{F} = f(\tau) \Delta \tau$$

であり，時刻 t での，応答全体に及ぼす寄与は，経過時間 $(t-\tau)$ に依存し

$$\tilde{F} g(t-\tau) = f(\tau) \Delta \tau \, g(t-\tau)$$

となる．線形システムでは，**足し合わせの原理**（principle of superposition）が成

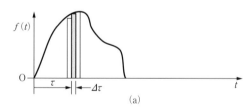

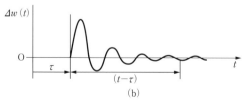

図3.56 任意波形の外力による応答

立するので，システムの応答は，このような1つのインパルスによる寄与を積分することで，次式で得られる．

$$w(t)=\int_0^t f(\tau)g(t-\tau)d\tau \tag{3.92}$$

式 (3.91) より，減衰がある場合には

$$w(t)=\frac{1}{m\omega_0\sqrt{1-\zeta^2}}\int_0^t e^{-\zeta\omega_0(t-\tau)}\sin\{\sqrt{1-\zeta^2}\omega_0(t-\tau)\}f(\tau)d\tau \tag{3.93a}$$

減衰がない場合には

$$w(t)=\frac{1}{m\omega_0}\int_0^t \sin\omega_0(t-\tau)f(\tau)d\tau \tag{3.93b}$$

となる．上式は**畳み込み積分**（convolution integral）または**デュアメル積分**（Duhamel integral）と呼ばれる．

なお，$\xi=t-\tau$ とすると，$\tau=t-\xi, d\tau=-d\xi$ より，式 (3.92) は

$$w(t)=\int_0^t f(t-\xi)g(\xi)d\xi \tag{3.94}$$

とも表現される．

また，$f(\tau)$ が数式でなく図式的に与えられる場合も，近似的積分法を用いてデュアメル積分の解を求めることができる．

3.6.3 ステップ応答（step response）

次に，図 3.55 に示すばねとダンパで支持された物体に，図 3.57 のような一定力 F_0 が急に作用する場合を考える．

図 3.57　ステップ荷重

この場合の運動方程式は

$$m\ddot{w}+c\dot{w}+kw=F_0(t) \tag{3.95}$$

となる．上式を m で割って，式 (3.62) のパラメータを導入すると

$$\ddot{w}+2\zeta\omega_0\dot{w}+\omega_0^2 w=f_0(t),\quad f_0=F_0/m$$

$0<\zeta<1$ の場合には，上式の同次解は式 (3.32) で与えられ

$$w_h(t)=(\overline{E}\cos\omega_d t+\overline{F}\sin\omega_d t)e^{-\zeta\omega_0 t} \tag{3.32}$$

特殊解は

$$w_p(t)=\frac{f_0}{\omega_0^2}\equiv\tilde{f}_0,\quad \tilde{f}_0=\frac{F_0}{k} \tag{3.96}$$

となり，一般解はそれらの和として次式となる．

$$w(t) = (\overline{E}\cos\omega_d t + \overline{F}\sin\omega_d t)e^{-\zeta\omega_0 t} + \tilde{f}_0 \tag{3.97}$$

物体は初め静止しているものとすると，初期条件は次式となり

$$\text{初期変位：} w(0)=0, \quad \text{初期速度：} \dot{w}(0)=0 \tag{3.98}$$

それらより，$\overline{E}=-\tilde{f}_0$, $\overline{F}=-\dfrac{\tilde{f}_0\zeta}{\sqrt{1-\zeta^2}}$ となり，応答変位は次式で与えられる．

$$w(t) = \left(-\tilde{f}_0\cos\omega_d t - \frac{\tilde{f}_0\zeta}{\sqrt{1-\zeta^2}}\sin\omega_d t\right)e^{-\zeta\omega_0 t} + \tilde{f}_0$$

$$= \tilde{f}_0\left[1 - \left(\cos\sqrt{1-\zeta^2}\,\omega_0 t + \frac{\zeta}{\sqrt{1-\zeta^2}}\sin\sqrt{1-\zeta^2}\,\omega_0 t\right)e^{-\zeta\omega_0 t}\right] \tag{3.99a}$$

減衰がない場合には

$$w(t) = \tilde{f}_0(1-\cos\omega_0 t) \tag{3.99b}$$

となる．

$F_0=1$ の場合の波形は，**単位ステップ関数**（unit step function）と呼ばれ，数学的には

$$u(t) = \begin{cases} 0 & : t<0 \\ 1 & : 0\leq t \end{cases} \tag{3.100}$$

と定義される．また，単位ステップ関数の外力が作用した系の応答を**単位ステップ応答**（unit step response）または**インディシャル応答**（indicial response）という．

図 3.58 に $\tilde{f}_0=1$ とした場合の応答を例示する．この場合，$\tilde{f}_0=F_0/k$ は力を静的に加えた場合の変位に相当し，減衰がない場合には応答変位量がその 2 倍になること，また，時間とともに応答変位量はその値に漸近することがわかる．

この問題を 3.6.2 項のデュアメル積分を用いても解くことができる．減衰がある

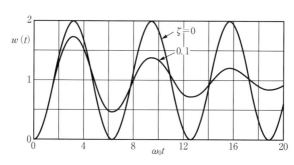

図 3.58 ステップ応答：$\tilde{f}_0=1$

場合には，式 (3.93a) より，応答変位は次式で与えられる．

$$w(t) = \frac{F_0}{m\omega_0\sqrt{1-\zeta^2}} \int_0^t e^{-\zeta\omega_0(t-\tau)} \sin\{\sqrt{1-\zeta^2}\,\omega_0(t-\tau)\}d\tau$$

$$= \tilde{f}_0[1 - \frac{e^{-\zeta\omega_0 t}}{\sqrt{1-\zeta^2}} \cos(\sqrt{1-\zeta^2}\,\omega_0 t - \phi)] \quad (3.101a)$$

$$\tan\phi = \frac{\zeta}{\sqrt{1-\zeta^2}} \quad (3.101b)$$

3.6.4　ラプラス変換を用いた応答

任意波形の外力によるシステムの応答を求める方法として，**ラプラス変換**（Laplace transformation）を用いる方法がある．これは，微分方程式形の運動方程式を解く過程において，初期条件を取り入れ，代数方程式に変換して解を求める方法であり，時間領域の関数を振動数領域の関数に変換する．

時間関数 $f(t)$ に e^{-st} を掛けて，t について $0 \sim \infty$ まで積分すると

$$F(s) = \int_0^\infty f(t)e^{-st}dt \quad (3.102)$$

これを $f(t)$ の**ラプラス変換**と呼び

$$F(s) = L[f(t)] \quad (3.103)$$

とも表記する．

また，$F(s)$ を次式に代入すると

$$f(t) = \frac{1}{2\pi i} \int_{c-i\infty}^{c+i\infty} F(s)e^{st}ds \quad (3.104)$$

これを**ラプラス逆変換**（inverse Laplace transformation）といい

$$f(t) = L^{-1}[F(s)] \quad (3.105)$$

とも表記する．なお，式 (3.104) は**ブロムウィッチ積分**（Bromwich integral）と呼ばれる複素積分である．

表 3.4 にいくつかの関数の変換表を示す．

【例題 3.10】　非減衰系の自由振動

運動方程式

$$m\ddot{w} + kw = 0 \quad (3.2)$$

を，初期条件

$$w(0) = w_0, \quad \dot{w}(0) = v_0 \quad (3.27)$$

を用いてラプラス変換すると

表 3.4 ラプラス変換表

$f(t)$	$F(s)$	$f(t)$	$F(s)$
$\delta(t)$ （デルタ関数）	1	$e^{-at}\sin\omega t$	$\dfrac{\omega}{(s+a)^2+\omega^2}$
$u(t)$ （ステップ関数）	$\dfrac{1}{s}$	$e^{-at}\cos\omega t$	$\dfrac{s+a}{(s+a)^2+\omega^2}$
t	$\dfrac{1}{s^2}$	$e^{-at}f(t)$	$F(s+a)$
$\dfrac{t^n}{n!}$	$\dfrac{1}{s^{n+1}}$	$\dfrac{1}{a}f\left(\dfrac{t}{a}\right)$	$F(as)$
e^{-at}	$\dfrac{1}{s+a}$	$tf(t)$	$-\dfrac{dF(s)}{ds}$
$\sin\omega t$	$\dfrac{\omega}{s^2+\omega^2}$	$f(t-a)\begin{cases}=0 & t<a \\ \neq 0 & a\leq t\end{cases}$	$e^{-as}F(s)$
$\cos\omega t$	$\dfrac{s}{s^2+\omega^2}$	$\displaystyle\int_0^t f(t)dt$	$s^{-1}F(s)$
$\sinh\omega t$	$\dfrac{\omega}{s^2-\omega^2}$	$\dfrac{d}{dt}f(t)$	$sF(s)-f(0)$
$\cosh\omega t$	$\dfrac{s}{s^2-\omega^2}$	$\dfrac{d^2}{dt^2}f(t)$	$s^2F(s)-sf(0)-\dfrac{d}{dt}f(0)$

$$L[w(t)]=\int_0^\infty w(t)e^{-st}dt=W(s) \tag{a}$$

$$L\left[\frac{dw(t)}{dt}\right]=\int_0^\infty \frac{dw(t)}{dt}e^{-st}dt=[w(t)e^{-st}]_0^\infty+s\int_0^\infty w(t)e^{-st}dt=sW(s)-w_0 \tag{b}$$

$$L\left[\frac{d^2w(t)}{dt^2}\right]=\int_0^\infty \frac{d^2w(t)}{dt^2}e^{-st}dt=\left[\frac{dw(t)}{dt}e^{-st}\right]_0^\infty+[sw(t)e^{-st}]_0^\infty+s^2\int_0^\infty w(t)e^{-st}dt$$
$$=s^2W(s)-sw_0-v_0 \tag{c}$$

より

$$m(s^2W-sw_0-v_0)+kW=0$$

$$W(s)=\frac{sw_0+v_0}{s^2+\omega_0^2}=\frac{sw_0}{s^2+\omega_0^2}+\frac{v_0}{s^2+\omega_0^2}, \quad \omega_0^2=\frac{k}{m} \tag{d}$$

逆変換すると

$$w(t)=w_0\cos\omega_0 t+\frac{v_0}{\omega_0}\sin\omega_0 t \tag{e}$$

【例題 3.11】 非減衰系の調和加振

運動方程式

$$m\ddot{w}+kw=F\sin\Omega t \tag{3.54}$$

を，初期条件

$$w(0)=w_0, \quad \dot{w}(0)=v_0 \tag{3.27}$$

を用いてラプラス変換すると

$$m(s^2 W - s w_0 - v_0) + kW = \frac{F\Omega}{s^2+\Omega^2}$$

ここでは，強制振動解に注目することとし，$w_0=0$，$v_0=0$として

$$(ms^2+k)W(s)=\frac{F\Omega}{s^2+\Omega^2}$$

$$W(s)=\frac{F}{m}\frac{\Omega}{(s^2+\omega_0^2)(s^2+\Omega^2)}=\frac{F}{m}\frac{1}{\omega_0^2-\Omega^2}\left[\frac{\Omega}{s^2+\Omega^2}-\frac{\Omega}{s^2+\omega_0^2}\right] \tag{a}$$

逆変換すると

$$w(t)=\frac{F}{m(\omega_0^2-\Omega^2)}\left(\sin\Omega t - \frac{\Omega}{\omega_0}\sin\omega_0 t\right) \tag{b}$$

【例題 3.12】 減衰系の自由振動

運動方程式

$$m\ddot{w}+c\dot{w}+kw=0 \tag{3.20}$$

または

$$\ddot{w}+2\zeta\omega_0\dot{w}+\omega_0^2 w=0 \tag{3.22}$$

を，初期条件

$$w(0)=w_0, \quad \dot{w}(0)=v_0 \tag{3.27}$$

を用いてラプラス変換すると

$$(s^2 W - s w_0 - v_0) + 2\zeta\omega_0(sW - w_0) + \omega_0^2 W = 0$$

$$(s^2 + 2\zeta\omega_0 s + \omega_0^2)W(s) - s w_0 - 2\zeta\omega_0 w_0 - v_0 = 0$$

$$W(s)=\frac{s w_0 + 2\zeta\omega_0 w_0 + v_0}{s^2 + 2\zeta\omega_0 s + \omega_0^2} \tag{a}$$

分母＝0 は，3.2.1項の特性方程式（3.23）に相当し

$$s^2 + 2\zeta\omega_0 s + \omega_0^2 = 0 \tag{3.23}$$

$0<\zeta<1$とすると，その解は式（3.24）で与えられる．

$$s_1, s_2 = (-\zeta \pm \sqrt{1-\zeta^2})\omega_0 \tag{3.24}$$

したがって

$$\begin{aligned}W(s) &= \frac{s w_0 + 2\zeta\omega_0 w_0 + v_0}{(s-s_1)(s-s_2)} = \frac{s w_0 + 2\zeta\omega_0 w_0 + v_0}{(s+(\zeta-\sqrt{1-\zeta^2})\omega_0)(s+(\zeta+\sqrt{1-\zeta^2})\omega_0)} \\ &= \frac{1}{2}\frac{w_0 + \dfrac{\zeta\omega_0 w_0 + v_0}{i\sqrt{1-\zeta^2}\,\omega_0}}{s+(\zeta-\sqrt{1-\zeta^2})\omega_0} + \frac{1}{2}\frac{w_0 - \dfrac{\zeta\omega_0 w_0 + v_0}{i\sqrt{1-\zeta^2}\,\omega_0}}{s+(\zeta+\sqrt{1-\zeta^2})\omega_0}\end{aligned} \tag{b}$$

これをラプラス逆変換すると

$$w(t) = \frac{1}{2}\left\{w_0 + \frac{\zeta\omega_0 w_0 + v_0}{i\sqrt{1-\zeta^2}\,\omega_0}\right\}e^{(-\zeta+i\sqrt{1-\zeta^2})\omega_0 t} + \frac{1}{2}\left\{w_0 - \frac{\zeta\omega_0 w_0 + v_0}{i\sqrt{1-\zeta^2}\,\omega_0}\right\}e^{(-\zeta-i\sqrt{1-\zeta^2})\omega_0 t}$$

$$= \left(w_0\frac{e^{i\sqrt{1-\zeta^2}\omega_0 t}+e^{-i\sqrt{1-\zeta^2}\omega_0 t}}{2} + \frac{\zeta\omega_0 w_0 + v_0}{\sqrt{1-\zeta^2}\,\omega_0}\frac{e^{i\sqrt{1-\zeta^2}\omega_0 t}-e^{-i\sqrt{1-\zeta^2}\omega_0 t}}{2i}\right)e^{-\zeta\omega_0 t} \quad (c)$$

$$= \left(w_0\cos\sqrt{1-\zeta^2}\,\omega_0 t + \frac{\zeta\omega_0 w_0 + v_0}{\sqrt{1-\zeta^2}\,\omega_0}\sin\sqrt{1-\zeta^2}\,\omega_0 t\right)e^{-\zeta\omega_0 t}$$

$$= \left(w_0\cos\omega_d t + \frac{\zeta\omega_0 w_0 + v_0}{\omega_d}\sin\omega_d t\right)e^{-\zeta\omega_0 t}$$

【例題 3.13】 減衰系のインパルス応答

図 3.55 に示すばねとダンパで支持された物体に，大きさ F のインパルス力が作用する場合を考える．この場合の運動方程式は

$$m\ddot{w} + c\dot{w} + kw = F\delta(t) \tag{a}$$

または

$$\ddot{w} + 2\zeta\omega_0\dot{w} + \omega_0^2 w = f\delta(t), \quad f = \frac{F}{m} \tag{b}$$

を，初期条件

$$w(0) = 0, \quad \dot{w}(0) = 0 \tag{c}$$

を用いてラプラス変換すると

$$(s^2 + 2\zeta\omega_0 s + \omega_0^2)W(s) = f$$

$$W(s) = \frac{f}{s^2 + 2\zeta\omega_0 s + \omega_0^2} = \frac{f}{(s+\zeta\omega_0)^2 + \omega_d^2} \tag{d}$$

これをラプラス逆変換すると

$$w(t) = \frac{f}{\omega_d}e^{-\zeta\omega_0 t}\sin\omega_d t = \frac{F}{m\omega_0\sqrt{1-\zeta^2}}e^{-\zeta\omega_0 t}\sin\sqrt{1-\zeta^2}\,\omega_0 t \tag{e}$$

となり，式 (3.90a) と同じになる．

【例題 3.14】 減衰系のステップ応答

次に，図 3.55 に示すばねとダンパで支持された物体に，図 3.57 のような一定力 F_0 が急に作用する場合を考える．この場合の運動方程式は

$$m\ddot{w} + c\dot{w} + kw = F_0 u(t) \tag{a}$$

または

$$\ddot{w} + 2\zeta\omega_0\dot{w} + \omega_0^2 w = f_0 u(t), \quad f_0 = F_0/m \tag{b}$$

を初期条件

$$w(0)=0, \quad \dot{w}(0)=0 \tag{c}$$

を用いてラプラス変換すると

$$(s^2+2\zeta\omega_0 s+\omega_0^2)W(s)=\frac{f_0}{s}$$

$$W(s)=\frac{f_0}{s(s^2+2\zeta\omega_0 s+\omega_0^2)}=f_0\left(\frac{1}{s}-\frac{s+\zeta\omega_0}{(s+\zeta\omega_0)^2+\omega_d^2}-\frac{\zeta\omega_0}{(s+\zeta\omega_0)^2+\omega_d^2}\right) \tag{d}$$

これをラプラス逆変換すると

$$\begin{aligned}w(t)&=\frac{f_0}{\omega_0^2}[1-\left(\cos\omega_d t+\frac{\zeta}{\sqrt{1-\zeta^2}}\sin\omega_d t\right)e^{-\zeta\omega_0 t}]\\&=\tilde{f}_0[1-\left(\cos\sqrt{1-\zeta^2}\omega_0 t+\frac{\zeta}{\sqrt{1-\zeta^2}}\sin\sqrt{1-\zeta^2}\omega_0 t\right)e^{-\zeta\omega_0 t}]\end{aligned} \tag{e}$$

$$\tilde{f}_0=\frac{F_0}{k} \tag{f}$$

となり，式（3.99a）と同じになる．

演習問題

3.20 箱に入れられた質量 m の物体が，高さ h から堅い床面に落下した場合を考える（図3.59）．着地した後の物体の変位を $w(t)$ とする．
  (a) 初期条件はどのように定められるか．
  (b) 運動方程式を求めよ．
  (c) 物体はどのような挙動を示すか．

3.21 時刻 $t=0$ で，ばね秤（ばかり）に質量 m の錘をそっと置いた（図3.60）．ばね秤の質量は無視する．
  (a) ダランベールの原理を用いて，錘の変位 $w(t)$ についての運動方程式を求めよ．
  (b) この場合の初期条件を述べよ．
  (c) Laplace 変換を用いて錘の運動を求め，図示せよ．

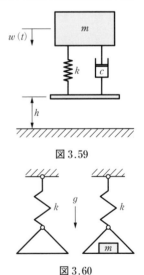

図 3.59

図 3.60

〈参考文献〉

1) 石田幸男，井上剛志：機械振動工学，培風館，2008．
2) L. Meirovitch：Elements of vibration analysis, 2nd ed., McGraw-Hill, 1986.
3) W. Thomson：Theory of vibration with application, Prentice-Hall, Inc., 1972.

4) 杉山吉彦, 鈴木豊彦：力学序論, 培風館, 1990.
5) 斎藤秀雄：工業基礎振動学, 養賢堂, 1977.
6) A.H. Church：Mechanical Vibrations, 2nd ed., John Wiley and Sons, Inc., 1963.
7) N. S. Currey：Aircraft landing gear design：Principle and practice, AIAA Education Series, 1988.

4 多自由度系の振動

4.1 2自由度非減衰系の振動

4.1.1 自由振動

A. 並進運動系

前章では運動する物体が1つのシステムを取り扱ったが，本節では，まず運動する物体が2つの場合の2自由度系を扱う．この場合，2つの物体の相対運動により，一般に2つの固有振動数と2つの固有振動モードが存在する．

重力 g の作用下で，質量 m_1 と m_2 の2つの物体 A, B が，ばね定数 k_1 と k_2 の2つのばねで吊り下げられているシステムを考える：図4.1．

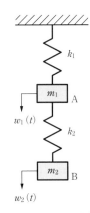

図4.1 2ばね-2物体系

(1) 運動方程式

それぞれの物体のつり合い位置を原点とした座標を設定し，A, B それぞれの変位を $w_1(t)$ と $w_2(t)$ とする．

まず，物体 A に注目する．物体 A が $w_1(t)$ 変位すると，上のばねは伸び，下のばねは縮み，物体には

- 慣性力： $-m_1\ddot{w}_1$ ・上のばねによる復元力： $-k_1 w_1$
- 下のばねによる復元力： $-k_2(w_1-w_2)$

が働く．これらがつり合うので，ダランベールの原理より，次の運動方程式が得られる．

$$-m_1\ddot{w}_1 - k_1 w_1 - k_2(w_1-w_2) = 0$$
$$m_1\ddot{w}_1 + (k_1+k_2)w_1 - k_2 w_2 = 0 \tag{4.1}$$

ここで，下のばねの下端が w_2 変位するため，ばねの縮み量が (w_1-w_2) となることに注意しよう．

次に，物体Bに注目する．物体Bが $w_2(t)$ 変位すると，物体には

・慣性力：$-m_2\ddot{w}_2$　　・下のばねによる復元力：$-k_2(w_2-w_1)$

が働き，これらがつり合うので，ダランベールの原理より，次の運動方程式が得られる．

$$-m_2\ddot{w}_2-k_2(w_2-w_1)=0$$
$$m_2\ddot{w}_2+k_2w_2-k_2w_1=0 \tag{4.2}$$

この場合も，下のばねの上端が w_1 変位するため，ばねの伸び量が (w_2-w_1) となることに注意しよう．なお，ニュートンの運動方程式の考え方からも同じ式が得られる．

式 (4.1) と式 (4.2) は，$w_1(t)$ と $w_2(t)$ に関する連立斉次方程式で，行列表示すると次式となる．

$$\begin{bmatrix} m_1 & 0 \\ 0 & m_2 \end{bmatrix} \begin{Bmatrix} \ddot{w}_1 \\ \ddot{w}_2 \end{Bmatrix} + \begin{bmatrix} k_1+k_2 & -k_2 \\ -k_2 & k_2 \end{bmatrix} \begin{Bmatrix} w_1 \\ w_2 \end{Bmatrix} = \begin{Bmatrix} 0 \\ 0 \end{Bmatrix} \tag{4.3}$$

ここで

$$\boldsymbol{M}=\begin{bmatrix} m_1 & 0 \\ 0 & m_2 \end{bmatrix}, \quad \boldsymbol{K}=\begin{bmatrix} k_1+k_2 & -k_2 \\ -k_2 & k_2 \end{bmatrix}, \quad \boldsymbol{W}=\begin{Bmatrix} w_1 \\ w_2 \end{Bmatrix} \tag{4.4}$$

と置くと

$$\boldsymbol{M}\ddot{\boldsymbol{W}}+\boldsymbol{K}\boldsymbol{W}=\boldsymbol{0} \tag{4.5}$$

と表現できる．

$\boldsymbol{W}$ は**変位ベクトル**（displacement vector），その2階微分 $\ddot{\boldsymbol{W}}$ は**加速度ベクトル**（acceleration vector）と呼ばれ，$\boldsymbol{M}$ は**質量行列**（mass matrix），$\boldsymbol{K}$ は**剛性行列**（stiffness matrix）と呼ばれる．

式 (4.3) は $w_1(t)$ と $w_2(t)$ に関する2本の連立方程式であり，剛性行列の非対角項の $-k_2w_2$ と $-k_2w_1$ が存在することで連立している．これらの項を**連成項**（coupling term）といい，剛性行列で**連成**（coupling）しているため，**弾性連成**（elastic coupling）または**静連成**（static coupling）と呼ばれる．一方，質量行列で連成する場合は，**質量連成**（inertial coupling）または**動連成**（dynamic coupling）という．運動方程式が静連成なのか動連成なのかは，座標系の取り方に依存する．詳しくは4.4節で述べる．なお，4.1.2項では，非連成の運動方程式に変換する方法について述べる．

また，質量行列，剛性行列とも，対称行列であることに注意しよう．

(2) 固有円振動数と固有振動モード

物体 A と B は，それぞれ振幅 $\overline{A}$ と $\overline{B}$，円振動数 ω の正弦波振動をすると仮定する．

$$w_1(t) = \overline{A} \sin \omega t, \quad w_2(t) = \overline{B} \sin \omega t \tag{4.6}$$

これを，式 (4.3) に代入すると

$$\begin{bmatrix} -m_1\omega^2 & 0 \\ 0 & -m_2\omega^2 \end{bmatrix} \begin{Bmatrix} \overline{A} \\ \overline{B} \end{Bmatrix} + \begin{bmatrix} k_1+k_2 & -k_2 \\ -k_2 & k_2 \end{bmatrix} \begin{Bmatrix} \overline{A} \\ \overline{B} \end{Bmatrix} = \begin{Bmatrix} 0 \\ 0 \end{Bmatrix}$$

$$\begin{bmatrix} k_1+k_2-m_1\omega^2 & -k_2 \\ -k_2 & k_2-m_2\omega^2 \end{bmatrix} \begin{Bmatrix} \overline{A} \\ \overline{B} \end{Bmatrix} = \begin{Bmatrix} 0 \\ 0 \end{Bmatrix}$$

いま，$m_1 = m_2 = m$，$k_1 = k_2 = k$ とすると

$$\begin{bmatrix} 2k-m\omega^2 & -k \\ -k & k-m\omega^2 \end{bmatrix} \begin{Bmatrix} \overline{A} \\ \overline{B} \end{Bmatrix} = \begin{Bmatrix} 0 \\ 0 \end{Bmatrix} \tag{4.7}$$

これは，$\overline{A}$ と $\overline{B}$ に関する連立同次方程式である．$\overline{A} = \overline{B} = 0$ も式 (4.7) を満たすが，この場合物体は運動しない．このような解を**自明解**（trivial solution）という．**非自明解**（non-trivial solution）をもつためには，式 (4.7) の係数行列式の値が零となる必要がある．つまり

$$\begin{vmatrix} 2k-m\omega^2 & -k \\ -k & k-m\omega^2 \end{vmatrix} = 0 \tag{4.8}$$

が成立しなければならない．これより，次式が得られる．

$$m^2\omega^4 - 3mk\omega^2 + k^2 = 0 \tag{4.9}$$

上式は**振動数方程式**（frequency equation）または**特性方程式**（characteristic equation）と呼ばれる．上式より，**固有値**（eigenvalue）として，**固有円振動数** ω_1 と ω_2 ($\omega_1 < \omega_2$) が求まる．それぞれ，1次，2次の固有円振動数と呼ばれる．

$$\omega_1 = \sqrt{\frac{(3-\sqrt{5})k}{2m}}, \quad \omega_2 = \sqrt{\frac{(3+\sqrt{5})k}{2m}} \approx 0.62\sqrt{\frac{k}{m}}, \quad \approx 1.62\sqrt{\frac{k}{m}} \tag{4.10}$$

$\sqrt{k/m}$ はそれぞれの物体が，独立に1つのばねで吊り下げられているときの固有円振動数であるので，1次はその 0.62 倍，2次は 1.62 倍の円振動数になっていることになる．

次に振動モードを求める．式 (4.10) を式 (4.7) に代入すると

i) $\omega = \omega_1$ の場合

式 (4.7) の第1式は

$$\left(2k - m\frac{(3-\sqrt{5})k}{2m}\right)\overline{A} - k\overline{B} = 0 \rightarrow (1+\sqrt{5})k\overline{A} - 2k\overline{B} = 0 \rightarrow$$

$$\overline{A} : \overline{B} = 1 : (1+\sqrt{5})/2 \approx 1 : 1.62$$

$$\left\{\frac{\overline{A}}{\overline{B}}\right\}_{\omega=\omega_1} = \left\{\begin{array}{c} 1 \\ \frac{1+\sqrt{5}}{2} \end{array}\right\} \tag{4.11}$$

ii) $\omega = \omega_2$ の場合

式 (4.7) の第1式は

$$\left(2k - m\frac{(3+\sqrt{5})k}{2m}\right)\overline{A} - k\overline{B} = 0 \rightarrow (1-\sqrt{5})k\overline{A} - 2k\overline{B} = 0 \rightarrow$$

$$\overline{A} : \overline{B} = 1 : (1-\sqrt{5})/2 \approx 1 : -0.62$$

$$\left\{\frac{\overline{A}}{\overline{B}}\right\}_{\omega=\omega_2} = \left\{\begin{array}{c} 1 \\ \frac{1-\sqrt{5}}{2} \end{array}\right\} \tag{4.12}$$

これらは**固有ベクトル**（eigenvector）と呼ばれ，$\omega = \omega_{1,2}$ の場合の物体 A と B の振幅の比を表す．$\omega = \omega_1$ では，$w_1(t)$ と $w_2(t)$ はともに正で，**同位相**（in phase）の運動を行うが，大きさは $\approx 1 : 1.62$ である．一方 $\omega = \omega_2$ では，$w_1(t)$ と $w_2(t)$ は異符号で，**逆位相**（out of phase）の運動を行い，大きさは $\approx 1 : 0.62$ である．

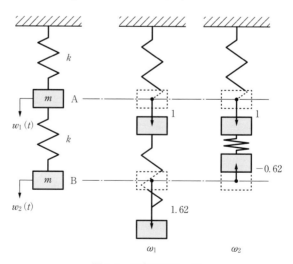

図 4.2　固有振動モード

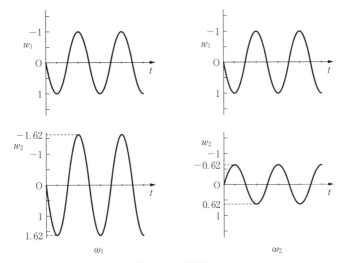

図 4.3 時間波形

これらを図示すると，図 4.2 に示す**固有振動モード**（natural vibration mode）が得られる．また，**時間波形**（time history）は図 4.3 のようになる．

演習問題

4.1 質量 m_2 の小型車を積載した質量 m_1 のトラックを，フェリーの船体に固定した場合のモデルがある（図 4.4）．

(a) 小型車（m_2）とトラック（m_1）の運動方程式を求めよ．

(b) 振動数方程式を求めよ．

(c) 荒天によるフェリーの揺れでばね k_2 が破断した．このときの系の固有円振動数を求めよ．

(d) (b) で $k_1=k_2=k_3=k_4=k$，$m_1=2m_2=m$ とした場合，固有円振動数 ω を求めよ．

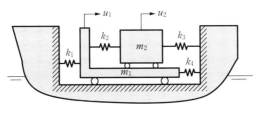

図 4.4

B. 回転運動系

次に，3つのばねで拘束された2つの円板A, Bがあり，中心OとO′回りに平面内を回転運動する場合を考えよう：図4.5．円板A, Bの，中心OとO′回りの慣性モーメントをそれぞれJ_1とJ_2とする．

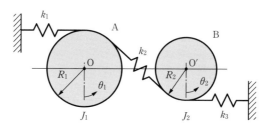

図4.5 ばねで結合された2つの円板

(1) 運動方程式

それぞれの円板のつり合い位置を原点とし，反時計回り方向の回転角を$\theta_1(t)$と$\theta_2(t)$とする．

まず，円板Aに注目する．円板Aが$\theta_1(t)$回転すると，左のばねは縮み，右のばねは伸び，円板には

・回転慣性モーメント：$-J_1\ddot{\theta}_1$

・左のばねによる復元モーメント：$-k_1(R_1\theta_1)R_1$

・右のばねによる復元モーメント：$-k_2(R_1\theta_1+R_2\theta_2)R_1$

が働く．これらがつり合うので，ダランベールの原理より

$$-J_1\ddot{\theta}_1 - k_1 R_1^2 \theta_1 - k_2(R_1\theta_1+R_2\theta_2)R_1 = 0$$

$$J_1\ddot{\theta}_1 + (k_1+k_2)R_1^2\theta_1 + k_2 R_1 R_2 \theta_2 = 0 \qquad (4.13)$$

ここで，円板Bが反時計回りに$\theta_2(t)$回転するため，右のばねの伸び量が$(R_1\theta_1+R_2\theta_2)$となることに注意しよう．なお，ニュートンの運動方程式の考え方からも同じ式が得られる．

次に，円板Bに注目する．円板Bが$\theta_2(t)$回転すると，左のばねは伸び，右のばねは縮み，円板には

・回転慣性モーメント：$-J_2\ddot{\theta}_2$

・左のばねによる復元モーメント：$-k_2(R_2\theta_2+R_1\theta_1)R_2$

・右のばねによる復元モーメント：$-k_3(R_2\theta_2)R_2$

が働く．これらがつり合うので，ダランベールの原理より，運動方程式が得られる．

$$-J_2\ddot{\theta}_2 - k_2(R_2\theta_2+R_1\theta_1)R_2 - k_3 R_2^2 \theta_2 = 0$$

$$J_2\ddot{\theta}_2+(k_2+k_3)R_2^2\theta_2+k_2R_1R_2\theta_1=0 \tag{4.14}$$

ここで，円板 A が反時計回りに $\theta_1(t)$ 回転するため，左のばねの伸び量が $(R_2\theta_2+R_1\theta_1)$ となることに注意しよう．

式 (4.13) と式 (4.14) は，$\theta_1(t)$ と $\theta_2(t)$ に関する連立斉次方程式で，行列表示すると次式となる．

$$\begin{bmatrix} J_1 & 0 \\ 0 & J_2 \end{bmatrix}\begin{Bmatrix} \ddot{\theta}_1 \\ \ddot{\theta}_2 \end{Bmatrix}+\begin{bmatrix} (k_1+k_2)R_1^2 & k_2R_1R_2 \\ k_2R_1R_2 & (k_2+k_3)R_2^2 \end{bmatrix}\begin{Bmatrix} \theta_1 \\ \theta_2 \end{Bmatrix}=\begin{Bmatrix} 0 \\ 0 \end{Bmatrix} \tag{4.15}$$

いま，$J_1=J_2=J$, $k_1=k_2=k_3=k$, $R_1=R_2=R$ とすると

$$J\begin{bmatrix} 1 & 0 \\ 0 & 1 \end{bmatrix}\begin{Bmatrix} \ddot{\theta}_1 \\ \ddot{\theta}_2 \end{Bmatrix}+kR^2\begin{bmatrix} 2 & 1 \\ 1 & 2 \end{bmatrix}\begin{Bmatrix} \theta_1 \\ \theta_2 \end{Bmatrix}=\begin{Bmatrix} 0 \\ 0 \end{Bmatrix} \tag{4.16}$$

さて，運動方程式を誘導するに当たり，2つの円板はともに反時計回りを正に回転角変位を定めた．ここで，円板 B の角変位 $\bar{\theta}_2(t)$ を時計回りを正として，運動方程式を誘導してみると，式 (4.15) に対応する式は

$$\begin{bmatrix} J_1 & 0 \\ 0 & J_2 \end{bmatrix}\begin{Bmatrix} \ddot{\theta}_1 \\ \ddot{\bar{\theta}}_2 \end{Bmatrix}+\begin{bmatrix} (k_1+k_2)R_1^2 & -k_2R_1R_2 \\ -k_2R_1R_2 & (k_2+k_3)R_2^2 \end{bmatrix}\begin{Bmatrix} \theta_1 \\ \bar{\theta}_2 \end{Bmatrix}=\begin{Bmatrix} 0 \\ 0 \end{Bmatrix} \tag{4.17}$$

となり，式 (4.15) とは符号が一部異なることがわかる．この式は，式 (4.15) において，$\theta_2=-\bar{\theta}_2$ と置き換えた式と同じである．このように，**2つの円板の正の回転方向の定義の違いにより，異なった運動方程式が誘導されることがわかる**．したがって，運動方程式を定式化する際には，座標の定義を明確に行うことが重要である．

なお，後述するように，異なる2つの運動方程式から求まる固有円振動数はどちらも同じであるので，心配はいらない．

(2) 固有円振動数と固有振動モード

次に，円板 A と B はそれぞれ振幅 $\overline{A}$ と $\overline{B}$，円振動数 ω の正弦波振動すると仮定し

$$\theta_1(t)=\overline{A}\sin\omega t, \quad \theta_2(t)=\overline{B}\sin\omega t \tag{4.18}$$

式 (4.16) に代入すると

$$-J\omega^2\begin{bmatrix} 1 & 0 \\ 0 & 1 \end{bmatrix}\begin{Bmatrix} \overline{A} \\ \overline{B} \end{Bmatrix}+kR^2\begin{bmatrix} 2 & 1 \\ 1 & 2 \end{bmatrix}\begin{Bmatrix} \overline{A} \\ \overline{B} \end{Bmatrix}=\begin{Bmatrix} 0 \\ 0 \end{Bmatrix}$$

$$\begin{bmatrix} 2kR^2-J\omega^2 & kR^2 \\ kR^2 & 2kR^2-J\omega^2 \end{bmatrix}\begin{Bmatrix} \overline{A} \\ \overline{B} \end{Bmatrix}=\begin{Bmatrix} 0 \\ 0 \end{Bmatrix} \tag{4.19}$$

これは，$\overline{A}$ と $\overline{B}$ に関する連立同次方程式であり，**非自明解**（non-trivial solution）

をもつためには，式 (4.19) の係数行列式の値が零となる必要がある．つまり

$$\begin{vmatrix} 2kR^2 - J\omega^2 & kR^2 \\ kR^2 & 2kR^2 - J\omega^2 \end{vmatrix} = 0$$

が成立しなければならない．これより次式が得られ，固有円振動数が求められる．

$$(2kR^2 - J\omega^2)^2 - (kR^2)^2 = 0 \quad \rightarrow \quad (3kR^2 - J\omega^2)(kR^2 - J\omega^2) = 0$$

$$\omega_1 = \sqrt{\frac{kR^2}{J}}, \quad \omega_2 = \sqrt{\frac{3kR^2}{J}} \tag{4.20}$$

次に振動モードを求める．式 (4.20) を式 (4.19) に代入すると

i) $\omega = \omega_1$ の場合

式 (4.19) の第 1 式は

$$\left(2kR^2 - J\frac{kR^2}{J}\right)\overline{A} + kR^2\overline{B} = 0 \quad \rightarrow \quad kR^2\overline{A} + kR^2\overline{B} = 0 \quad \rightarrow \quad \overline{A} : \overline{B} = 1 : -1$$

$$\left\{\begin{matrix} \overline{A} \\ \overline{B} \end{matrix}\right\}_{\omega=\omega_1} = \left\{\begin{matrix} 1 \\ -1 \end{matrix}\right\} \tag{4.21}$$

となり，この場合，2つの円板は角振幅が等しい逆位相の回転運動を行う．

ii) $\omega = \omega_2$ の場合

式 (4.19) の第 1 式は

$$\left(2kR^2 - J\frac{3kR^2}{J}\right)\overline{A} + kR^2\overline{B} = 0 \quad \rightarrow \quad -kR^2\overline{A} + kR^2\overline{B} = 0 \quad \rightarrow \quad \overline{A} : \overline{B} = 1 : 1$$

$$\left\{\begin{matrix} \overline{A} \\ \overline{B} \end{matrix}\right\}_{\omega=\omega_2} = \left\{\begin{matrix} 1 \\ 1 \end{matrix}\right\} \tag{4.22}$$

となり，この場合2つの円板は，角振幅が等しい同位相の回転運動を行う．

■ 演習問題

4.2 剛体棒と錘から成る2つの振り子が，ばねで連結されて，平面内を運動している（図4.6）．剛体棒の質量は無視する．

(a) 運動方程式を誘導し，行列形式で表せ．
(b) $m_1 = m_2 = m$, $l_1 = l_2 = l$ として，固有円振動数を求めよ．
(c) 固有振動モードを求め，図示せよ．

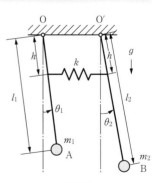

図 4.6

C． 並進・回転運動系

次に，並進運動と回転運動が連成するシステムの一例として，図4.7に示す自動車の運動モデルが，平面内の上下（並進）および回転運動を行う振動系を考える．

車体の質量をm，重心G回りの慣性モーメントをJ_G，前・後輪のばね定数をk_1, k_2とする．静止つり合い位置を原点として，重心Gの鉛直上方向の変位をw_G，重心G回りの車体の回転角をθとする．点G′より座標ξをとり，ξでの車体の微小質量をdmとする．

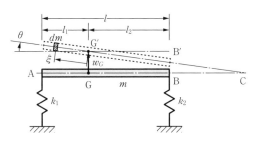

図4.7 並進・回転運動系

(1) 運動方程式

まず，鉛直方向の力のつり合いより

$$-\int(\ddot{w}_G+\xi\ddot{\theta})dm-k_1(w_G+l_1\theta)-k_2(w_G-l_2\theta)=0$$

$$\ddot{w}_G\int dm+\ddot{\theta}\int\xi dm+k_1(w_G+l_1\theta)+k_2(w_G-l_2\theta)=0$$

ここで，$\int dm=m$，$\int\xi dm=0$（点G′は重心なので）より

$$m\ddot{w}_G+(k_1+k_2)w_G+(k_1l_1-k_2l_2)\theta=0 \tag{4.23}$$

次に，重心G′回りのモーメントのつり合いより

$$-\int\xi(\ddot{w}_G+\xi\ddot{\theta})dm-k_1l_1(w_G+l_1\theta)+k_2l_2(w_G-l_2\theta)=0$$

$$\ddot{w}_G\int\xi dm+\ddot{\theta}\int\xi^2dm+k_1l_1(w_G+l_1\theta)-k_2l_2(w_G-l_2\theta)=0$$

ここで，$\int\xi^2 dm=J_G$より

$$J_G\ddot{\theta}+(l_1^2k_1+l_2^2k_2)\theta+(k_1l_1-k_2l_2)w_G=0 \tag{4.24}$$

が得られ，これらを行列の形に整理すると，次式となる．

$$\begin{bmatrix} m & 0 \\ 0 & J_G \end{bmatrix}\begin{pmatrix} \ddot{w}_G \\ \ddot{\theta} \end{pmatrix}+\begin{bmatrix} k_1+k_2 & k_1l_1-k_2l_2 \\ k_1l_1-k_2l_2 & l_1^2k_1+l_2^2k_2 \end{bmatrix}\begin{pmatrix} w_G \\ \theta \end{pmatrix}=\begin{pmatrix} 0 \\ 0 \end{pmatrix} \tag{4.25}$$

これより，変位 w_G と回転 θ は，剛性行列の連成項：$k_1 l_1 - k_2 l_2$ を通して連成しており，**静連成の運動方程式**となっていることがわかる．

ここで，計算の便宜上，次の新しいパラメータを導入すると
$$k_w = k_1 + k_2, \quad k_{w\theta} = k_1 l_1 - k_2 l_2, \quad k_\theta = l_1^2 k_1 + l_2^2 k_2$$
式 (4.25) は，次のようになる．
$$\begin{bmatrix} m & 0 \\ 0 & J_G \end{bmatrix} \begin{pmatrix} \ddot{w}_G \\ \ddot{\theta} \end{pmatrix} + \begin{bmatrix} k_w & k_{w\theta} \\ k_{w\theta} & k_\theta \end{bmatrix} \begin{pmatrix} w_G \\ \theta \end{pmatrix} = \begin{pmatrix} 0 \\ 0 \end{pmatrix} \tag{4.26}$$

いま，$k_{w\theta}=0$，つまり $k_1 l_1 = k_2 l_2$ となるようにパラメータを選ぶと，連成はなくなり，上下振動と回転振動はそれぞれ独立になる．それらの固有円振動数は
$$\omega_w = \sqrt{\frac{k_1 + k_2}{m}} = \sqrt{\frac{k_w}{m}}, \quad \omega_\theta = \sqrt{\frac{l_1^2 k_1 + l_2^2 k_2}{J_G}} = \sqrt{\frac{k_\theta}{J_G}} \tag{4.27}$$
で与えられる．以下の計算では，これらの ω_w と ω_θ を用いると，式がかなり整理できる．

(2) 固有円振動数と固有振動モード

さて，固有円振動数と固有振動モードを求めるため，$w_G(t)$ と $\theta(t)$ を次のように仮定し
$$w_G(t) = W \sin \omega t, \quad \theta(t) = \Theta \sin \omega t \tag{4.28}$$
式 (4.26) に代入し，整理すると，次式となる．
$$\begin{bmatrix} k_w - m\omega^2 & k_{w\theta} \\ k_{w\theta} & k_\theta - J_G \omega^2 \end{bmatrix} \begin{Bmatrix} W \\ \Theta \end{Bmatrix} = \begin{Bmatrix} 0 \\ 0 \end{Bmatrix} \tag{4.29}$$
これは W と Θ に関する連立同次方程式であり，**非自明解**をもつための条件より
$$\begin{vmatrix} k_w - m\omega^2 & k_{w\theta} \\ k_{w\theta} & k_\theta - J_G \omega^2 \end{vmatrix} = 0 \rightarrow \begin{vmatrix} \omega_w^2 - \omega^2 & k_{w\theta}/m \\ k_{w\theta}/J_G & \omega_\theta^2 - \omega^2 \end{vmatrix} = 0 \tag{4.30}$$
が成立しなければならない．これより，ω^2 について 2 次の振動数方程式が得られる．
$$(\omega_w^2 - \omega^2)(\omega_\theta^2 - \omega^2) - k_{w\theta}^2/mJ_G = 0$$
$$\omega^4 - (\omega_w^2 + \omega_\theta^2)\omega^2 + \omega_w^2 \omega_\theta^2 - k_{w\theta}^2/mJ_G = 0 \tag{4.31}$$
これを解くと，連成固有円振動数は，以下のように求まる．
$$\begin{pmatrix} \omega_1^2 \\ \omega_2^2 \end{pmatrix} = \frac{1}{2} \left[\omega_w^2 + \omega_\theta^2 \mp \sqrt{(\omega_\theta^2 - \omega_w^2)^2 + 4 k_{w\theta}^2 / mJ_G} \right] \tag{4.32}$$
次に，固有ベクトルは，式 (4.29) より

$$\left(\frac{W}{\Theta}\right)_{\omega_i} = \frac{k_{w\theta}/m}{\omega_w^2 - \omega_i^2} = \frac{\omega_\theta^2 - \omega_i^2}{k_{w\theta}/J_G}, \quad i=1,2 \tag{4.33}$$

で与えられる．式 (4.32) の根号内の第 2 項：$4k_{w\theta}^2/mJ_G$ は連成項に由来する項であるが，いま，連成は小さく，また $\omega_w < \omega_\theta$ と仮定すると，連成固有円振動数は近似的に

$$\begin{pmatrix}\omega_1^2\\ \omega_2^2\end{pmatrix} \approx \frac{1}{2}\left[\omega_w^2 + \omega_\theta^2 \mp \sqrt{(\omega_\theta^2 - \omega_w^2)^2}\right] = \begin{pmatrix}\omega_w^2\\ \omega_\theta^2\end{pmatrix} \tag{4.34}$$

と表され，固有ベクトルは，式 (4.33) より，以下のようになる．

$$\left(\frac{W}{\Theta}\right)_{\omega_1} = \frac{\omega_\theta^2 - \omega_w^2}{k_{w\theta}/J_G}, \quad \left(\frac{W}{\Theta}\right)_{\omega_2} = \frac{k_{w\theta}/m}{\omega_w^2 - \omega_\theta^2} \tag{4.35}$$

ここで，$0 < k_{w\theta}$ （$k_2 l_2 < k_1 l_1$）と仮定すると

$$\left(\frac{W}{\Theta}\right)_{\omega_1} = \frac{\omega_\theta^2 - \omega_w^2}{k_{w\theta}/J_G} > 0, \quad \left(\frac{W}{\Theta}\right)_{\omega_2} = \frac{k_{w\theta}/m}{\omega_w^2 - \omega_\theta^2} < 0 \tag{4.36}$$

となり，ω_1 では変位 w_G と回転 θ は同位相，ω_2 では逆位相の運動をすることがわかる．

一方，車体は並進 $w_G(t)$ と回転 $\theta(t)$ により，図 4.7 の C 点を中心とした回転となることが予想される．そこで，C が重心 G から距離 l_C にあるとすると，△CG′G と △CB′B の相似より，GG′ : BB′ $= l_C : l_C - l_2$，すなわち $w_G : w_G - l_2\theta = l_C : l_C - l_2$ が成り立ち

$$l_C = \frac{w}{\theta} = \frac{W}{\Theta} \tag{4.37}$$

が得られる．l_C は振幅比，つまり固有ベクトル式 (4.36) から得られ，ω_1：

$0 < l_C$，$\omega_2 : l_C < 0$ となることがわかる．これらより，固有振動モードの概略は図 4.8 のようになる．

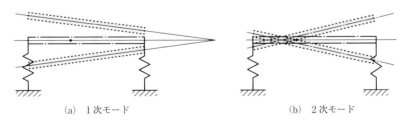

(a) 1 次モード (b) 2 次モード

図 4.8 固有振動モード

4.1.2 運動方程式の非連成化

4.1.1A. (1) で述べたように，運動方程式を連成のない形で表現することができる．

4.1.1B. 回転運動系の「ばねで結合された 2 つの円板」の問題を例に考える．式 (4.21) と式 (4.22) で与えられる 2 つの固有ベクトルを並べて，次の**モード行列** (modal matrix) を定義する．

$$\boldsymbol{\varPhi} = \begin{bmatrix} 1 & 1 \\ -1 & 1 \end{bmatrix} \tag{4.38}$$

次に，以下のような，$\theta_1(t)$ と $\theta_2(t)$ から，$\xi_1(t)$ と $\xi_2(t)$ への座標変換を考える．

$$\boldsymbol{\theta} = \boldsymbol{\varPhi}\boldsymbol{\xi}, \quad \begin{Bmatrix} \theta_1 \\ \theta_2 \end{Bmatrix} = \begin{bmatrix} 1 & 1 \\ -1 & 1 \end{bmatrix} \begin{Bmatrix} \xi_1 \\ \xi_2 \end{Bmatrix} \tag{4.39}$$

ここで，$\xi_i(t)$ は**モード座標** (modal coordinate) と呼ばれる．

$\theta_1(t)$ と $\theta_2(t)$ に関する運動方程式：式 (4.16) を，次のように表記する．

$$\boldsymbol{M}\ddot{\boldsymbol{\theta}} + \boldsymbol{K}\boldsymbol{\theta} = \boldsymbol{0} \tag{4.40}$$

$$\boldsymbol{M} = J\begin{bmatrix} 1 & 0 \\ 0 & 1 \end{bmatrix}, \quad \boldsymbol{K} = kR^2 \begin{bmatrix} 2 & 1 \\ 1 & 2 \end{bmatrix}, \quad \boldsymbol{\theta} = \begin{Bmatrix} \theta_1 \\ \theta_2 \end{Bmatrix}$$

式 (4.39) を式 (4.40) に代入すると

$$\boldsymbol{M}\boldsymbol{\varPhi}\ddot{\boldsymbol{\xi}} + \boldsymbol{K}\boldsymbol{\varPhi}\boldsymbol{\xi} = \boldsymbol{0} \tag{4.41}$$

$$J\begin{bmatrix} 1 & 0 \\ 0 & 1 \end{bmatrix}\begin{bmatrix} 1 & 1 \\ -1 & 1 \end{bmatrix}\begin{Bmatrix} \ddot{\xi}_1 \\ \ddot{\xi}_2 \end{Bmatrix} + kR^2 \begin{bmatrix} 2 & 1 \\ 1 & 2 \end{bmatrix}\begin{bmatrix} 1 & 1 \\ -1 & 1 \end{bmatrix}\begin{Bmatrix} \xi_1 \\ \xi_2 \end{Bmatrix} = \begin{Bmatrix} 0 \\ 0 \end{Bmatrix}$$

ここで，上式の各項に前からモード行列の転置 $\boldsymbol{\varPhi}^T$ を掛ける．

$$\boldsymbol{\varPhi}^T \boldsymbol{M}\boldsymbol{\varPhi}\ddot{\boldsymbol{\xi}} + \boldsymbol{\varPhi}^T \boldsymbol{K}\boldsymbol{\varPhi}\boldsymbol{\xi} = \boldsymbol{0}$$

$$J\begin{bmatrix} 1 & -1 \\ 1 & 1 \end{bmatrix}\begin{bmatrix} 1 & 0 \\ 0 & 1 \end{bmatrix}\begin{bmatrix} 1 & 1 \\ -1 & 1 \end{bmatrix}\begin{Bmatrix} \ddot{\xi}_1 \\ \ddot{\xi}_2 \end{Bmatrix} + kR^2 \begin{bmatrix} 1 & -1 \\ 1 & 1 \end{bmatrix}\begin{bmatrix} 2 & 1 \\ 1 & 2 \end{bmatrix}\begin{bmatrix} 1 & 1 \\ -1 & 1 \end{bmatrix}\begin{Bmatrix} \xi_1 \\ \xi_2 \end{Bmatrix} = \begin{Bmatrix} 0 \\ 0 \end{Bmatrix} \tag{4.42}$$

各項計算を行うと

$$J\begin{bmatrix} 1 & -1 \\ 1 & 1 \end{bmatrix}\begin{bmatrix} 1 & 1 \\ -1 & 1 \end{bmatrix}\begin{Bmatrix} \ddot{\xi}_1 \\ \ddot{\xi}_2 \end{Bmatrix} + kR^2 \begin{bmatrix} 1 & -1 \\ 3 & 3 \end{bmatrix}\begin{bmatrix} 1 & 1 \\ -1 & 1 \end{bmatrix}\begin{Bmatrix} \xi_1 \\ \xi_2 \end{Bmatrix} = \begin{Bmatrix} 0 \\ 0 \end{Bmatrix}$$

$$J\begin{bmatrix} 2 & 0 \\ 0 & 2 \end{bmatrix}\begin{Bmatrix} \ddot{\xi}_1 \\ \ddot{\xi}_2 \end{Bmatrix} + kR^2 \begin{bmatrix} 2 & 0 \\ 0 & 6 \end{bmatrix}\begin{Bmatrix} \xi_1 \\ \xi_2 \end{Bmatrix} = \begin{Bmatrix} 0 \\ 0 \end{Bmatrix} \quad \rightarrow \quad J\begin{bmatrix} 1 & 0 \\ 0 & 1 \end{bmatrix}\begin{Bmatrix} \ddot{\xi}_1 \\ \ddot{\xi}_2 \end{Bmatrix} + kR^2 \begin{bmatrix} 1 & 0 \\ 0 & 3 \end{bmatrix}\begin{Bmatrix} \xi_1 \\ \xi_2 \end{Bmatrix} = \begin{Bmatrix} 0 \\ 0 \end{Bmatrix}$$

$$\begin{bmatrix} J & 0 \\ 0 & J \end{bmatrix} \begin{Bmatrix} \ddot{\xi}_1 \\ \ddot{\xi}_2 \end{Bmatrix} + \begin{bmatrix} kR^2 & 0 \\ 0 & 3kR^2 \end{bmatrix} \begin{Bmatrix} \xi_1 \\ \xi_2 \end{Bmatrix} = \begin{Bmatrix} 0 \\ 0 \end{Bmatrix} \tag{4.43}$$

ここで，$\overline{M} = \begin{bmatrix} J & 0 \\ 0 & J \end{bmatrix}$ はモード質量（慣性モーメント）行列，$\overline{K} = \begin{bmatrix} kR^2 & 0 \\ 0 & 3kR^2 \end{bmatrix}$ はモード剛性（剛性モーメント）行列と呼ばれる対角行列である．Jで割ると

$$\begin{bmatrix} 1 & 0 \\ 0 & 1 \end{bmatrix} \begin{Bmatrix} \ddot{\xi}_1 \\ \ddot{\xi}_2 \end{Bmatrix} + \begin{bmatrix} \omega_1^2 & 0 \\ 0 & \omega_2^2 \end{bmatrix} \begin{Bmatrix} \xi_1 \\ \xi_2 \end{Bmatrix} = \begin{Bmatrix} 0 \\ 0 \end{Bmatrix}$$

となり

$$\ddot{\xi}_1 + \omega_1^2 \xi_1 = 0, \quad \ddot{\xi}_2 + \omega_2^2 \xi_2 = 0 \tag{4.44}$$

のように，2本の非連成の運動方程式に変換することができる．

なお，ここではモード行列（または固有ベクトル）の**直交性**（orthogonality）を用いた．

演習問題

4.3 図4.1に示す「2つのばねで結合された2物体」の自由振動の運動方程式を，非連成の運動方程式に変換せよ．ただし，$m_1 = m_2 = m$，$l_1 = l_2 = l$ とせよ．

4.1.3 強制振動

次に，強制振動を考える．重力gの作用下で，質量m_1とm_2の2つの物体A, Bが，ばね定数k_1とk_2の2つのばねで吊り下げられ，物体Aに周期加振力$F\sin\Omega t$が作用するシステムを考える（図4.9）．

A．運動方程式

それぞれの物体のつり合い位置を原点とした座標を設定し，A, Bそれぞれの変位を$w_1(t)$と$w_2(t)$とする．

まず，物体Aに注目する．物体Aが$w_1(t)$変位すると，上のばねは伸び，下のばねは縮み，物体には

・慣性力：$-m_1 \ddot{w}_1$　・上のばねによる復元力：$-k_1 w_1$

・下のばねによる復元力：$-k_2(w_1 - w_2)$

・周期加振力：$F\sin\Omega t$

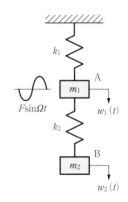

図4.9 周期加振を受ける2自由度系

が働く．これらがつり合うので，ダランベールの原理より，次の運動方程式を得る．

$$-m_1\ddot{w}_1 - k_1 w_1 - k_2(w_1 - w_2) + F\sin\Omega t = 0$$
$$m_1\ddot{w}_1 + (k_1+k_2)w_1 - k_2 w_2 = F\sin\Omega t \tag{4.45}$$

次に，物体Bに注目する．物体Bが$w_2(t)$変位すると，物体には

・慣性力：$-m_2\ddot{w}_2$　　・下のばねによる復元力：$-k_2(w_2-w_1)$

が働き，これらがつり合うので，ダランベールの原理より

$$-m_2\ddot{w}_2 - k_2(w_2 - w_1) = 0$$
$$m_2\ddot{w}_2 + k_2 w_2 - k_2 w_1 = 0 \tag{4.46}$$

式 (4.45) と式 (4.46) は，$w_1(t)$と$w_2(t)$に関する連立非同次方程式で，行列表示すると次式となる．なお，ニュートンの運動方程式の考え方からも同じ式が得られる．

$$\begin{bmatrix} m_1 & 0 \\ 0 & m_2 \end{bmatrix} \begin{Bmatrix} \ddot{w}_1 \\ \ddot{w}_2 \end{Bmatrix} + \begin{bmatrix} k_1+k_2 & -k_2 \\ -k_2 & k_2 \end{bmatrix} \begin{Bmatrix} w_1 \\ w_2 \end{Bmatrix} = \begin{Bmatrix} F\sin\Omega t \\ 0 \end{Bmatrix} \tag{4.47}$$

B．周波数応答

1自由度系の場合と同様に，特殊解に注目する．2つの物体がそれぞれ振幅$\overline{A}$，$\overline{B}$で，(外力と同じ) 円振動数Ωで振動するものとし

$$w_{1p} = \overline{A}\sin\Omega t, \quad w_{2p} = \overline{B}\sin\Omega t \tag{4.48}$$

と置いて，式 (4.47) に代入すると

$$\begin{bmatrix} -m_1\Omega^2 & 0 \\ 0 & -m_2\Omega^2 \end{bmatrix} \begin{Bmatrix} \overline{A} \\ \overline{B} \end{Bmatrix} + \begin{bmatrix} k_1+k_2 & -k_2 \\ -k_2 & k_2 \end{bmatrix} \begin{Bmatrix} \overline{A} \\ \overline{B} \end{Bmatrix} = \begin{Bmatrix} F \\ 0 \end{Bmatrix}$$

$$\begin{bmatrix} k_1+k_2-m_1\Omega^2 & -k_2 \\ -k_2 & k_2-m_2\Omega^2 \end{bmatrix} \begin{Bmatrix} \overline{A} \\ \overline{B} \end{Bmatrix} = \begin{Bmatrix} F \\ 0 \end{Bmatrix}$$

いま，$m_1=m_2=m$, $k_1=k_2=k$ とすると

$$\begin{bmatrix} 2k-m\Omega^2 & -k \\ -k & k-m\Omega^2 \end{bmatrix} \begin{Bmatrix} \overline{A} \\ \overline{B} \end{Bmatrix} = \begin{Bmatrix} F \\ 0 \end{Bmatrix} \tag{4.49}$$

これは，$\overline{A}$と$\overline{B}$に関する連立非同次方程式であり，解くと

$$\overline{A} = \frac{\begin{vmatrix} F & -k \\ 0 & k-m\Omega^2 \end{vmatrix}}{\begin{vmatrix} 2k-m\Omega^2 & -k \\ -k & k-m\Omega^2 \end{vmatrix}} = \frac{F(k-m\Omega^2)}{m^2\Omega^4 - 3mk\Omega^2 + k^2}$$

$$= \frac{f(\omega_0^2 - \Omega^2)}{(\omega_1^2 - \Omega^2)(\omega_2^2 - \Omega^2)} = \frac{f(1-\overline{\Omega}^2)}{\omega_0^2(\overline{\omega}_1^2 - \overline{\Omega}^2)(\overline{\omega}_2^2 - \overline{\Omega}^2)}$$

$$\overline{B} = \frac{\begin{vmatrix} 2k-m\Omega^2 & F \\ -k & 0 \end{vmatrix}}{\begin{vmatrix} 2k-m\Omega^2 & -k \\ -k & k-m\Omega^2 \end{vmatrix}} = \frac{Fk}{m^2\Omega^4 - 3mk\Omega^2 + k^2}$$

$$= \frac{f\omega_0^2}{(\omega_1^2-\Omega^2)(\omega_2^2-\Omega^2)} = \frac{f}{\omega_0^2(\overline{\omega}_1^2-\overline{\Omega}^2)(\overline{\omega}_2^2-\overline{\Omega}^2)} \quad (4.50\text{a,b})$$

ここに，式 (4.8)～式 (4.10) を参照すると

$$\omega_0^2 = \frac{k}{m}, \quad \omega_1 = \sqrt{\frac{(3-\sqrt{5})k}{2m}} \approx 0.62\omega_0, \quad \overline{\omega}_1 = \frac{\omega_1}{\omega_0},$$

$$\omega_2 = \sqrt{\frac{(3+\sqrt{5})k}{2m}} \approx 1.62\omega_0, \quad \overline{\omega}_2 = \frac{\omega_2}{\omega_0}, \quad \overline{\Omega} = \frac{\Omega}{\omega_0}, \quad f = \frac{F}{m} \quad (4.51)$$

したがって

$$w_{1p} = \frac{f(1-\overline{\Omega}^2)}{\omega_0^2(\overline{\omega}_1^2-\overline{\Omega}^2)(\overline{\omega}_2^2-\overline{\Omega}^2)} \sin\Omega t,$$

$$w_{2p} = \frac{f}{\omega_0^2(\overline{\omega}_1^2-\overline{\Omega}^2)(\overline{\omega}_2^2-\overline{\Omega}^2)} \sin\Omega t \quad (4.52\text{ a,b})$$

ここで，$\delta = F/k$ と置いて，上式を δ で割り，$\tau = \omega_0 t$ と置き，$f/\delta = \omega_0^2$ より

$$\overline{w}_{1p} = \frac{w_{1p}}{\delta} = \frac{(1-\overline{\Omega}^2)}{(\overline{\omega}_1^2-\overline{\Omega}^2)(\overline{\omega}_2^2-\overline{\Omega}^2)} \sin\overline{\Omega}\tau,$$

$$\overline{w}_{2p} = \frac{w_{2p}}{\delta} = \frac{1}{(\overline{\omega}_1^2-\overline{\Omega}^2)(\overline{\omega}_2^2-\overline{\Omega}^2)} \sin\overline{\Omega}\tau \quad (4.53\text{a,b})$$

外力の円振動数比 $\overline{\Omega}$ に対して，振幅比 $\overline{A}/\delta, \overline{B}/\delta$ を図示すると図4.10を得る．

2つの物体は，それぞれ共振点 $\omega_1(\overline{\Omega}=\overline{\omega}_1)$，$\omega_2(\overline{\Omega}=\overline{\omega}_2)$ で振幅が $\pm\infty$ となり，それらの前後で振幅の符号が変化している．つまり位相が180°変わっている．また，$\omega_1(\overline{\Omega}=\overline{\omega}_1)$ では2つの物体が同位相で，$\omega_2(\overline{\Omega}=\overline{\omega}_2)$ では逆位相で運動していることがわかり，図4.2に示した固有振動モードと対応する．

また物体Aでは，**反共振点**（anti-resonance point）と呼ばれる $\Omega=\omega_0(\overline{\Omega}=1.0)$ で振幅が零となる点が存在する．この点では，物体Aは外力を受けても振動せず，他の物体Bが振動する現象が起きている．これを，質量 m_1 の物体Aとばね定数 k_1 のばねから成る**主系**（main system）に調和加振力が作用するシステムとして考えると，主系に質量 m_2 の物体Bとばね定数 k_2 から成る**副系**（sub-system）を取り付けることで，主系の振動を零に抑えられることがわかる．このような副系を非減衰系の**動吸振器**（dynamic damper）という．

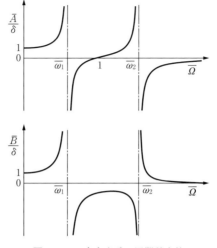

図 4.10 2 自由度系の周期数応答

すなわち，外力の円振動数が $\Omega=\omega_0$ であれば，質量 $m_1(m)$ の物体とばね定数 $k_1(k)$ から成る主振動系に，固有円振動数が ω_0 なる 1 自由度系を付加することにより，質量 $m_1(m)$ の物体の振動を零に抑えることができるのである．

4.2　2 自由度減衰系の振動

4.2.1　ダイナミックダンパ（dynamic damper）

前節で説明した非減衰系の動吸振器では，外力の振動数がある範囲で変動する場合には，主系の振幅を零とすることが難しくなる．そこで，付加系に減衰を付加させた系を考える（図 4.11）．

それぞれの物体のつり合い位置を原点とした座標を設定し，物体 A, B それぞれの変位を $w_1(t)$ と $w_2(t)$ とする．

まず，物体 A に注目すると

$$-m_1\ddot{w}_1-c(\dot{w}_1-\dot{w}_2)-k_1w_1-k_2(w_1-w_2)+F\sin\Omega t=0$$

$$m_1\ddot{w}_1+c\dot{w}_1+(k_1+k_2)w_1-k_2w_2-c\dot{w}_2=F\sin\Omega t \tag{4.54}$$

次に，物体 B に注目すると

$$-m_2\ddot{w}_2-c(\dot{w}_2-\dot{w}_1)-k_2(w_2-w_1)=0$$

$$m_2\ddot{w}_2+c\dot{w}_2+k_2w_2-c\dot{w}_1-k_2w_1=0 \tag{4.55}$$

式 (4.54) と式 (4.55) は，$w_1(t)$ と $w_2(t)$ に関する連立非同次方程式で，行列

表示すると次式となる．なお，ニュートンの運動方程式の考え方からも同じ式が得られる．

$$\begin{bmatrix} m_1 & 0 \\ 0 & m_2 \end{bmatrix}\begin{Bmatrix} \ddot{w}_1 \\ \ddot{w}_2 \end{Bmatrix}+\begin{bmatrix} c & -c \\ -c & c \end{bmatrix}\begin{Bmatrix} \dot{w}_1 \\ \dot{w}_2 \end{Bmatrix}+$$
$$\begin{bmatrix} k_1+k_2 & -k_2 \\ -k_2 & k_2 \end{bmatrix}\begin{Bmatrix} w_1 \\ w_2 \end{Bmatrix}=\begin{Bmatrix} F\sin\varOmega t \\ 0 \end{Bmatrix} \quad (4.56)$$

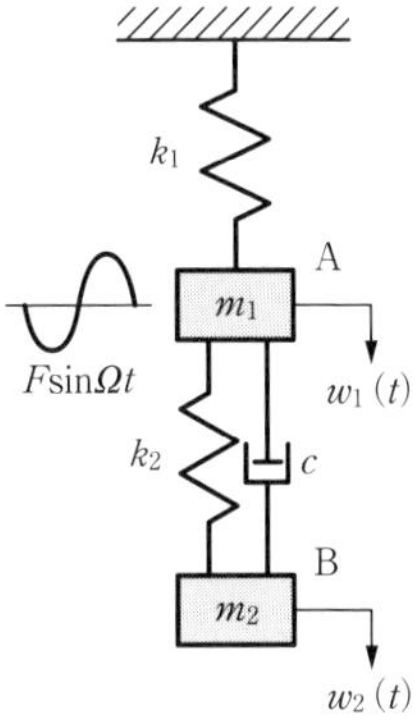

これまでと同様に，特殊解に注目する．変位 $w_{1p}(t)$ と $w_{2p}(t)$ を次の形に仮定してもよいが

$$w_{1p}=\overline{A}_1\sin\varOmega t+\overline{B}_1\cos\varOmega t,$$
$$w_{2p}=\overline{A}_2\sin\varOmega t+\overline{B}_2\cos\varOmega t \quad (4.57)$$

図 4.11 減衰を有するダイナミックダンパ

計算が非常に複雑になる．ここでは，周期外力を $Fe^{i\varOmega t}$ の形に置き，変位を複素数

$$w_{1p}\ \rightarrow\ z_1=\overline{A}e^{i\varOmega t},\ \ w_{2p}\ \rightarrow\ z_2=\overline{B}e^{i\varOmega t} \quad (4.58)$$

とし，Euler の式を用いると，求める解は，得られた解の虚数部に対応することになる．

式 (4.58) を式 (4.56) に代入すると，以下の式になり

$$\begin{bmatrix} m_1 & 0 \\ 0 & m_2 \end{bmatrix}\begin{Bmatrix} \ddot{z}_1 \\ \ddot{z}_2 \end{Bmatrix}+\begin{bmatrix} c & -c \\ -c & c \end{bmatrix}\begin{Bmatrix} \dot{z}_1 \\ \dot{z}_2 \end{Bmatrix}+\begin{bmatrix} k_1+k_2 & -k_2 \\ -k_2 & k_2 \end{bmatrix}\begin{Bmatrix} z_1 \\ z_2 \end{Bmatrix}=\begin{Bmatrix} Fe^{i\varOmega t} \\ 0 \end{Bmatrix} \quad (4.59)$$

$$\begin{bmatrix} k_1+k_2-m_1\varOmega^2+ic\varOmega & -k_2-ic\varOmega \\ -k_2-ic\varOmega & k_2-m_2\varOmega^2+ic\varOmega \end{bmatrix}\begin{Bmatrix} \overline{A} \\ \overline{B} \end{Bmatrix}=\begin{Bmatrix} F \\ 0 \end{Bmatrix} \quad (4.60)$$

これを解くと

$$\overline{A}=\frac{\begin{vmatrix} F & -k_2-ic\varOmega \\ 0 & k_2-m_2\varOmega^2+ic\varOmega \end{vmatrix}}{D}=\frac{(k_2-m_2\varOmega^2+ic\varOmega)F}{D} \quad (4.61\mathrm{a})$$

$$\overline{B}=\frac{\begin{vmatrix} k_1+k_2-m_1\varOmega^2+ic\varOmega & F \\ -k_2-ic\varOmega & 0 \end{vmatrix}}{D}=\frac{(k_2+ic\varOmega)F}{D} \quad (4.61\mathrm{b})$$

$$D=\begin{vmatrix} k_1+k_2-m_1\varOmega^2+ic\varOmega & -k_2-ic\varOmega \\ -k_2-ic\varOmega & k_2-m_2\varOmega^2+ic\varOmega \end{vmatrix}$$
$$=(k_1+k_2-m_1\varOmega^2+ic\varOmega)(k_2-m_2\varOmega^2+ic\varOmega)-(k_2+ic\varOmega)^2 \quad (4.61\mathrm{c})$$

ここで，以下のパラメータを導入すると

$$\omega_1^2=\frac{k_1}{m_1},\ \ \omega_2^2=\frac{k_2}{m_2},\ \ \alpha=\frac{m_2}{m_1},\ \ \zeta=\frac{c}{c_c},\ \ c_c=2\sqrt{m_2k_2},\ \ \delta=\frac{F}{k_1} \quad (4.62)$$

式 (4.61) は

$$\frac{\overline{A}}{\delta} = \frac{\omega_1^2(\omega_2^2 - \Omega^2 + i2\zeta\omega_2\Omega)}{\{(\omega_1^2 - \Omega^2)(\omega_2^2 - \Omega^2) - \alpha\omega_2^2\Omega^2\} + i2\zeta\omega_2\Omega\{\omega_1^2 - (1+\alpha)\Omega^2\}} \quad (4.63\text{a})$$

$$\frac{\overline{B}}{\delta} = \frac{\omega_1^2(\omega_2^2 + i2\zeta\omega_2\Omega)}{\{(\omega_1^2 - \Omega^2)(\omega_2^2 - \Omega^2) - \alpha\omega_2^2\Omega^2\} + i2\zeta\omega_2\Omega\{\omega_1^2 - (1+\alpha)\Omega^2\}} \quad (4.63\text{b})$$

となる.ω_1 と ω_2 はそれぞれ主系と副系単独の固有円振動数,α は質量比,ζ は副系の減衰比である.ここで,加振円振動数 Ω を主系の固有円振動数 ω_1 との比で表すため,さらに新しいパラメータを導入すると

$$\overline{\Omega} = \frac{\Omega}{\omega_1}, \quad \beta = \frac{\omega_2}{\omega_1} \quad (4.64)$$

式 (4.63) は

$$\frac{\overline{A}}{\delta} = \frac{\beta^2 - \overline{\Omega}^2 + i2\zeta\beta\overline{\Omega}}{\{(1-\overline{\Omega}^2)(\beta^2 - \overline{\Omega}^2) - \alpha\beta^2\overline{\Omega}^2\} + i2\zeta\beta\overline{\Omega}\{1 - (1+\alpha)\overline{\Omega}^2\}} \quad (4.65\text{a})$$

$$\frac{\overline{B}}{\delta} = \frac{\beta^2 + i2\zeta\beta\overline{\Omega}}{\{(1-\overline{\Omega}^2)(\beta^2 - \overline{\Omega}^2) - \alpha\beta^2\overline{\Omega}^2\} + i2\zeta\beta\overline{\Omega}\{1 - (1+\alpha)\overline{\Omega}^2\}} \quad (4.65\text{b})$$

主系の応答に注目すると

$$\left|\frac{\overline{A}}{\delta}\right| = \frac{\sqrt{(\beta^2 - \overline{\Omega}^2)^2 + (2\zeta\beta\overline{\Omega})^2}}{\sqrt{\{(1-\overline{\Omega}^2)(\beta^2 - \overline{\Omega}^2) - \alpha\beta^2\overline{\Omega}^2\}^2 + (2\zeta\beta\overline{\Omega})^2\{1 - (1+\alpha)\overline{\Omega}^2\}^2}} \quad (4.66)$$

これから,主系の応答曲線は,質量比 α,固有円振動数比 β,減衰比 ζ の関数となることがわかる.

一例として,固有円振動数比 $\beta=1$,質量比 $\alpha=0.1$ の場合の周波数応答曲線を図 4.12 (a) に示す.減衰比 ζ が零の場合,物体 A は 2 つの共振点 $\overline{\Omega} \approx 0.86$,1.16 近傍で共振し,振幅が無限大になる.一方 $\Omega = \omega_1 (\overline{\Omega} = 1)$ では零となる.

減衰比 ζ を徐々に大きくしていくと,2 つのピークの大きさは徐々に小さくなり,2 つの物体は一体となり運動するため,ついにはピークが 1 つになる ($\overline{\Omega} \approx 0.95$).このとき,応答曲線は減衰比の値とは無関係に,ある 2 点,P 点と Q 点を必ず通ることがわかる.

質量比を $\alpha=0.2$ とする (図 4.12 (b)) と,減衰比 ζ が零の場合,物体 A は $\alpha=0.1$ の場合より $\overline{\Omega}=1$ を挟んで離れた 2 つの共振点 $\overline{\Omega} \approx 0.80$,1.25 で共振し,振幅が無限大になる.減衰比 ζ を徐々に大きくしていくと,2 つのピークの大きさは徐々に小さくなり,ついにはピークが 1 つになる ($\overline{\Omega} \approx 0.91$).なお,このときの P 点と Q 点は $\alpha=0.1$ の場合とは異なることがわかる.

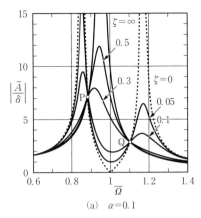
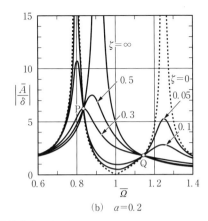

(a) $\alpha=0.1$ (b) $\alpha=0.2$

図 4.12 主系の応答曲線：$\beta=1$

動吸振器に求められることは，主系の振幅を広い加振振動数領域にわたって小さくすることであり，そのように，付加する吸振器の質量比 α，減衰比 ζ の値を設計することが必要になる．

そのため，まず，P 点と Q 点の大きさが等しくなるための固有振動数比の条件（**最適同調**（optimum tuning））として，以下が求まる．

$$\overline{\Omega}=\frac{\omega_2}{\omega_1}=\frac{1}{1+\alpha} \tag{4.67}$$

そのときの P 点と Q 点の大きさは

$$\left(\frac{\overline{A}}{\delta}\right)_P = \left(\frac{\overline{A}}{\delta}\right)_Q = \sqrt{1+\frac{2}{\alpha}} \tag{4.68}$$

となり，**最適減衰比**（optimum damping ratio）として以下が求まる．

$$\zeta=\sqrt{\frac{3\alpha}{8(1+\alpha)^3}} \tag{4.69}$$

詳細は文献[1]を参照のこと．

演習問題

4.4 最適同調条件式（4.67）を誘導せよ．
4.5 P 点と Q 点の大きさを表す式（4.68）を誘導せよ．
4.6 最適減衰比の式（4.69）を誘導せよ．

4.2.2 粘性減衰と外力がある場合の運動方程式の非連成化

4.1.2項において,モード行列を用いて,減衰のない2自由度系の運動方程式を非連成の形にできることを示した.ここでは,粘性減衰と外力が働くシステムを考えよう.この場合の運動方程式は,一般に次式で表現される.

$$M\ddot{w}+C\dot{w}+Kw=F \tag{4.70}$$

モード行列を用いて

$$w=\Phi\xi$$

上式を式 (4.70) に代入すると

$$M\Phi\ddot{\xi}+C\Phi\dot{\xi}+K\Phi\xi=F \tag{4.71}$$

ここで,上式の各項に前からモード行列の転置 Φ^T を掛ける.

$$\Phi^T M\Phi\ddot{\xi}+\Phi^T C\Phi\dot{\xi}+\Phi^T K\Phi\xi=\Phi^T F$$

第1項と第3項は,直交性より

$$\overline{M}\ddot{\xi}+\Phi^T C\Phi\dot{\xi}+\overline{K}\xi=\overline{F} \tag{4.72}$$

または

$$I\ddot{\xi}+\Phi^T C\Phi\dot{\xi}+\omega^2\xi=\widetilde{F} \tag{4.73}$$

となる.$\overline{M}$ はモード質量行列,$\overline{K}$ はモード剛性行列,I は単位行列,$\overline{F}=\Phi^T F$,$\widetilde{F}=\overline{F}/\overline{M}$ である.

ここで,第2項の粘性減衰項に関しては,減衰行列 C は,質量行列 M と剛性行列 K の1次結合で表されると仮定する.

$$C=\alpha M+\beta K \tag{4.74}$$

これは**レイリー減衰**(Rayleigh damping)と呼ばれる**比例減衰**(proportional damping)である.

第2項は

$$\Phi^T C\Phi=\Phi^T(\alpha M+\beta K)\Phi=\alpha\overline{M}+\beta\overline{K} \quad \text{or} \quad =\alpha I+\beta\omega^2$$

となり,式 (4.70) は

$$\overline{M}\ddot{\xi}+(\alpha\overline{M}+\beta\overline{K})\dot{\xi}+\overline{K}\xi=\overline{F} \tag{4.75}$$

または

$$I\ddot{\xi}+(\alpha I+\beta\omega^2)\dot{\xi}+\omega^2\xi=\widetilde{F} \tag{4.76}$$

なる非連成の運動方程式が導かれる.

$$\overline{M}_i\ddot{\xi}_i+(\alpha\overline{M}_i+\beta\overline{K}_i)\dot{\xi}_i+\overline{K}_i\xi_i=\overline{F}_i \tag{4.77}$$

または

$$\ddot{\xi}_i + (\alpha + \beta\omega_i^2)\dot{\xi}_i + \omega_i^2 \xi_i = \widetilde{F}_i \tag{4.78}$$

ここに

$$\widetilde{F}_i = \frac{\overline{F}_i}{M_i}, \quad \omega_i = \sqrt{\frac{K_i}{M_i}} \tag{4.79}$$

ここで

$$\alpha + \beta\omega_i^2 = 2\zeta_i \omega_i \tag{4.80}$$

と置くと

$$\ddot{\xi}_i + 2\zeta_i \omega_i \dot{\xi}_i + \omega_i^2 \xi_i = \widetilde{F}_i \tag{4.81}$$

のように，左辺は1自由度減衰系の運動方程式 (3.22) と同じように表記される．

また，次式より導かれる

$$\zeta_i = \frac{1}{2}\left(\frac{\alpha}{\omega_i} + \beta\omega_i\right) \tag{4.82}$$

は，**モード減衰比**（modal damping ratio）と呼ばれる．

4.3 ラグランジュの運動方程式

3.1.3項では，システムの固有振動数や運動方程式は，力やモーメントのつり合いに基づく方法の他に，エネルギーに基づく方法から導けることを述べた．しかし，2自由度以上の系では，次の**ラグランジュの運動方程式**（Lagrange's equations of motion）を用いなければならない．

まず，システムの運動エネルギー T とポテンシャルエネルギー U から成る**ラグランジアン**（Lagrangian）

$$L = T - U \tag{4.83}$$

を定義すると，ラグランジュの運動方程式は次式のようになる．

$$\frac{d}{dt}\left(\frac{\partial L}{\partial \dot{q}_k}\right) - \frac{\partial L}{\partial q_k} = Q_k \quad (k=1,\cdots,N) \tag{4.84}$$

ここに q_k は**一般化座標**（generalized coordinate），Q_k は**非保存力**（non-conservative system）の**一般化力**（generalized force）である．

非保存力のうち，速度に比例する粘性減衰力については，次の**レーリーの散逸関数**（Rayleigh's dissipation function）

$$F = \frac{1}{2}\sum_r \sum_s c_{rs}\dot{q}_r\dot{q}_s \tag{4.85}$$

を導入すると，保存力と同じように取り扱うことができる．

$$\frac{d}{dt}\left(\frac{\partial L}{\partial \dot{q}_k}\right) - \frac{\partial L}{\partial q_k} + \frac{\partial F}{\partial \dot{q}_k} = Q_k \quad (k=1,\cdots,N) \tag{4.86}$$

保存系（conservative system）では，$\partial F/\partial \dot{q}_k = 0$，$Q_k = 0$ となる．

$$\frac{d}{dt}\left(\frac{\partial L}{\partial \dot{q}_k}\right) - \frac{\partial L}{\partial q_k} = 0 \quad (k=1,\cdots,N) \tag{4.87}$$

【**例題 4.1**】 まず，これまで扱った 2 自由度並進運動系（図 4.13）を考えてみよう．物体 A, B のつり合い位置を原点とし，それぞれの変位を $w_1(t)$ と $w_2(t)$ とする．

運動エネルギー T は

$$T = \frac{1}{2}m_1\dot{w}_1^2 + \frac{1}{2}m_2\dot{w}_2^2 \tag{a}$$

ポテンシャルエネルギー U は

$$U = \frac{1}{2}k_1 w_1^2 + \frac{1}{2}k_2(w_1 - w_2)^2 \tag{b}$$

であるので，ラグランジアン L は，以下のようになる．

$$\begin{aligned}L &= T - U \\ &= \frac{1}{2}m_1\dot{w}_1^2 + \frac{1}{2}m_2\dot{w}_2^2 - \frac{1}{2}k_1 w_1^2 - \frac{1}{2}k_2(w_1 - w_2)^2\end{aligned} \tag{c}$$

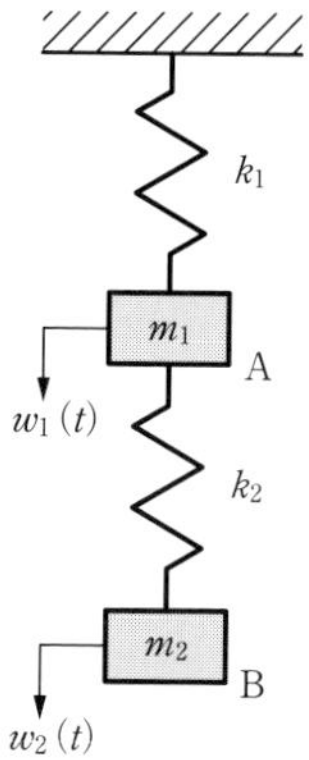

これを，式 (4.87) に代入する．その際，$q_1 = w_1$，$q_2 = w_2$ に取る．

図 4.13 2 ばね-2 物体系

$$\frac{d}{dt}(m_1\dot{w}_1) + k_1 w_1 + k_2(w_1 - w_2) = 0 \;\rightarrow\; m_1\ddot{w}_1 + (k_1 + k_2)w_1 - k_2 w_2 = 0$$

$$\frac{d}{dt}(m_2\dot{w}_2) + k_2(w_2 - w_1) = 0 \;\rightarrow\; m_2\ddot{w}_2 + k_2 w_2 - k_2 w_1 = 0$$

これらを行列表示すると

$$\begin{bmatrix} m_1 & 0 \\ 0 & m_2 \end{bmatrix}\begin{Bmatrix} \ddot{w}_1 \\ \ddot{w}_2 \end{Bmatrix} + \begin{bmatrix} k_1 + k_2 & -k_2 \\ -k_2 & k_2 \end{bmatrix}\begin{Bmatrix} w_1 \\ w_2 \end{Bmatrix} = \begin{Bmatrix} 0 \\ 0 \end{Bmatrix} \tag{d}$$

となり，力のつり合いから求めた運動方程式 (4.3) と一致する．

【例題 4.2】 図 4.14 は荷物をロープで吊り下げた天井クレーンのモデルである．質量 M の本体は，ばねとダッシュポッドにより壁につながれ，周期外力 $F\sin\Omega t$ を受けている．ロープは長さ l で，荷物は質量 m の錘としている．物体のつり合い位置からの変位を $u(t)$，O 点回りの錘の回転角を $\theta(t)$ とする．

ラグランジュの運動方程式を用いて運動方程式を誘導してみよう．図 4.15 に示すように，錘の速度 v には

$$v^2 = \dot{u}^2 + 2\dot{u}l\dot{\theta}\cos\theta + (l\dot{\theta})^2$$

の関係があることに注意する．

運動エネルギー T は

$$T = \frac{1}{2}M\dot{u}^2 + \frac{1}{2}m\{\dot{u}^2 + 2\dot{u}l\dot{\theta}\cos\theta + (l\dot{\theta})^2\} \tag{a}$$

ポテンシャルエネルギー U は，ばねのひずみエネルギーと重力による位置エネルギーから成り

$$U = \frac{1}{2}ku^2 + mgl(1-\cos\theta) \tag{b}$$

したがって，ラグランジアン L は

$$L = \frac{1}{2}M\dot{u}^2 + \frac{1}{2}m\{\dot{u}^2 + 2\dot{u}l\dot{\theta}\cos\theta + (l\dot{\theta})^2\} - \frac{1}{2}ku^2 - mgl(1-\cos\theta) \tag{c}$$

減衰力による散逸関数は

$$F = \frac{1}{2}c\dot{u}^2 \tag{d}$$

一般化力は

$$Q_u = F\sin\Omega t, \quad Q_\theta = 0 \tag{e}$$

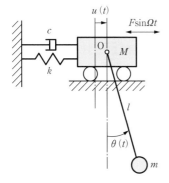
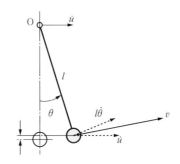

図 4.14　台車-振り子の 2 自由度系　　図 4.15　振り子の錘の速度

である．

$q_1 = u$, $q_2 = \theta$ として，式 (4.86) に代入する．

$$\frac{d}{dt}\left(\frac{\partial L}{\partial \dot{u}}\right) - \frac{\partial L}{\partial u} + \frac{\partial F}{\partial \dot{u}} = Q_u$$

$$\frac{d}{dt}(M\dot{u} + m\dot{u} + ml\dot{\theta}\cos\theta) + ku + c\dot{u} = F\sin\Omega t$$

$$M\ddot{u} + m\ddot{u} + ml(\ddot{\theta}\cos\theta - \dot{\theta}^2\sin\theta) + ku + c\dot{u} = F\sin\Omega t$$

$$(M+m)\ddot{u} + c\dot{u} + ku + ml(\ddot{\theta}\cos\theta - \dot{\theta}^2\sin\theta) = F\sin\Omega t \tag{f}$$

$$\frac{d}{dt}\left(\frac{\partial L}{\partial \dot{\theta}}\right) - \frac{\partial L}{\partial \theta} + \frac{\partial F}{\partial \dot{\theta}} = Q_\theta$$

$$m\frac{d}{dt}(\dot{u}l\cos\theta + l^2\dot{\theta}) + m\dot{u}l\dot{\theta}\sin\theta + mgl\sin\theta = 0$$

$$m(\ddot{u}l\cos\theta - \dot{u}l\dot{\theta}\sin\theta + l^2\ddot{\theta}) + m\dot{u}l\dot{\theta}\sin\theta + mgl\sin\theta = 0$$

$$l\ddot{\theta} + g\sin\theta + \ddot{u}\cos\theta = 0 \tag{g}$$

式 (f) と式 (g) は非線形微分方程式である．微小振幅振動とすると，$\sin\theta \approx \theta$, $\cos\theta \approx 1$ となり，次式のようになる．

$$(M+m)\ddot{u} + c\dot{u} + ku + ml\ddot{\theta} = F\sin\Omega t \tag{h}$$

$$l\ddot{\theta} + g\theta + \ddot{u} = 0 \tag{i}$$

演習問題

4.7 「台車-振り子」モデルに，ロープの回転を抑えるためにダッシュポットが付加された場合の運動方程式を求めよ（図 4.16）．

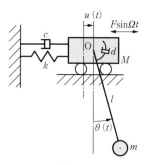

図 4.16

4.4 運動方程式の静連成と動連成

次に，図 4.17 に示す 2 次元翼モデルを考えよう．空気中を飛行する飛行機の速度がある値になると，翼の**曲げ**（bending）と**ねじり**（torsion）の運動が連成した型の**動的不安定振動**（dynamic instability vibration）が発生する場合がある．この振動は時間とともに振幅が発散し，**曲げねじりフラッタ**（bending-torsion flutter）と呼ばれる．2 次元翼で考えると，翼の曲げ運動は**並進運動**に，ねじり運動は**回転運動**に対応する．なおここでは，空気力が作用しない場合を考える．

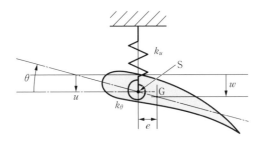

図 4.17 翼の 2 自由度系

翼は上下方向の変位 $u(t)$ に対し，ばね定数 k_u の並進ばねで，回転方向の回転角 $\theta(t)$ に対しては，ばね定数 k_θ の回転ばねで S 点で支持されている．この点は**せん断中心**（shearing center）と呼ばれ，**弾性軸**（elastic axis）が通る．重心 G の位置は支持点から e だけ離れており，その変位を $w(t)$ とする．また，翼の質量を m，G 回りの慣性モーメントを J とする．

ここでは，一般化座標に w, θ を用いた場合と，u, θ を用いた場合の 2 つで運動方程式を導いてみたい．

運動エネルギー T とポテンシャルエネルギー U は，$w(t)=u(t)+e\theta(t)$ を考慮すると，近似的に以下のようになる．

$$T=\frac{1}{2}m\dot{w}^2+\frac{1}{2}J\dot{\theta}^2=\frac{1}{2}m(\dot{u}+e\dot{\theta})^2+\frac{1}{2}J\dot{\theta}^2 \tag{4.88}$$

$$U=\frac{1}{2}k_u u^2+\frac{1}{2}k_\theta \theta^2=\frac{1}{2}k_u(w-e\theta)^2+\frac{1}{2}k_\theta \theta^2 \tag{4.89}$$

したがって，ラグランジアン L は

$$L = T - U$$
$$= \frac{1}{2}m\dot{w}^2 + \frac{1}{2}J\dot{\theta}^2 - \frac{1}{2}k_u(w-e\theta)^2 - \frac{1}{2}k_\theta\theta^2$$
$$= \frac{1}{2}m(\dot{u}+e\dot{\theta})^2 + \frac{1}{2}J\dot{\theta}^2 - \frac{1}{2}k_u u^2 - \frac{1}{2}k_\theta\theta^2 \quad (4.90)$$

[解法1] 一般化座標に w, θ を用いた場合

$q_1 = w, \; q_2 = \theta$ として

$$\frac{d}{dt}\left(\frac{\partial L}{\partial \dot{w}}\right) - \frac{\partial L}{\partial w} = 0 : \frac{d}{dt}(m\dot{w}) + k_u w - k_u e\theta = 0 \quad \rightarrow \quad m\ddot{w} + k_u w - k_u e\theta = 0 \quad (4.91)$$

$$\frac{d}{dt}\left(\frac{\partial L}{\partial \dot{\theta}}\right) - \frac{\partial L}{\partial \theta} = 0 : \frac{d}{dt}(J\dot{\theta}) + k_u e^2\theta - k_u ew + k_\theta\theta = 0$$
$$\rightarrow \quad J\ddot{\theta} + (k_u e^2 + k_\theta)\theta - k_u ew = 0 \quad (4.92)$$

これらを行列表示すると

$$\begin{bmatrix} m & 0 \\ 0 & J \end{bmatrix}\begin{Bmatrix} \ddot{w} \\ \ddot{\theta} \end{Bmatrix} + \begin{bmatrix} k_u & -k_u e \\ -k_u e & k_u e^2 + k_\theta \end{bmatrix}\begin{Bmatrix} w \\ \theta \end{Bmatrix} = \begin{Bmatrix} 0 \\ 0 \end{Bmatrix} \quad (4.93)$$

これは，剛性行列に連成項を有し，**静連成**（elastic coupling）の運動方程式である．

[解法2] 一般化座標に u, θ を用いた場合

$q_1 = u, q_2 = \theta$ として

$$\frac{d}{dt}\left(\frac{\partial L}{\partial \dot{u}}\right) - \frac{\partial L}{\partial u} = 0 : \frac{d}{dt}(m(\dot{u}+e\dot{\theta})) + k_u u = 0 \quad \rightarrow \quad m(\ddot{u}+e\ddot{\theta}) + k_u u = 0 \quad (4.94)$$

$$\frac{d}{dt}\left(\frac{\partial L}{\partial \dot{\theta}}\right) - \frac{\partial L}{\partial \theta} = 0 : \frac{d}{dt}(me\dot{u} + (me^2+J)\dot{\theta}) + k_\theta\theta = 0$$
$$\rightarrow (me^2+J)\ddot{\theta} + me\ddot{u} + k_\theta\theta = 0 \quad (4.95)$$

これらを行列表示すると

$$\begin{bmatrix} m & me \\ me & me^2+J \end{bmatrix}\begin{Bmatrix} \ddot{u} \\ \ddot{\theta} \end{Bmatrix} + \begin{bmatrix} k_u & 0 \\ 0 & k_\theta \end{bmatrix}\begin{Bmatrix} u \\ \theta \end{Bmatrix} = \begin{Bmatrix} 0 \\ 0 \end{Bmatrix} \quad (4.96)$$

これは，質量行列に連成項を有し，**動連成**（dynamic coupling）の運動方程式である．

このように，一般化座標の選び方によって**運動方程式の表現が変わる**ことがわかる．なお，(me^2+J) は，支持点回りの慣性モーメントを表していることに注意す

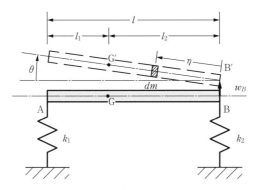

図 4.18 自動車モデル

る．

2つ目の例として，**4.1.1 C. 並進・回転運動系**で取り上げた，「自動車の運動モデル」を考えよう（図 4.18）．そこでは，重心 G の鉛直上方向の変位 w_G と，重心 G 回りの車体の回転角 θ を用いて，以下の運動方程式を得た．

$$\begin{bmatrix} m & 0 \\ 0 & J_G \end{bmatrix}\begin{pmatrix} \ddot{w}_G \\ \ddot{\theta} \end{pmatrix} + \begin{bmatrix} k_1+k_2 & k_1 l_1 - k_2 l_2 \\ k_1 l_1 - k_2 l_2 & l_1{}^2 k_1 + l_2{}^2 k_2 \end{bmatrix}\begin{pmatrix} w_G \\ \theta \end{pmatrix} = \begin{pmatrix} 0 \\ 0 \end{pmatrix} \quad (4.25)$$

上式は，剛性行列に連成項を有しており，**静連成の運動方程式**となっている．

ここでは，車体の B 端の変位 w_B と回転角 θ を用いて運動方程式を誘導してみる．B 端より座標 η をとり，η での微小質量を dm とする．また，B 点回りの慣性モーメントを J_B とする．

まず，鉛直方向の力のつり合いより

$$-\int (\ddot{w}_G + \eta \ddot{\theta})dm - k_1(w_B + l\theta) - k_2 w_B = 0$$

$$\ddot{w}_G \int dm + \ddot{\theta} \int \eta dm + k_1(w_B + l\theta) + k_2 w_B = 0$$

ここで，$\int dm = m, \int \eta dm = m l_2$ より

$$m\ddot{w}_B + m l_2 \ddot{\theta} + (k_1+k_2)w_B + k_1 l \theta = 0 \quad (4.97)$$

次に，B 点回りのモーメントのつり合いより

$$-\int \eta(\ddot{w}_G + \eta \ddot{\theta})dm - k_1 l(w_B + l\theta) = 0$$

$$\ddot{w}_G \int \eta dm + \ddot{\theta} \int \eta^2 dm + k_1 l(w_B + l\theta) = 0$$

ここで，$\int \eta^2 dm = J_B$ より

$$ml_2\ddot{w}_G + J_B\ddot{\theta} + k_1 l w_B + k_1 l^2 \theta = 0 \tag{4.98}$$

が得られ，これらを行列の形に整理すると，次式になる．

$$\begin{bmatrix} m & ml_2 \\ ml_2 & J_B \end{bmatrix} \begin{Bmatrix} \ddot{w}_B \\ \ddot{\theta} \end{Bmatrix} + \begin{bmatrix} k_1+k_2 & k_1 l \\ k_1 l & k_1 l^2 \end{bmatrix} \begin{Bmatrix} w_B \\ \theta \end{Bmatrix} = \begin{Bmatrix} 0 \\ 0 \end{Bmatrix} \tag{4.99}$$

上式は，質量行列と剛性行列の両方に連成項を有し，**動および静連成の運動方程式**となっている．

4.5 剛体モード

2つの物体 A, B がばねでつながれている2自由度系の自由振動を考えよう（図4.19）．それぞれの物体のつり合い位置を原点とした座標を設定し，A, B それぞれの変位を $u_1(t)$ と $u_2(t)$ とする．

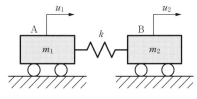

図 4.19 2 台車-ばねの 2 自由度系

物体 A：
$$-m_1\ddot{u}_1 - k(u_1 - u_2) = 0 \quad \rightarrow \quad m_1\ddot{u}_1 + ku_1 - ku_2 = 0 \tag{4.100}$$

物体 B：
$$-m_2\ddot{u}_2 - k(u_2 - u_1) = 0 \quad \rightarrow \quad m_2\ddot{u}_2 + ku_2 - ku_1 = 0 \tag{4.101}$$

行列表示すると，運動方程式は次式となる．

$$\begin{bmatrix} m_1 & 0 \\ 0 & m_2 \end{bmatrix} \begin{Bmatrix} \ddot{u}_1 \\ \ddot{u}_2 \end{Bmatrix} + \begin{bmatrix} k & -k \\ -k & k \end{bmatrix} \begin{Bmatrix} u_1 \\ u_2 \end{Bmatrix} = \begin{Bmatrix} 0 \\ 0 \end{Bmatrix} \tag{4.102}$$

2つの物体がそれぞれ振幅 $\overline{A}, \overline{B}$，円振動数 ω で振動するものとし

$$u_1(t) = \overline{A} \sin \omega t, \quad u_2(t) = \overline{B} \sin \omega t$$

と置いて，式 (4.102) に代入し，整理すると

$$\begin{bmatrix} k - m_1\omega^2 & -k \\ -k & k - m_2\omega^2 \end{bmatrix} \begin{Bmatrix} \overline{A} \\ \overline{B} \end{Bmatrix} = \begin{Bmatrix} 0 \\ 0 \end{Bmatrix} \tag{4.103}$$

これは，$\overline{A}$ と $\overline{B}$ に関する連立同次方程式で，**非自明解**（non-trivial solution）をもつための条件より

$$\begin{vmatrix} k - m_1\omega^2 & -k \\ -k & k - m_2\omega^2 \end{vmatrix} = 0$$

$$\omega^2 \{m_1 m_2 \omega^2 - k(m_1 + m_2)\} = 0 \tag{4.104}$$

$$\omega_1 = 0, \quad \omega_2 = \sqrt{\frac{k(m_1 + m_2)}{m_1 m_2}} \tag{4.105}$$

が得られる．$\omega_1=0$ では物体は振動せず，2つの物体は一体となり**剛体運動**（rigid motion）する．これを**剛体モード**（rigid body mode）と呼ぶ．物体が2つあるにも関わらず，固有振動数が1つしかないので，1自由度系として扱えることが予想される．このようなシステムは**半定値システム**（semi-definite system）と呼ばれる．

式 (4.100)×m_2 − 式 (4.101)×m_1 より

$$m_2(m_1\ddot{u}_1 + ku_1 - ku_2) - m_1(m_2\ddot{u}_2 + ku_2 - ku_1) = 0$$

$$m_1 m_2 (\ddot{u}_1 - \ddot{u}_2) + k(m_2 + m_1)(u_1 - u_2) = 0$$

ここで，物体Aと物体Bの相対変位を

$$w(t) = u_1(t) - u_2(t)$$

と置くと，運動方程式は以下のようになり

$$m_1 m_2 \ddot{w}(t) + k(m_2 + m_1) w(t) = 0$$

固有円振動数として，式 (4.105) の ω_2 が得られる．

したがって，このシステムは，以下の等価質量 m_{eq} を有する1自由度振動系と見なすことができる．

$$m_{eq} = \frac{m_1 m_2}{m_1 + m_2} \tag{4.106}$$

これは，m_1, m_2 のいずれよりも小さいので，**縮小質量**（reduced mass）と呼ばれる．1つの質点に「ばね-質点」系を取り付けると，有効質量が縮小されることがわかる．なお，この系の重心は加速されず，空間に静止する．

空中を飛行するロケットのような棒状物体の縦振動または横振動を考えた場合，後述する弾性棒または弾性梁でモデル化するのではなく，集中質量で簡単にモデル化しても，振動することのない**剛体運動**が解析により明らかにできることを意味している．

演習問題

4.8 図4.19の振動系の重心は加速されず，空間に静止することを説明せよ．

4.9 式 (4.105) の2つの固有円振動数に対応する固有ベクトルを求め，固有振動モードを説明せよ．

4.10 Find the equation of motion of the vibration system shown in Fig. 4.19 through the Lagrange's equation of motion.

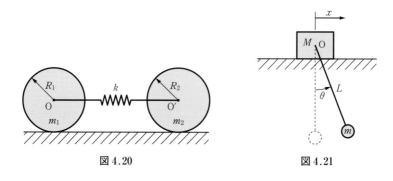

図 4.20　　　　　　　図 4.21

4.11 中心をばねでつながれた 2 つの円板が，面上を滑らずに回転運動する（図 4.20）．
 (a)　運動方程式を誘導せよ．
 (b)　$m=m_1=m_2$, $R=R_1=R_2$ の場合の固有円振動数を求めよ．

4.12 質量 M の物体の重心位置に，長さ L の振り子が付いている（図 4.21）．物体は摩擦のない面上を水平方向に運動する．
 (a)　運動方程式を誘導せよ．
 (b)　固有円振動数を求めよ．

4.6　3 自由度非減衰系の自由振動

3 つの物体 A, B, C が，4 つのばねでつながれたシステムの自由振動を考える：図 4.22．

4.6.1　運動方程式

それぞれの物体のつり合い位置を原点とした座標を設定し，A, B, C の変位をそれぞれ $u_1(t)$，$u_2(t)$，$u_3(t)$ とする．

まず，物体 A に関しては

$$-m_1\ddot{u}_1-k_1u_1-k_2(u_1-u_2)=0$$
$$m_1\ddot{u}_1+(k_1+k_2)u_1-k_2u_2=0 \tag{4.107}$$

次に，物体 B に関しては

$$-m_2\ddot{u}_2-k_2(u_2-u_1)-k_3(u_2-u_3)=0$$
$$m_2\ddot{u}_2+(k_2+k_3)u_2-k_2u_1-k_3u_3=0 \tag{4.108}$$

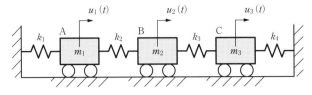

図 4.22 3 台車-ばねの 3 自由度系

次に，物体 C に関しては

$$-m_3\ddot{u}_3 - k_3(u_3 - u_2) - k_4 u_3 = 0$$
$$m_3\ddot{u}_3 + (k_3 + k_4)u_3 - k_3 u_2 = 0 \qquad (4.109)$$

式 (4.107)〜式 (4.109) は，$u_1(t)$，$u_2(t)$，$u_3(t)$ に関する連立斉次方程式で，行列表示すると次式となる．

$$\begin{bmatrix} m_1 & 0 & 0 \\ 0 & m_2 & 0 \\ 0 & 0 & m_3 \end{bmatrix} \begin{Bmatrix} \ddot{u}_1 \\ \ddot{u}_2 \\ \ddot{u}_3 \end{Bmatrix} + \begin{bmatrix} k_1+k_2 & -k_2 & 0 \\ -k_2 & k_2+k_3 & -k_3 \\ 0 & -k_3 & k_3+k_4 \end{bmatrix} \begin{Bmatrix} u_1 \\ u_2 \\ u_3 \end{Bmatrix} = \begin{Bmatrix} 0 \\ 0 \\ 0 \end{Bmatrix} \qquad (4.110)$$

ここで

$$\boldsymbol{M} = \begin{bmatrix} m_1 & 0 & 0 \\ 0 & m_2 & 0 \\ 0 & 0 & m_3 \end{bmatrix}, \quad \boldsymbol{K} = \begin{bmatrix} k_1+k_2 & -k_2 & 0 \\ -k_2 & k_2+k_3 & -k_3 \\ 0 & -k_3 & k_3+k_4 \end{bmatrix}, \quad \boldsymbol{U} = \begin{Bmatrix} u_1 \\ u_2 \\ u_3 \end{Bmatrix} \qquad (4.111)$$

と置くと

$$\boldsymbol{M}\ddot{\boldsymbol{U}} + \boldsymbol{K}\boldsymbol{U} = \boldsymbol{0} \qquad (4.112)$$

と表現できる．

4.6.2 固有円振動数と固有振動モード

ここで，物体 A, B, C は，それぞれ振幅 $\overline{A}$, $\overline{B}$, $\overline{C}$，円振動数 ω の正弦波振動すると仮定する．

$$u_1(t) = \overline{A}\sin\omega t, \quad u_2(t) = \overline{B}\sin\omega t, \quad u_3(t) = \overline{C}\sin\omega t \qquad (4.113)$$

これらを式 (4.110) に代入すると

$$\begin{bmatrix} -m_1\omega^2 & 0 & 0 \\ 0 & -m_2\omega^2 & 0 \\ 0 & 0 & -m_3\omega^2 \end{bmatrix} \begin{Bmatrix} \overline{A} \\ \overline{B} \\ \overline{C} \end{Bmatrix} + \begin{bmatrix} k_1+k_2 & -k_2 & 0 \\ -k_2 & k_2+k_3 & -k_3 \\ 0 & -k_3 & k_3+k_4 \end{bmatrix} \begin{Bmatrix} \overline{A} \\ \overline{B} \\ \overline{C} \end{Bmatrix} = \begin{Bmatrix} 0 \\ 0 \\ 0 \end{Bmatrix}$$

$$\begin{bmatrix} k_1+k_2-m_1\omega^2 & -k_2 & 0 \\ -k_2 & k_2+k_3-m_2\omega^2 & -k_3 \\ 0 & -k_3 & k_3+k_4-m_3\omega^2 \end{bmatrix} \begin{Bmatrix} \overline{A} \\ \overline{B} \\ \overline{C} \end{Bmatrix} = \begin{Bmatrix} 0 \\ 0 \\ 0 \end{Bmatrix}$$

いま，$m_1=m_2=m_3=m$, $k_1=k_2=k_3=k_4=k$ とすると

$$\begin{bmatrix} 2k-m\omega^2 & -k & 0 \\ -k & 2k-m\omega^2 & -k \\ 0 & -k & 2k-m\omega^2 \end{bmatrix} \begin{Bmatrix} \overline{A} \\ \overline{B} \\ \overline{C} \end{Bmatrix} = \begin{Bmatrix} 0 \\ 0 \\ 0 \end{Bmatrix} \tag{4.114}$$

これは，$\overline{A}, \overline{B}, \overline{C}$ に関する連立同次方程式である．**非自明解**（non-trivial solution）をもつためには，式（4.114）の係数行列式の値が零となる必要がある．つまり

$$\begin{vmatrix} 2k-m\omega^2 & -k & 0 \\ -k & 2k-m\omega^2 & -k \\ 0 & -k & 2k-m\omega^2 \end{vmatrix} = 0$$

が成立しなければならない．これより，次式が得られる．

$$(2k-m\omega^2)(m^2\omega^4-4mk\omega^2+2k^2)=0 \tag{4.115}$$

これより，3つの固有円振動数が得られる．

$$\omega_1=\sqrt{2-\sqrt{2}}\,\omega_0 \approx 0.765\omega_0, \quad \omega_2=\sqrt{2}\,\omega_0 \approx 1.41\omega_0,$$
$$\omega_3=\sqrt{2+\sqrt{2}}\,\omega_0 \approx 1.85\omega_0, \quad \omega_0=\sqrt{\frac{k}{m}} \tag{4.116}$$

$\sqrt{k/m}$ はそれぞれの物体が，独立に1つのばねで吊り下げられているときの固有円振動数であるので，1次はその0.765倍，2次は1.41倍，3次は1.85倍の円振動数になっていることになる．

次に振動モードを求める．式（4.116）を式（4.114）に代入すると

i）$\omega=\omega_1$ の場合

式（4.114）は

$$\begin{bmatrix} 2k-m(2-\sqrt{2})\omega_0^2 & -k & 0 \\ -k & 2k-m(2-\sqrt{2})\omega_0^2 & -k \\ 0 & -k & 2k-m(2-\sqrt{2})\omega_0^2 \end{bmatrix} \begin{Bmatrix} \overline{A} \\ \overline{B} \\ \overline{C} \end{Bmatrix} = \begin{Bmatrix} 0 \\ 0 \\ 0 \end{Bmatrix}$$

$$\rightarrow \begin{bmatrix} \sqrt{2}k & -k & 0 \\ -k & \sqrt{2}k & -k \\ 0 & -k & \sqrt{2}k \end{bmatrix} \begin{Bmatrix} \overline{A} \\ \overline{B} \\ \overline{C} \end{Bmatrix} = \begin{Bmatrix} 0 \\ 0 \\ 0 \end{Bmatrix}$$

$$\overline{A}:\overline{B}:\overline{C}=1:\sqrt{2}:1 \tag{4.117}$$

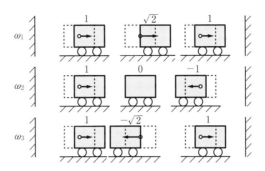

図 4.23 3台車-ばね振動系の固有振動モード

ii) $\omega=\omega_2$ の場合
$$\overline{A}:\overline{B}:\overline{C}=1:0:-1 \quad (4.118)$$

iii) $\omega=\omega_3$ の場合
$$\overline{A}:\overline{B}:\overline{C}=1:-\sqrt{2}:1 \quad (4.119)$$

以上より，モード行列は式 (4.120) となり，固有振動モードは図 4.23 のようになる．

$$\boldsymbol{\Phi}=\begin{bmatrix} 1 & 1 & 1 \\ \sqrt{2} & 0 & -\sqrt{2} \\ 1 & -1 & 1 \end{bmatrix} \quad (4.120)$$

演習問題

4.13 In the three degree of freedom system shown in Fig. 4.22, determine (a) equation of motion, (b) natural circular frequency and (c) mode shapes, by setting $m_1=m_2=m_3=m$, $k_1=k_4=2k$, $k_2=k_3=k$.

4.14 各階の質量が m_1, m_2, m_3 の3階建て鉄骨枠組み構造物の水平方向の振動を考える（図 4.24）．各階の水平方向への運動は弾性的であるとし，そのばね定数は各階とも等しく k とする．
 (a) 系の運動方程式を求めよ．
 (b) 振動数方程式を求めよ．
 (c) $m_1=2m$, $m_2=m_3=m$ の場合，系の固有円振動数を求めよ．

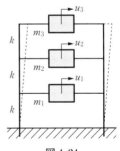

図 4.24

4.7　n 自由度系の自由振動

前節までは，3自由度系までの振動について述べてきた．ここでは，多自由度振動系の一般的な解析手法の例について概説する．一般に質量がそれぞれ $m_1, m_2, \cdots, m_n$ の n 個の物体がばねで連結されている図 4.25 のようなモデルについては，前節の手法を拡張することによって比較的容易に解析することができる．すなわち，各物体の運動方程式を順次求めていくと，次式を得ることができる．

$$\left.\begin{aligned} m_1\ddot{u}_1 + (k_1+k_2)u_1 - k_2 u_2 &= 0 \\ m_2\ddot{u}_2 - k_2 u_1 + (k_2+k_3)u_2 - k_3 u_3 &= 0 \\ m_3\ddot{u}_3 - k_3 u_2 + (k_3+k_4)u_3 - k_4 u_4 &= 0 \\ &\cdots\cdots \\ m_n\ddot{u}_n - k_n u_{n-1} + (k_n+k_{n+1})u_n &= 0 \end{aligned}\right\} \quad (4.121)$$

これを行列表示すると

$$\boldsymbol{M\ddot{U}} + \boldsymbol{KU} = \boldsymbol{0} \quad (4.122)$$

ここに

$$\boldsymbol{M} = \begin{bmatrix} m_1 & 0 & 0 & \cdots & 0 & 0 \\ 0 & m_2 & 0 & \cdots & 0 & 0 \\ 0 & 0 & m_3 & \cdots & 0 & 0 \\ \vdots & \vdots & \vdots & \vdots & \ddots & \vdots \\ 0 & 0 & 0 & \cdots & 0 & m_n \end{bmatrix}$$

$$\boldsymbol{K} = \begin{Bmatrix} k_1+k_2 & -k_2 & 0 & \cdots & 0 & 0 \\ -k_2 & k_2+k_3 & -k_3 & \cdots & 0 & 0 \\ 0 & -k_3 & k_3+k_4 & \cdots & 0 & 0 \\ \vdots & \vdots & \vdots & & & \vdots \\ \vdots & \vdots & \vdots & & \ddots & -k_n \\ 0 & 0 & 0 & \cdots & -k_n & k_n+k_{n+1} \end{Bmatrix}, \quad \boldsymbol{U} = \begin{Bmatrix} u_1 \\ u_2 \\ u_3 \\ \vdots \\ u_n \end{Bmatrix}$$

$\boldsymbol{M}$ は質量行列，$\boldsymbol{K}$ は剛性行列である．

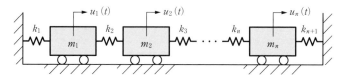

図 4.25　n 台車-ばねの n 自由度系

いま各物体の変位を，次のように仮定する．

$$u_i(t) = A_i \sin \omega t \quad (i=1, 2, 3, \cdots, n) \tag{4.123}$$

これを式（4.122）に代入し，前節と同様の処理を行うと，次のように振動数方程式が得られる．

$$\begin{vmatrix} k_1+k_2-m_1\omega^2 & -k_2 & 0 & \cdots & 0 \\ -k_2 & k_2+k_3-m_2\omega^2 & -k_3 & \cdots & 0 \\ 0 & -k_3 & k_3+k_4-m_3\omega^2 & \cdots & 0 \\ \vdots & \vdots & \vdots & & \vdots \\ \vdots & \vdots & \vdots & \ddots & -k_n \\ 0 & 0 & \cdots & -k_n & k_n+k_{n+1}-m_n\omega^2 \end{vmatrix} = 0 \tag{4.124}$$

式（4.124）は，ω^2 についての n 次代数方程式であり，n 個の正根を有する．これを求めることにより，系の固有円振動数 $\omega_i (i=1, 2, 3, \cdots, n)$ が得られる．ここで，5次以上の方程式は代数的に解くことはできないため，5自由度以上の場合にはコンピュータを用いた数値計算を行うこととなる．

なお，図4.25において各ばねと並列にダッシュポットが結合された減衰振動系の場合には，運動方程式（4.122）は次式のようになる．

$$M\ddot{U} + C\dot{U} + KU = 0 \tag{4.125}$$

ここに，C は減衰行列であり，剛性行列 K におけるばね定数 k を粘性減衰係数 c にそれぞれ置き換えたものに等しい．その他の行列は式（4.122）と同様である．

無限に多くの質点の集合体と考えられる連続体や連続体の結合構造物など複雑な系の振動を取り扱う場合，煩雑過ぎて解析的には解けない状況がしばしば発生する．この際，汎用の**有限要素法**（finite element method：FEM）などを用いて系を有限の自由度に近似して（**離散化**（discretization）という）解析する場合が多い．本節の考え方および解析手法は，この場合にも適用することが可能である．

〈参考文献〉

1) J.P. Den Hartog：Mechanical Vibrations, 4th ed., McGraw-Hill, 1956.
2) W.W. Seto：Schaum's Outline Series of Theory and Problems of Mechanical Vibrations, McGraw-Hill, 1964.
3) 斎藤秀雄：工業基礎振動学，養賢堂，1977.
4) 藤田勝久：振動工学，森北出版，2005.
5) L. Meirovitch：Elements of Vibration Analysis, 2nd ed., McGraw-Hill, 1986.

5 1次元弾性体の振動

5.1 弾性体の振動解析について

　前章までは個々の質点において成立する運動方程式を求め，その解を求めることにより振動現象を解析してきた．しかし，一般に機械・構造物を構成する主要な**構造要素**（structural element）である弦，棒，梁，板，殻などは無限に多くの質点の集合体と考えられる．これら構造要素は，無限の固有振動数と固有振動モードをもち，**弾性体**（elastic body）（**連続弾性体**または単に**連続体**（continuous system）とも呼ばれる）と呼ばれる．解法はこれまでとは異なり，系の微小部分に対する力のつり合いから偏微分方程式の形となる運動方程式を誘導し，適切な境界条件，初期条件のもとで解析を行うこととなる．

　一般に，1次元構造とは，幅や直径，厚さに比べて長さ方向に十分に大きい**弦**（string），**棒**（rod），**梁**（beam）などであり，2次元構造とは，厚さに比べて平面方向に十分な広がりを有する**膜**（membrane）や**板**（plate）を示す．一方3次元構造とは，3軸方向に一定の大きさを有する**殻**（shell）あるいは弾性体の組み合わせ系を表す．実際に自動車，航空宇宙機，船舶などの基本構造は，フレーム，薄い板，曲面を成す殻などの組み合わせで構築されている．これらの振動解析の基本方針は共通であるが，当然次元が高くなるほど手数や数学的煩雑さが伴う．したがって5〜7章では，構造の次元ごとに基本となる振動解析法について解説する．

5.2 1次元構造とは

　離れた2点間で，**曲げ**（bending），**ねじり**（torsion），**せん断力**（shearing

force）のような荷重を支持または伝達する1次元要素が**1次元構造**（one-dimensional structure）である．幾何学的形状は同じでも，支持する荷重によって呼び方が異なる．たとえば，**曲げモーメント**（bending moment）と**せん断力**（shearing force）を支持する要素は**梁**，**軸圧縮/伸縮力**（axial compression/tension force）を支持する要素は**柱**（column）または**軸棒**（rod），**ねじりモーメント**（torque, torsional moment）を支持する要素は**軸**（shaft）と呼ばれる．また，**弦**は**張力**（tension）を支持または伝達する1次元要素である．

5.3 弦の振動

弦の具体的な振動問題は，ギターなどの弦楽器の弦の振動や送電線，アンテナ線，ロープウェイやスキー場リフトのケーブル，クレーンのワイヤーロープなどの強風による振動など比較的身近な現象である．

図5.1のような長さl，単位長さ当たりの質量（**線密度**（mass per unit length））ρ，張力Tの作用する**弦の横振動**（transverse vibration of string）を考える．図のように座標軸をとり，y軸方向の弦の変位を$w(x, t)$とする．第1段階として，理想的な真空中での振動を想定し，媒質の抵抗$q=0$と仮定できる場合を解析する．弦の変位は微小とし，**曲げ剛性**（flexural rigidity）は無視できるものとする．微小長さdx部分のy方向の力のつり合いを考えると，ダランベールの原理より

$$-(\rho dx)\frac{\partial^2 w}{\partial t^2} - T\frac{\partial w}{\partial x} + T\frac{\partial w}{\partial x} + \frac{\partial}{\partial x}\left(T\frac{\partial w}{\partial x}\right)dx = 0 \tag{5.1}$$

$$(\rho dx)\frac{\partial^2 w}{\partial t^2} = \frac{\partial}{\partial x}\left(T\frac{\partial w}{\partial x}\right)dx$$

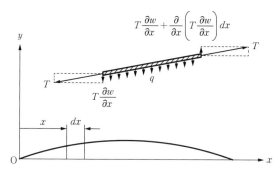

図5.1　弦の微小要素と座標系

運動方程式は

$$\rho \frac{\partial^2 w}{\partial t^2} = \frac{\partial}{\partial x}\left(T \frac{\partial w}{\partial x}\right) \tag{5.2}$$

これは，ニュートンの運動方程式と一致する．張力 T が一定の場合は

$$\frac{\partial^2 w}{\partial t^2} = c^2 \frac{\partial^2 w}{\partial x^2}, \quad c = \sqrt{\frac{T}{\rho}} \tag{5.3}$$

運動方程式 (5.3) の解を，**変数分離法**（method of separation of variables）を利用し，以下のように仮定する．

$$w(x, t) = W(x) f(t) \tag{5.4}$$

式 (5.3) に代入すると

$$\frac{1}{f(t)} \frac{d^2 f(t)}{dt^2} = \frac{c^2}{W(x)} \frac{d^2 W(x)}{dx^2} \tag{5.5}$$

式 (5.5) の左辺は t のみの関数，右辺は x のみの関数であるから，この式が成立するためには両辺が x, t に無関係な一定値でなければならない．この値を $-\omega^2$ とおくと，式 (5.5) より

$$\frac{d^2 f}{dt^2} + \omega^2 f = 0 \tag{5.6}$$

$$\frac{d^2 W}{dx^2} + \left(\frac{\omega}{c}\right)^2 W = 0 \tag{5.7}$$

これらの一般解は

$$f(t) = A \cos \omega t + B \sin \omega t \tag{5.8}$$

$$W(x) = C \cos \frac{\omega}{c} x + D \sin \frac{\omega}{c} x \tag{5.9}$$

ここに，A, B および C, D は任意定数で，それぞれ**初期条件**（initial condition）および**境界条件**（boundary condition）により決定される．典型的な境界条件として，両端固定の場合を考える．すなわち

$$W(0) = 0, \quad W(l) = 0 \tag{5.10}$$

式 (5.9) を式 (5.10) に代入すると

$$C = 0, \quad D \sin \frac{\omega l}{c} = 0 \tag{5.11}$$

$C=0, D=0$ は振動しない状態であるから，$D \neq 0$ の場合を考えて

$$\sin \frac{\omega l}{c} = 0 \tag{5.12}$$

これが，**振動数方程式**（frequency equation）である．式 (5.12) を満足する解は

無数にあり，n 番目の固有円振動数を ω_n とすると

$$\frac{\omega_n l}{c} = n\pi \quad \text{or} \quad \omega_n = \frac{n\pi c}{l} \quad (n=1,2,3,\cdots) \tag{5.13}$$

この ω_n は**固有値**（eigenvalue）とも呼ばれる．固有振動数 f_n，周期 T_n は

$$f_n = \frac{\omega_n}{2\pi} = \frac{nc}{2l} = \frac{n}{2l}\sqrt{\frac{T}{\rho}}, \quad T_n = \frac{2l}{n}\sqrt{\frac{\rho}{T}} \quad (n=1,2,3,\cdots) \tag{5.14}$$

n 次の固有値に対する W のことを**固有関数**（eigenfunction）といい

$$W_n = D_n \sin\frac{\omega_n}{c}x = D_n \sin\frac{n\pi}{l}x \tag{5.15}$$

となる．これより振動モードを得ることができ，その概形は，表5.1の両端支持梁の場合と類似している．なお式（5.15）の両辺を D_n で除した**正規関数**（normal function）を用いると，式（5.4）より n 次正規モードの振動は

$$w_n(x,t) = \sin\frac{n\pi}{l}x(A_n\cos\omega_n t + B_n\sin\omega_n t), \quad n=1,2,3,\cdots \tag{5.16}$$

ここで，n を変えることにより，各次数の振動モードを求めることができる．式（5.3）の一般解すなわち弦の任意の横振動は，式（5.16）の解を重ね合わせることで得られ

$$w(x,t) = \sum_{n=1}^{\infty} w_n(x,t) = \sum_{n=1}^{\infty} \sin\frac{n\pi}{l}x\left(A_n\cos\frac{n\pi c}{l}t + B_n\sin\frac{n\pi c}{l}t\right) \tag{5.17}$$

式中の A_n，B_n は初期条件によって決定される．いま，これを以下のように仮定する．

$$w(x,0) = g(x), \quad \dot{w}(x,0) = h(x) \tag{5.18}$$

式（5.17）を（5.18）に代入して

$$g(x) = \sum_{n=1}^{\infty} A_n \sin\frac{n\pi x}{l}, \quad h(x) = \sum_{n=1}^{\infty} \frac{n\pi c}{l} B_n \sin\frac{n\pi x}{l} \tag{5.19}$$

式（5.19）は結果として $g(x)$，$h(x)$ をフーリエ級数に展開した式になっている．したがって係数 A_n，B_n は次式で決定されることになる．

$$A_n = \frac{2}{l}\int_0^l g(x)\sin\frac{n\pi x}{l}dx, \quad B_n = \frac{2}{n\pi c}\int_0^l h(x)\sin\frac{n\pi x}{l}dx \tag{5.20}$$

【**例題5.1**】 実際の問題において，弦が真空中で振動することは宇宙空間以外ではきわめてまれであり，ほとんどの場合媒質中（空気，水，オイルの中など）で振動することとなる．そこで，この場合に適用できる運動方程式と解を誘導することは実用上有意義である．

上記と同じ弦が，単位長さ当たり $q=\nu(\partial w/\partial t)$ なる速度に比例する媒質の抵抗を受けながら振動するものと仮定する．この場合，図5.1より運動方程式は

$$\rho\frac{\partial^2 w}{\partial t^2}+\nu\frac{\partial w}{\partial t}=\frac{\partial}{\partial x}\left(T\frac{\partial w}{\partial x}\right) \tag{a}$$

張力 T が一定の場合は

$$\frac{\partial^2 w}{\partial t^2}+\mu\frac{\partial w}{\partial t}=c^2\frac{\partial^2 w}{\partial x^2}, \quad \mu=\frac{\nu}{\rho}, \quad c=\sqrt{\frac{T}{\rho}} \tag{b}$$

ここで，式（5.4）と同様に変数分離法を適用し整理すると，以下の2式を得ることができる．

$$\frac{d^2 f}{dt^2}+\mu\frac{df}{dt}+\omega^2 f=0 \tag{c}$$

$$\frac{d^2 W}{dx^2}+\left(\frac{\omega}{c}\right)^2 W=0 \tag{d}$$

式（d）の一般解は式（5.9）と同様である．式（c）の一般解を求めるために $f=Ce^{st}$（C と s は定数）とおいて代入すると，以下の**特性方程式**（characteristic equation）を得る．

$$s^2+\mu s+\omega^2=0 \tag{e}$$

これを解いて

$$s_1, s_2=-\frac{\mu}{2}\pm\sqrt{\frac{\mu^2}{4}-\omega^2} \tag{f}$$

媒質の抵抗を受けつつ弦が減衰振動する条件は，**3.2.1 項**を参照すると $\mu^2/4-\omega^2<0$ である．このとき $f(t)$ の一般解は以下のようになる．

$$\begin{aligned}f(t)&=A_0\exp\left(-\frac{\mu}{2}+i\sqrt{\omega^2-\frac{\mu^2}{4}}\right)t+B_0\exp\left(-\frac{\mu}{2}-i\sqrt{\omega^2-\frac{\mu^2}{4}}\right)t\\&=e^{-\frac{\mu}{2}t}\left(A_1\cos\sqrt{\omega^2-\frac{\mu^2}{4}}\,t+B_1\sin\sqrt{\omega^2-\frac{\mu^2}{4}}\,t\right)\end{aligned} \tag{g}$$

境界条件は式（5.10）と同様とすると，上記とまったく同様の手順で振動数方程式，固有円振動数 ω_n，固有関数 W_n が求められる．これらと式（g）より，最終的に式（b）の解として以下が導かれる．

$$w(x,t)=e^{-\frac{\mu}{2}t}\sum_{n=1}^{\infty}\sin\frac{n\pi x}{l}\left(A_n\cos\sqrt{\omega_n^2-\frac{\mu^2}{4}}\,t+B_n\sin\sqrt{\omega_n^2-\frac{\mu^2}{4}}\,t\right), \quad \omega_n=\frac{n\pi c}{l} \tag{h}$$

減衰固有円振動数（damped natural circular frequency）は次式で与えられる．

$$\omega_{dn}=\sqrt{\omega_n^2-\frac{\mu^2}{4}} \tag{i}$$

μ すなわち ν が 0 の場合は,$\omega_{dn}=\omega_n$ となる.

演習問題

5.1 図 5.2 のように,両端を固定された長さ l の一様な弦の中央部をそっと手でつまみ,初期変位 w_0 を与えた.その後(時刻 $t=0$ で)ゆっくりと手を放すと,弦はどのような挙動を示すか.

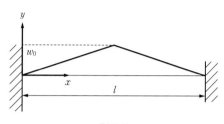

図 5.2

  (a) 初期条件を 2 つ挙げよ.
  (b) 固有振動を重ね合わせることで,手を離した後の弦の挙動を式で求めよ.
  (c) 振動モードを計算し,必要な固有振動の次数を議論せよ.
  (d) 1 周期分の弦の運動を計算し,図示せよ.

5.2 図 5.3 に示す上端固定・下端自由の吊り下げられたワイヤーロープの鉛直面内での振動の運動方程式を,自重の影響を考慮して求めよ.また,固有円振動数を求めよ.

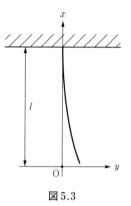

図 5.3

5.3 図 5.4 のように上下方向にのみ作用する 2 つのばねの支点間に,弦が張力 T で張られ横振動する.

  (a) 特別な場合として,$k_1=k_2=k$ で左右対称な振動を行うときの境界条件および振動数方程式を求めよ.
  (b) 一般の場合について,境界条件および振動数方程式を求めよ.
  (c) (b) の結果から,$k_1, k_2 \to \infty$ の場合の振動数方程式を求めよ.
  (d) 同様に,$k_1 \to \infty$,$k_2 \to 0$ の場合の振動数方程式を求めよ.

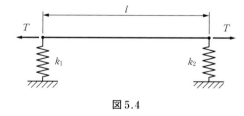

図 5.4

5.4 The displacements of the transverse vibration of both ends clamped string (Fig. 5.5), which has a small mass m at the middle, are given as follows.

$$w_1(x,t) = D_1 \sin \frac{\omega}{c} x \sin \omega t \quad \left(0 \leq x \leq \frac{l}{2}\right),$$

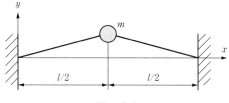

Fig. 5.5

$$w_2(x,t) = D_2 \sin \frac{\omega}{c}(l-x) \sin \omega t \quad \left(\frac{l}{2} \leq x \leq l\right)$$

(a) Find the frequency equation, and then explain the mode shapes of the vibration.

(b) In case of $m \to \infty$, find the frequency equation and the natural circular frequency of the vibration.

(c) When the value of $\omega l/2c$ is small in frequency equation in (a), derive the natural circular frequency $\omega = \sqrt{4T/ml}$ of the one degree of freedom system where mass of the string is negligible and T is the tension (cf. Prob. 3.14). Use the Taylor expansion in Appendix A6.

5.4 棒の振動

5.4.1 棒の縦振動

棒の縦振動 (longitudinal vibration of bar) の具体的な問題は，ロケットの打上げ時の振動，地下掘削におけるパーカッション・ボーリングマシンのロッドや打撃ハンマー型杭打機での杭の振動などがある．

真直ぐな棒が棒軸方向に伸縮運動する場合を考える．棒の軸方向の変位は微小とし，横方向の伸縮変形は無視できるものと仮定する．図5.6において棒の断面積 A，縦弾性係数 E，密度 ρ，変位 $u(x,t)$ とし，長さ dx の微小要素に加わる力のつり合いを考える．棒内の x 断面の応力 σ，ひずみ ε および力 F は

$$\varepsilon = \frac{\partial u}{\partial x}, \quad F = A\sigma = AE\varepsilon = AE\frac{\partial u}{\partial x} \tag{5.21}$$

ここで

$$F(x+dx) = AE\frac{\partial u}{\partial x} + \frac{\partial}{\partial x}\left(AE\frac{\partial u}{\partial x}\right)dx \tag{5.22}$$

であるから，x方向の力のつり合いを考えると，ダランベールの原理より

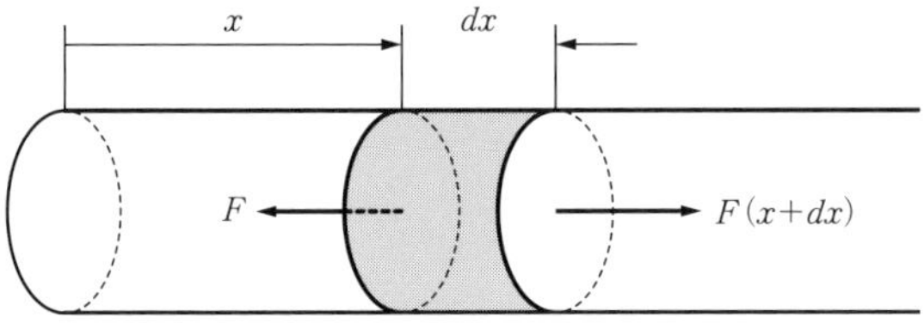

図5.6 棒の微小要素と力のつり合い

$$-(\rho A dx)\frac{\partial^2 u}{\partial t^2} - AE\frac{\partial u}{\partial x} + AE\frac{\partial u}{\partial x} + \frac{\partial}{\partial x}\left(AE\frac{\partial u}{\partial x}\right)dx = 0 \quad (5.23)$$

運動方程式は

$$\rho A \frac{\partial^2 u}{\partial t^2} = \frac{\partial}{\partial x}\left(AE\frac{\partial u}{\partial x}\right) \quad (5.24)$$

これは，ニュートンの運動方程式と一致する．断面が一様，材質が均一の場合には，次式のようになる．

$$\frac{\partial^2 u}{\partial t^2} = c^2 \frac{\partial^2 u}{\partial x^2}, \quad c = \sqrt{\frac{E}{\rho}} \quad (5.25)$$

ここに，c は棒を伝わる縦波の伝播速度を表している．式 (5.25) は式 (5.3) とまったく同形であり，これ以後の解法は 5.3 節と同様である．すなわち，弦の場合の変数分離法を参照し，解を以下のようにおくことができる．

$$u(x,t) = U(x)f(t) = \left(C\cos\frac{\omega}{c}x + D\sin\frac{\omega}{c}x\right)(A\cos\omega t + B\sin\omega t) \quad (5.26)$$

ここでは，代表的な境界条件の場合について以下で考察することとする．

【例題 5.2】　一端固定・他端自由棒

この場合の境界条件は，$x=0$ で固定であるから変位が 0 であり，$x=l$ で自由であるから軸力が 0 である．よって

$$u(0,t) = 0, \quad AE\frac{\partial u(l,t)}{\partial x} = 0 \quad \text{(a)}$$

これより，次式を得る．

$$(U)_{x=0} = 0, \quad \left(\frac{dU}{dx}\right)_{x=l} = 0 \quad \text{(b)}$$

式 (5.26) の U を式 (b) に代入すると

$$C = 0, \quad \cos\frac{\omega l}{c} = 0 \quad \text{(c)}$$

第 2 式が振動数方程式であり，その解および固有円振動数は

$$\frac{\omega_n l}{c} = \frac{\pi}{2}(2n-1) \quad \text{or} \quad \omega_n = \frac{(2n-1)\pi c}{2l} = \frac{(2n-1)\pi}{2l}\sqrt{\frac{E}{\rho}} \quad (n=1,2,3,\cdots) \quad \text{(d)}$$

ω_n に対する固有関数は

$$U_n = D_n \sin \frac{(2n-1)\pi}{2l} x \tag{e}$$

これより固有振動モードを得ることができる．また一般解は次式となる．

$$u(x,t) = \sum_{n=1}^{\infty} \sin \frac{(2n-1)\pi}{2l} x \left\{ A_n \cos \frac{(2n-1)\pi c}{2l} t + B_n \sin \frac{(2n-1)\pi c}{2l} t \right\} \tag{f}$$

式中の A_n, B_n は初期条件によって決定される．いま，これを以下のように仮定する．

$$u(x,0) = g(x), \quad \dot{u}(x,0) = h(x) \tag{g}$$

式 (f) を (g) に代入して

$$g(x) = \sum_{n=1}^{\infty} A_n \sin \frac{(2n-1)\pi}{2l} x, \quad h(x) = \sum_{n=1}^{\infty} \frac{(2n-1)\pi c}{2l} B_n \sin \frac{(2n-1)\pi}{2l} x \tag{h}$$

フーリエ係数 A_n, B_n は，式 (5.20) にならって次式より求められる．

$$A_n = \frac{2}{l} \int_0^l g(x) \sin \frac{(2n-1)\pi}{2l} x \, dx, \quad B_n = \frac{4}{(2n-1)\pi c} \int_0^l h(x) \sin \frac{(2n-1)\pi}{2l} x \, dx \tag{i}$$

【例題 5.3】 両端固定棒

この場合の境界条件は単純で，以下のようになる．

$$(U)_{x=0} = 0, \quad (U)_{x=l} = 0 \tag{a}$$

式 (5.26) の U を式 (a) に代入すると

$$C = 0, \quad \sin \frac{\omega l}{c} = 0 \tag{b}$$

第 2 式が振動数方程式であり，その解および固有円振動数は

$$\frac{\omega_n l}{c} = n\pi \quad \text{or} \quad \omega_n = \frac{n\pi c}{l} = \frac{n\pi}{l} \sqrt{\frac{E}{\rho}} \quad (n=1,2,3,\cdots) \tag{c}$$

ω_n に対する固有関数は

$$U_n = D_n \sin \frac{n\pi}{l} x \tag{d}$$

これより固有振動モードを得ることができる．一般解は例題 5.2 と同様の手続きで得られる．

【例題 5.4】 上端固定・下端がばね支持された棒

棒に対する重力の影響を考えない場合，図 5.7 より，棒先端が変位するとき発生する力はばねの復元力に等しいから，境界条件は

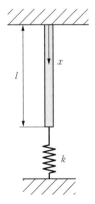

図 5.7 ばね支持された棒

$$u(0,t)=0, \quad -AE\frac{\partial u(l,t)}{\partial x}-ku(l,t)=0 \tag{a}$$

第1式より$C=0$，よって式（5.26）で時間項の係数を新たに$\overline{A}, \overline{B}$とおくと

$$u(x,t)=D\sin\frac{\omega}{c}x(\overline{A}\cos\omega t+\overline{B}\sin\omega t) \tag{b}$$

これを第2式に代入すると

$$D\left(AE\frac{\omega}{c}\cos\frac{\omega l}{c}+k\sin\frac{\omega l}{c}\right)(\overline{A}\cos\omega t+\overline{B}\sin\omega t)=0 \tag{c}$$

$D\neq 0$であり，かつtの値にかかわらずこの式が成立するためには

$$AE\frac{\omega}{c}\cos\frac{\omega l}{c}+k\sin\frac{\omega l}{c}=0, \quad \therefore\ \tan\frac{\omega l}{c}=-\frac{AE\omega}{kc} \tag{d}$$

これが振動数方程式であり，**超越方程式**（transcendental equation）と呼ばれ，固有円振動数ωの値は，**はさみうち法**（Regula-Falsi method）やニュートン・ラフソン法（Newton-Raphson method）などを用い，計算機で簡単に求めることができる．

[**考察1**] いま，式（d）において，$k\to 0$の極限を考えると

$$\tan\frac{\omega l}{c}\to\infty \quad \therefore\ \frac{\omega_n l}{c}=\frac{\pi}{2}(2n-1), \quad \omega_n=\frac{(2n-1)\pi c}{2l} \quad (n=1,2,3,\cdots)$$

これは，一端固定・他端自由棒の固有円振動数を与える例題5.2の式（d）に一致する．

[**考察2**] 一方，式（d）において$k\to\infty$の極限を考えると

$$\tan\frac{\omega l}{c}\to 0 \quad \therefore\ \frac{\omega_n l}{c}=n\pi, \quad \omega_n=\frac{n\pi c}{l} \quad (n=1,2,3,\cdots)$$

となり，これは，両端固定棒の固有円振動数を与える例題5.3の式（c）に一致する．

演習問題

5.5 Find the frequency equation, the natural circular frequency and the expression of general solution $u(x,t)$ of the longitudinal vibration of the bar with both ends free boundary condition.

5.6 図5.8はパーカッション・ボーリングマシンのロッド，先端のビット，地盤の簡易なモデルで，上端固定，下端に質量mの錘を有し，かつばね支持された棒である．棒先端での境界条件を求め，系の振動数方程式を求めよ．ただし，棒に対する重力の影響は考えない．また，例題5.4の考察を参照し，

(a) $k\to\infty$および$m\to 0$の極限の場合について説明せよ．

(b) $k \to 0$ の極限の場合について説明せよ．

(c) (b)において$\omega l/c$が小さい場合，テイラー展開（付録A6参照）を応用して，棒の自重を無視した1自由度ばね-錘系の固有円振動数 $\omega = \sqrt{AE/ml}$ を誘導せよ．

5.7 図5.9は超音波振動の振幅拡大に利用される円形断面を有するエクスポネンシャル形ホーンのモデルである[10]．断面積が $A(x) = A_0 e^{-\lambda x}(\lambda > 0)$ と軸線に沿って指数関数的に変化し，大端固定・小端自由の境界条件で縦振動を行う場合について

(a) 運動方程式を求めよ．

(b) 解を $u(x,t) = U(x)\sin\omega t$ と仮定し，振動数方程式を求めよ．

(c) 運動方程式の一般解を求めよ．

(d) 境界条件を両端自由とした場合の振動数方程式，固有円振動数を求めよ．また，結果を一様断面棒の場合と比較せよ．

5.8 As shown in Fig. 5.10, a uniform bar of length l is initially compressed by equal forces P at both ends. If these compressive forces are suddenly removed, find the expression for the resulting free vibrations. Let ε denote the unit compression （compressive strain） at time $t=0$.

5.9 長さlの一様な片持ち棒の自由端に，大きさPの初期引張り力が図5.11のように作用している．時刻$t=0$で力Pを取り去ると，棒はどのような挙動を示すか．ただし，単位長さ当たりの初期伸び変位（ひずみ）をεとする．

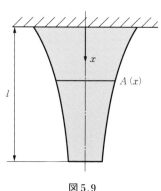

図5.8

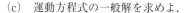

図5.9

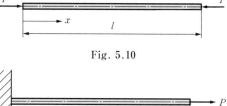

Fig. 5.10

図5.11

5.4.2 棒のねじり振動

棒のねじり振動の具体的な問題は，エンジンやモーター，タービンなど種々の回

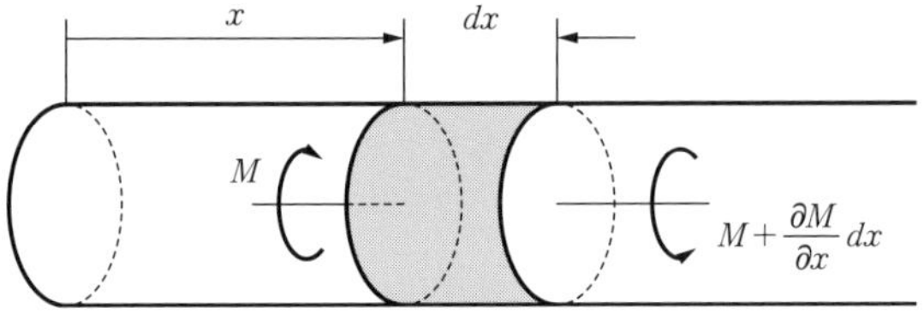

図 5.12 丸棒の微小要素とねじりモーメント

転機械の軸，自動車などのドライブシャフトやトーションバースプリングの振動などがある．

任意の断面を有する棒のねじり振動の解析は煩雑であるため，ここでは円形断面を有する**丸棒のねじり振動**（torsional vibration of circular bar）を考える．ねじり角変位は微小と仮定する．丸棒の直径 d，**横弾性係数**（modulus of transverse elasticity）G，**断面2次極モーメント**（polar moment of inertia of area）I_p，密度 ρ，ねじり角 $\phi(x,t)$ とすると，任意断面に作用するねじりモーメントは

$$M = GI_p \frac{\partial \phi}{\partial x}, \quad I_p = \frac{\pi d^4}{32} \tag{5.27}$$

ここに，GI_p は棒の**ねじり剛性**（torsional rigidity）である．長さ dx の微小要素の軸回りの慣性モーメントは $\rho I_p dx$ となるので，図 5.12 よりダランベールの原理から

$$-\rho I_p dx \frac{\partial^2 \phi}{\partial t^2} - M + M + \frac{\partial M}{\partial x} dx = 0 \tag{5.28}$$

式（5.27）の関係を用いると

$$\rho I_p dx \frac{\partial^2 \phi}{\partial t^2} = \frac{\partial M}{\partial x} dx = \frac{\partial}{\partial x}\left(GI_p \frac{\partial \phi}{\partial x}\right) dx \tag{5.29}$$

これより，断面が一様，材質が均一の場合には，運動方程式は次式のようになる．

$$\frac{\partial^2 \phi}{\partial t^2} = c^2 \frac{\partial^2 \phi}{\partial x^2}, \quad c = \sqrt{\frac{G}{\rho}} \tag{5.30}$$

これは，ニュートンの運動方程式と一致する．式（5.30）は式（5.3）とまったく同形であり，棒の縦振動の場合と同じく，これ以後の解法は 5.3 節と同様である．

すなわち，弦の場合の変数分離法を参照し，解を以下のようにおくことができる．

$$\phi(x,t) = \Phi(x) f(t) = \left(C \cos \frac{\omega}{c} x + D \sin \frac{\omega}{c} x\right)(A \cos \omega t + B \sin \omega t) \tag{5.31}$$

ここでは，代表的な境界条件の場合について以下で考察することとする．

【例題 5.5】 両端自由の軸のねじり振動

境界条件は両端でねじりモーメントが 0 であるから，$x=0$ で $\frac{\partial \phi}{\partial x}=0$ より，式 (5.31) を用いて $D=0$．また $x=l$ で $\frac{\partial \phi}{\partial x}=0$ より，以下のように振動数方程式および固有円振動数が得られる．

$$\sin \frac{\omega l}{c}=0 \quad \therefore \quad \frac{\omega_n l}{c}=n\pi, \quad \omega_n=\frac{n\pi c}{l}=\frac{n\pi}{l}\sqrt{\frac{G}{\rho}} \quad (n=1,2,3,\cdots) \quad (a)$$

したがって，この場合の一般解は，次式で与えられる．

$$\phi_n(x,t)=\sum_{n=1}^{\infty} \cos \frac{n\pi}{l}x\left(A_n \cos \frac{n\pi c}{l}t+B_n \sin \frac{n\pi c}{l}t\right) \quad (b)$$

A_n, B_n は初期条件によって決定される．

【例題 5.6】 図 5.13 のような一端固定の車軸の他端に慣性モーメント J の車輪が付いた系のねじり振動を考える．この場合の境界条件は，$x=0$ で固定であるからねじり角が 0 であり，式 (5.31) より

$$\Phi(0)=0 \quad \therefore \quad C=0 \quad (a)$$

$x=l$ では，車輪に軸端から復元ねじりモーメントが作用する．よって

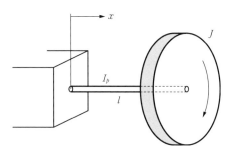

図 5.13 車軸のねじり振動

$$J\frac{\partial^2 \phi}{\partial t^2}=-GI_p \frac{\partial \phi}{\partial x} \quad (b)$$

式 (a) より，式 (5.31) は

$$\phi(x,t)=\Phi(x)f(t)=D\sin \frac{\omega}{c}x(A\cos \omega t+B\sin \omega t) \quad (c)$$

となる．これを式 (b) に代入すると

$$D\left(J\omega^2 \sin \frac{\omega}{c}l-\frac{GI_p}{c}\omega \cos \frac{\omega}{c}l\right)(A\cos \omega t+B\sin \omega t)=0 \quad (d)$$

$D \neq 0$ であり，かつ t の値にかかわらずこの式が成立するためには

$$J\omega^2 \sin \frac{\omega}{c}l-\frac{GI_p}{c}\omega \cos \frac{\omega}{c}l=0 \quad \therefore \quad \tan \frac{\omega}{c}l=\frac{GI_p}{J\omega c} \quad (e)$$

この式が振動数方程式であり，これを満足する ω の値を ω_n とすると，固有関数は

$$\Phi_n=D_n \sin \frac{\omega_n}{c}x \quad (f)$$

これより固有振動モードを得ることができる．一般解は式（c）より

$$\phi(x,t)=\sum_{n=1}^{\infty}\sin\frac{\omega_n x}{c}(A_n\cos\omega_n t+B_n\sin\omega_n t) \quad\text{(g)}$$

A_n，B_n は初期条件によって決定される．

[考察1] ところで，J が I_p に比べて十分に大きい特別な場合には，式（e）において極限を考えると

$$\tan\frac{\omega l}{c}\to\frac{\omega l}{c} \quad\therefore\quad \frac{\omega}{c}l=\frac{GI_p}{J\omega c} \text{ or } \omega=\sqrt{\frac{GI_p}{l}\frac{1}{J}} \quad\text{(h)}$$

となり，軸の慣性モーメントを無視した系の固有円振動数が得られる．すなわち，軸を単にばね定数 GI_p/l をもつ「ねじりばね」と見なした1自由度系の振動の場合と等価となる（例題3.7参照）．

[考察2] さらに，$J\to\infty$ の場合には，両端固定の軸に相当する．このとき式（e）より

$$\tan\frac{\omega l}{c}\to 0 \quad\therefore\quad \frac{\omega_n l}{c}=n\pi,\; \omega_n=\frac{n\pi c}{l}=\frac{n\pi}{l}\sqrt{\frac{G}{\rho}} \quad (n=1,2,3,\cdots) \quad\text{(i)}$$

[考察3] 逆に，J が I_p に比べて十分に小さい特別な場合には，再び式（e）において極限を考えると

$$\tan\frac{\omega l}{c}\to\infty \quad\therefore\quad \frac{\omega_n l}{c}=\frac{\pi}{2}(2n-1),$$

$$\omega_n=\frac{(2n-1)\pi c}{2l}=\frac{(2n-1)\pi}{2l}\sqrt{\frac{G}{\rho}} \quad (n=1,2,3,\cdots) \quad\text{(j)}$$

となり，一端固定・他端自由の軸のみのねじり振動の固有円振動数が得られることとなる．これは，もちろん自由端でねじりモーメントが0である条件（$\partial\phi/\partial x=0$）を設定して得られる結果と一致する．

演習問題

5.10 両端に慣性モーメント J_1，J_2 の円板を有する丸軸（慣性モーメント $J_0=\rho l I_p$）のねじり振動の振動数方程式を求めよ．また，J_1，J_2 が J_0 に比べて十分大きい場合の振動，逆に J_1，J_2 が J_0 に比べて十分小さい場合の振動について考察せよ．

5.11 A clamped-free circular shaft with length l is initially twisted with the angle of twist ϕ_0 at free end. Let us assume that the torque is removed instantaneously at the time $t=0$.

(a) Determine the initial condition of the torsional vibration to take place.

(b) Find the frequency equation and the natural circular frequency of the vibration.

(c) Obtain the expression of general solution $\phi(x,t)$ of the vibration.

5.12 一端固定・他端自由で図5.14のように物性値，寸法の異なる段付き丸軸のねじり振動の振動数方程式を求めよ．また

(a) 両軸の材質を一致させた場合の振動数方程式を求めよ．

(b) $l_2 \to 0$ の場合の振動数方程式，固有円振動数を求めよ．

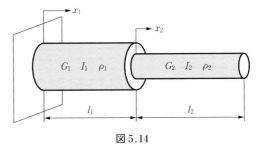

図5.14

5.5 梁の曲げ振動

梁の曲げ振動（bending vibration of beam）の具体的な問題は，ビル，家屋など種々の建造物の梁構造の他，片持ち梁では音叉形水晶振動子，ハードディスクドライブの磁気ヘッド・アーム，原子間力顕微鏡のカンチレバー探針の振動などがある．

5.5.1 オイラー・ベルヌーイ梁

図5.15のように一様な梁が曲げ振動している状態を考える．この際，以下の仮定を導入する．

(1) 梁の断面寸法は，長さに比べて十分小さい．
(2) 変形前の**中立面**（middle surface）に垂直な断面は，変形後も平面を保ち，中立面に垂直である．
(3) 中立面は伸縮しない．
(4) せん断変形と回転慣性の影響は無視する．

この仮定に従う梁を**オイラー・ベルヌーイ梁**（Euler-Bernoulli beam）という．この仮定が成り立たない場合は5.5.2項のC.で述べる．

いま，梁の断面積 A，縦弾性係数 E，断面2次モーメント I，密度 ρ，たわみ

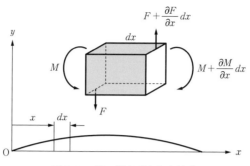

図 5.15 梁の微小要素と座標系

$w(x, t)$ とする．このとき梁のたわみの基礎方程式より，曲げモーメントとたわみの関係は次式で与えられる．

$$M = -EI\frac{\partial^2 w}{\partial x^2} \tag{5.32}$$

ここに，EI は**梁の曲げ剛性**である．図 5.15 のように，梁の微小要素 dx に作用する曲げモーメントを M，せん断力を F とする．梁の変位は微小とし，y 方向の力のつり合いを考えると，ダランベールの原理より

$$-\rho A dx \frac{\partial^2 w}{\partial t^2} - F + F + \frac{\partial F}{\partial x}dx = 0 \tag{5.33}$$

$$\rho A dx \frac{\partial^2 w}{\partial t^2} = \frac{\partial F}{\partial x}dx, \quad F = \frac{\partial M}{\partial x} \tag{5.34a, b}$$

式 (5.34) に式 (5.32) を代入すると，断面が一様で均質な梁について以下の運動方程式を得る．

$$\frac{\partial^2 w}{\partial t^2} + c^2 \frac{\partial^4 w}{\partial x^4} = 0, \quad c^2 = \frac{EI}{\rho A} \tag{5.35}$$

これは，ニュートンの運動方程式と一致する．運動方程式の解を，変数分離法を利用し以下のように仮定する．

$$w(x, t) = W(x)f(t) \tag{5.36}$$

これを式 (5.35) に代入し，整理すると

$$\frac{1}{f}\frac{d^2 f}{dt^2} = -\frac{c^2}{W}\frac{d^4 W}{dx^4} \tag{5.37}$$

この式が成立するためには，両辺が x，t に無関係な一定値でなければならない．この値を $-\omega^2$ とおくと

$$\frac{d^2 f}{dt^2}+\omega^2 f=0 \tag{5.38}$$

$$\frac{d^4 W}{dx^4}-\alpha^4 W=0, \quad \alpha^4=\frac{\omega^2}{c^2}=\frac{\rho A \omega^2}{EI} \tag{5.39a, b}$$

式 (5.38) の一般解は

$$f(t)=A\cos\omega t+B\sin\omega t \tag{5.40}$$

式 (5.39) の一般解を求めるために $W(x)=Ce^{sx}$ (C と s は定数) と置いて代入すると, 以下の特性方程式を得る.

$$s^4-\alpha^4=0 \tag{5.41}$$

この根は $\pm\alpha,\ \pm i\alpha$ となるので, 一般解は

$$W(x)=C_1 e^{i\alpha x}+C_2 e^{-i\alpha x}+C_3 e^{\alpha x}+C_4 e^{-\alpha x} \tag{5.42}$$

これに以下のオイラーの公式および双曲線関数の公式 (付録 A2 参照)

$$e^{\pm i\alpha x}=\cos\alpha x\pm i\sin\alpha x,\quad e^{\pm\alpha x}=\cosh\alpha x\pm\sinh\alpha x \tag{5.43}$$

を用いると, 一般解は

$$W(x)=D_1\sin\alpha x+D_2\cos\alpha x+D_3\sinh\alpha x+D_4\cosh\alpha x \tag{5.44}$$

式 (5.40) の A, B は初期条件によって, 式 (5.44) の $D_1\sim D_4$ は境界条件によって決定される定数である. 代表的な境界条件の場合について以下で考察することとする.

【例題 5.7】 両端単純支持梁

この境界条件では, 両端でたわみ, 曲げモーメントが 0 であるから

$$(w)_{x=0}=0,\quad \left(EI\frac{\partial^2 w}{\partial x^2}\right)_{x=0}=0,\quad (w)_{x=l}=0,\quad -\left(EI\frac{\partial^2 w}{\partial x^2}\right)_{x=l}=0 \tag{a}$$

式 (5.36) より $W(x)$ の条件に変換すると

$$(W)_{x=0}=0,\quad EI\left(\frac{d^2 W}{dx^2}\right)_{x=0}=0,\quad (W)_{x=l}=0,\quad -EI\left(\frac{d^2 W}{dx^2}\right)_{x=l}=0 \tag{b}$$

式 (b) に式 (5.44) を代入すると

$$\left.\begin{array}{r}D_2+D_4=0\\-D_2+D_4=0\\D_1\sin\alpha l+D_3\sinh\alpha l=0\\-D_1\sin\alpha l+D_3\sinh\alpha l=0\end{array}\right\} \tag{c}$$

これより, $D_2=D_4=0$, また第 3, 第 4 式は D_1, D_3 の連立方程式であり, 常に成立する条件はその係数行列式 $=0$ より

$$\begin{vmatrix} \sin\alpha l & \sinh\alpha l \\ -\sin\alpha l & \sinh\alpha l \end{vmatrix} = 0 \tag{d}$$

これを展開すると

$$\sin\alpha l \sinh\alpha l = 0 \tag{e}$$

$\alpha l=0$ 以外では $\sinh\alpha l \neq 0$ である（付録 A2．(6) 参照）から，この式が成り立つためには

$$\sin\alpha l = 0 \tag{f}$$

これが振動数方程式であり，その解は

$$\alpha_n l = n\pi \quad (n=1, 2, 3, \cdots) \tag{g}$$

一方，固有円振動数は式 (5.39b) より導かれる次式に $\alpha_n l$ を代入して，次のように求めることができる．

$$\omega_n = \frac{(\alpha_n l)^2}{l^2}\sqrt{\frac{EI}{\rho A}} = \frac{n^2\pi^2}{l^2}\sqrt{\frac{EI}{\rho A}} \tag{5.45}$$

ω_n に対する固有関数は，式 (5.44) および式 (c) の関係より

$$W_n = \overline{D}_n \sin\frac{n\pi}{l}x \quad (n=1, 2, 3, \cdots) \tag{h}$$

これより固有振動モードを得ることができる．また一般解は次式となる．

$$w(x, t) = \sum_{n=1}^{\infty} W_n(A_n\cos\omega_n t + B_n\sin\omega_n t) \tag{i}$$

式 (i) は式 (5.17) と同形であるため，A_n, B_n は同様の手続きにより初期条件によって決定される．

ここで，たわみ w やたわみ角 $\frac{\partial w}{\partial x}$ に関する境界での条件は，**幾何学的境界条件**（geometrical boundary condition）と呼ばれ，モーメント M やせん断力 F に関する条件は，**力学的境界条件**（dynamical boundary condition）と呼ばれる．

【例題5.8】 一端固定・他端自由梁（片持梁）

この境界条件の場合，固定端でたわみ，たわみ角が 0，自由端で曲げモーメント，せん断力が 0 であるから，例題 5.7 にならうと，次式が得られる．

$$(W)_{x=0}=0, \quad \left(\frac{dW}{dx}\right)_{x=0}=0, \quad -EI\left(\frac{d^2W}{dx^2}\right)_{x=l}=0, \quad -EI\left(\frac{d^3W}{dx^3}\right)_{x=l}=0 \tag{a}$$

式 (a) に式 (5.44) を代入すると

$$\left.\begin{array}{r}D_2+D_4=0\\D_1+D_3=0\\-D_1\sin\alpha l-D_2\cos\alpha l+D_3\sinh\alpha l+D_4\cosh\alpha l=0\\-D_1\cos\alpha l+D_2\sin\alpha l+D_3\cosh\alpha l+D_4\sinh\alpha l=0\end{array}\right\} \quad (b)$$

$D_2=-D_4$, $D_1=-D_3$, これを第3,4式に代入すると

$$\left.\begin{array}{r}D_3(\sin\alpha l+\sinh\alpha l)+D_4(\cos\alpha l+\cosh\alpha l)=0\\D_3(\cos\alpha l+\cosh\alpha l)-D_4(\sin\alpha l-\sinh\alpha l)=0\end{array}\right\} \quad (c)$$

この式を D_3, D_4 の連立方程式と見なすと, 成立する条件はその係数行列式 $=0$ より

$$\begin{vmatrix}\sin\alpha l+\sinh\alpha l & \cos\alpha l+\cosh\alpha l\\ \cos\alpha l+\cosh\alpha l & -(\sin\alpha l-\sinh\alpha l)\end{vmatrix}=0 \quad (d)$$

これを展開して整理すると, 以下の振動数方程式を得る.

$$\cos\alpha l\cosh\alpha l=-1 \quad (e)$$

この式を満足する固有値 αl の値は, **はさみうち法**や**ニュートン・ラフソン法**などを用い, 計算機で簡単に求めることができて以下のようになる.

$$\alpha_1 l=1.8751, \quad \alpha_2 l=4.6941, \quad \alpha_3 l=7.8547, \quad \alpha_4 l=10.9955, \quad \cdots \quad (f)$$

この $\alpha_n l$ の値を用いることにより, 固有円振動数 ω_n は式 (5.45) から簡単に求められる. また $\alpha_n l$ に対する固有関数は式 (5.44), 式 (b), (c) より次式のようになり, これより固有振動モードを得ることができる. ただし, 積分定数 D_4 が残るため, W_n の絶対値は決定できない.

$$\begin{aligned}W_n &= D_4(\cosh\alpha_n x-\cos\alpha_n x)+D_3(\sinh\alpha_n x-\sin\alpha_n x)\\ &= D_4\{\cosh\alpha_n x-\cos\alpha_n x+(D_3/D_4)(\sinh\alpha_n x-\sin\alpha_n x)\}\end{aligned} \quad (g)$$

ここに

$$\frac{D_3}{D_4}=\frac{\sin\alpha_n l-\sinh\alpha_n l}{\cos\alpha_n l+\cosh\alpha_n l}$$

また一般解は次式となる.

$$w(x,t)=\sum_{n=1}^{\infty}W_n(A_n\cos\omega_n t+B_n\sin\omega_n t) \quad (h)$$

他の境界条件の場合についても同様にして解析を行うことができる. 梁の代表的な境界条件について, 振動数方程式, 固有値 αl, 固有振動モードおよび**節** (node) の位置を表5.1に示す.

【例題5.9】 一端固定・他端弾性支持梁

この境界条件の場合, 図5.16より固定端でたわみ, たわみ角が0, 自由端で曲げモーメント0, 梁のせん断力=ばねの復元

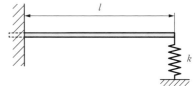

図5.16 先端をばね支持された片持ち梁

表5.1 代表的境界条件を有する梁の振動 $f_n = \dfrac{\omega_n}{2\pi} = \dfrac{(\alpha_n l)^2}{2\pi l^2}\sqrt{\dfrac{EI}{\rho A}}$

境界条件	振動数方程式	$\alpha_n l$	固有振動モードと節の位置
両端固定	$\cos\alpha l\,\cosh\alpha l = 1$	4.730	
		7.853	0.500
		10.996	0.359 0.641
		14.137	0.278 0.500 0.722
固定−支持	$\tan\alpha l = \tanh\alpha l$	3.927	
		7.069	0.560
		10.210	0.384 0.692
		13.352	0.294 0.529 0.765
固定−自由	$\cos\alpha l\,\cosh\alpha l = -1$	1.875	
		4.694	0.774
		7.855	0.500 0.868
		10.996	0.356 0.644 0.906
両端支持	$\sin\alpha l = 0$	π	
		2π	0.500
		3π	0.333 0.667
		4π	0.250 0.500 0.750
両端自由	$\cos\alpha l\,\cosh\alpha l = 1$	0	
		4.730	0.224 0.776
		7.853	0.132 0.500 0.868
		10.996	0.094 0.356 0.644 0.906
		14.137	0.073 0.277 0.500 0.723 0.927

力であるから，次式が得られる．

$$(W)_{x=0}=0, \quad \left(\frac{dW}{dx}\right)_{x=0}=0,$$

$$-EI\left(\frac{d^2W}{dx^2}\right)_{x=l}=0, \quad -EI\left(\frac{d^3W}{dx^3}\right)_{x=l}=-k(W)_{x=l} \tag{a}$$

ただし，第4式の誘導では，式 (5.32) と式 (5.34b) より，次の関係を用いている．

$$F=\frac{\partial M}{\partial x}=\frac{\partial}{\partial x}\left(-EI\frac{\partial^2 w}{\partial x^2}\right)=-EI\frac{\partial^3 w}{\partial x^3} \tag{b}$$

式 (a) に式 (5.44) を代入すると

$$\left.\begin{array}{l} D_2+D_4=0 \\ D_1+D_3=0 \\ -D_1\sin\alpha l-D_2\cos\alpha l+D_3\sinh\alpha l+D_4\cosh\alpha l=0, \\ EI\alpha^3(-D_1\cos\alpha l+D_2\sin\alpha l+D_3\cosh\alpha l+D_4\sinh\alpha l) \\ \quad =k(D_1\sin\alpha l+D_2\cos\alpha l+D_3\sinh\alpha l+D_4\cosh\alpha l) \end{array}\right\} \tag{c}$$

$D_4=-D_2$, $D_3=-D_1$，これを第3,4式に代入すると

$$\left.\begin{array}{l} D_1(\sin\alpha l+\sinh\alpha l)+D_2(\cos\alpha l+\cosh\alpha l)=0, \\ D_1\left\{\cos\alpha l+\cosh\alpha l+\dfrac{k}{EI\alpha^3}(\sin\alpha l-\sinh\alpha l)\right\} \\ \quad +D_2\left\{-(\sin\alpha l-\sinh\alpha l)+\dfrac{k}{EI\alpha^3}(\cos\alpha l-\cosh\alpha l)\right\}=0 \end{array}\right\} \tag{d}$$

この式を D_1, D_2 の連立方程式と見なすと，常に成立する条件はその係数行列式 $=0$ である．これを求めて整理すると，以下の振動数方程式を得る．

$$1+\cos\alpha l\cosh\alpha l-\frac{k}{EI\alpha^3}(\cos\alpha l\sinh\alpha l-\sin\alpha l\cosh\alpha l)=0 \tag{e}$$

[**考察1**] いま，式 (e) を以下のように変形する．

$$k=\frac{EI\alpha^3(1+\cos\alpha l\cosh\alpha l)}{\cos\alpha l\sinh\alpha l-\sin\alpha l\cosh\alpha l} \tag{f}$$

$k\to 0$ の極限を考えると

$$1+\cos\alpha l\cosh\alpha l=0 \tag{g}$$

を得る．これは，当然のことながら一端固定・他端自由梁の振動数方程式を与える例題5.8の式 (e) に一致する．

[**考察2**] 一方，式 (f) において $k\to\infty$ の極限を考えると，これは $x=l$ において変位が拘束されて回転が許容される条件である．すなわち

$$\cos \alpha l \sinh \alpha l - \sin \alpha l \cosh \alpha l = 0, \quad \therefore \quad \tan \alpha l - \tanh \alpha l = 0 \tag{h}$$

を得る．これは，表5.1に示す一端固定・他端単純支持梁の振動数方程式である．

【例題5.10】 両端自由梁

この境界条件の場合，両端で曲げモーメント，せん断力が0であるから，次式が得られる．

$$EI\left(\frac{d^2W}{dx^2}\right)_{x=0}=0, \quad EI\left(\frac{d^3W}{dx^3}\right)_{x=0}=0, \quad -EI\left(\frac{d^2W}{dx^2}\right)_{x=l}=0, \quad -EI\left(\frac{d^3W}{dx^3}\right)_{x=l}=0 \tag{a}$$

式(a)に式(5.44)を代入すると

$$\left.\begin{array}{r}-D_2+D_4=0 \\ -D_1+D_3=0 \\ -D_1\sin\alpha l-D_2\cos\alpha l+D_3\sinh\alpha l+D_4\cosh\alpha l=0 \\ -D_1\cos\alpha l+D_2\sin\alpha l+D_3\cosh\alpha l+D_4\sinh\alpha l=0\end{array}\right\} \tag{b}$$

上記例題にならい $D_1 \sim D_4$ を消去すると，以下の振動数方程式を得る．

$$\cos \alpha l \cosh \alpha l = 1 \tag{c}$$

この式を満足する固有値の値は

$$\alpha_1 l=0, \quad \alpha_2 l=4.7300, \quad \alpha_3 l=7.8532, \quad \alpha_4 l=10.9956, \quad \alpha_5 l=14.1372, \cdots \tag{d}$$

となる．なお $\alpha_1 l=0$ は，表5.1に示すように，梁が曲げ変形することなく並進運動または面内回転運動を行う**剛体モード**（rigid body mode）と呼ばれる．

演習問題

5.13 Find the frequency equation of the bending vibration of a both ends clamped beam with length l. Compare the result with the frequency equation of the both ends free beam.

5.14 一端固定，先端に質量 m の錘を有する片持梁の先端での境界条件を求め，系の振動数方程式を求めよ（図5.17）．また，例題5.9の考察を参照し，$m \to 0$ および $m \to \infty$ の極限の場合について説明せよ．

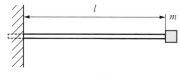

図5.17

5.15 両端単純支持，中央に質量 m の錘を有する梁の $x=l/2$ に関して対称な振動について，中央での境界条件を求め，系の振動数方程式を求めよ（図5.18）．また，

(a) 例題 5.9 の考察を参照し，$m \to \infty$ の極限の場合について振動数方程式を求めて，その意味を説明せよ．

(b) $m \to 0$ の極限の場合，中央の境界条件はたわみ角とせん断力

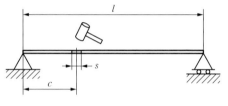

図 5.18

が 0 の「ローラー端」（詳しくは文献 6）の 4.3 節参照）と呼ばれる状態になる．このときの振動数方程式を求めよ．

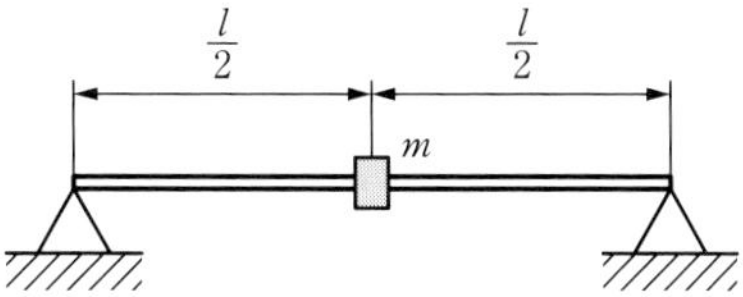

(c) 境界条件が両端固定になった場合，振動数方程式を求めよ．また，上記 (a)，(b) に対応する振動数方程式を求めてその意味を説明せよ．

5.16 両端単純支持されている長さ l の一様な梁が静止している（図 5.19）．時刻 $t=0$ で梁の左端から c の位置をハンマーで打撃した．梁はどのような挙動を示すか．ただし，打撃により梁の幅 s の範囲が初速度 v_0 をもつと考える．

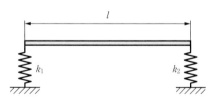

図 5.19

(a) 初期条件を 2 つ示せ．
(b) 梁の応答を固有振動の重ね合わせで表せ．
(c) 振動モードを計算し，必要な固有振動モード次数を調べよ．
(d) 梁の応答の時間履歴を図示せよ．

5.17 Find the frequency equation of a beam supported by translational springs with spring constant k_1 and k_2 at each end as shown in Fig. 5.20. Also, by utilizing the result, determine the frequency equation in the following cases.

Fig. 5.20

(a) $k_1, k_2 \to \infty$, (b) $k_1 \to \infty, k_2 \to 0$, (c) $k_1, k_2 \to 0$

5.5.2 種々の影響を考慮した梁

ここでは寸法や境界条件あるいは基本仮定の変更など，これまでとは異なる特殊な影響を考慮しなければならない梁の曲げ振動について，例題を用いて紹介する．

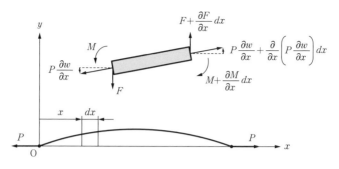

図 5.21 軸力の作用する梁の微小要素

A. 軸力の影響

図 5.21 に示す両端に**軸力**（axial force）P の作用する梁の曲げ振動について考える．梁の微小要素 dx の y 方向の力のつり合いについて，ダランベールの原理より

$$-\rho A dx \frac{\partial^2 w}{\partial t^2} - F + F + \frac{\partial F}{\partial x}dx - P\frac{\partial w}{\partial x} + P\frac{\partial w}{\partial x} + \frac{\partial}{\partial x}\left(P\frac{\partial w}{\partial x}\right)dx = 0 \quad (5.46)$$

これより，$P=$一定の場合の運動方程式は

$$\rho A \frac{\partial^2 w}{\partial t^2} = \frac{\partial F}{\partial x} + P\frac{\partial^2 w}{\partial x^2} \quad (5.47)$$

式（5.32）と式（5.34b）より，断面が一様で均質な梁について，以下の運動方程式を得る．

$$\rho A \frac{\partial^2 w}{\partial t^2} = P\frac{\partial^2 w}{\partial x^2} - EI\frac{\partial^4 w}{\partial x^4} \quad (5.48)$$

運動方程式の解を，変数分離法を利用し以下のように仮定する．

$$w(x,t) = W(x)f(t) \quad (5.49)$$

これを式（5.48）に代入し，両辺を ρAWf で割り，下記のように変形した式が常に成立する条件は，ω^2 を定数として

$$\frac{1}{f}\frac{d^2 f}{dt^2} = \frac{P}{\rho AW}\frac{d^2 W}{dx^2} - \frac{EI}{\rho AW}\frac{d^4 W}{dx^4} = -\omega^2$$

となる．以上より，以下の2式が得られる．

$$\frac{d^2 f}{dt^2} + \omega^2 f = 0 \quad (5.50a)$$

$$\frac{d^4 W}{dx^4} - \frac{P}{EI}\frac{d^2 W}{dx^2} - \frac{\rho A\omega^2}{EI}W = 0 \quad (5.50b)$$

式 (5.50a) の一般解は

$$f(t) = A\cos\omega t + B\sin\omega t \tag{5.51}$$

で与えられる．一方，式 (5.50b) に対して，いま解法の容易な例として両端単純支持梁を想定し，境界条件を満足する以下の解を仮定する．

$$W(x) = C\sin\frac{n\pi x}{l} \quad (n=1,2,3,\cdots) \tag{5.52}$$

ここで C は任意定数とする．これを式 (5.50b) に代入すると

$$\left(\frac{n^4\pi^4}{l^4} + \frac{P}{EI}\frac{n^2\pi^2}{l^2} - \frac{\rho A\omega^2}{EI}\right)C\sin\frac{n\pi x}{l} = 0 \tag{5.53}$$

この式が常に成り立つためには

$$\omega^2 = \frac{EI}{\rho A}\frac{n^4\pi^4}{l^4}\left(1 + \frac{Pl^2}{n^2\pi^2 EI}\right)$$

を要する．したがって固有円振動数は次式で表される．

$$\omega_n = \frac{n^2\pi^2}{l^2}\sqrt{\frac{EI}{\rho A}}\sqrt{1 + \frac{Pl^2}{n^2\pi^2 EI}} \quad (n=1,2,3,\cdots) \tag{5.54}$$

軸力の作用しない場合の式 (5.45) と比較すると，固有円振動数は軸力 P により変化することがわかる．一方，一般解は次式のように表される．

$$w(x,t) = \sum_{n=1}^{\infty}\sin\frac{n\pi x}{l}(A_n\cos\omega_n t + B_n\sin\omega_n t) \tag{5.55}$$

式中の A_n, B_n は初期条件によって決定される．

[**考察**] 式 (5.54) より，軸力 P が

$$P = -\frac{n^2\pi^2 EI}{l^2} \tag{5.56}$$

なる圧縮力となる場合には，$\omega_n = 0$ となることがわかる．これは，梁が復元力を失い**座屈**（buckling）したことを意味し，P はいわゆる**オイラーの座屈荷重**（Euler's buckling load）と一致する．一方，$P>0$ の引張り荷重では，ω_n は常に増加することがわかる．

B. 弾性床の影響

変位に比例する反力を生じる図 5.22 のような**弾性床**（elastic foundation）上に

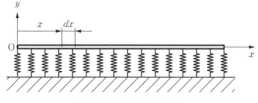

図 5.22 弾性床上の梁

ある梁の曲げ振動について考える．弾性床の単位長さ当りのばね定数を k とすると，梁の単位長さ当たりの反力は kw となる．梁の微小要素 dx の y 方向の力のつり合いについて，ダランベールの原理より

$$-\rho A dx \frac{\partial^2 w}{\partial t^2} - F + F + \frac{\partial F}{\partial x}dx - kwdx = 0 \qquad (5.57)$$

$$\rho A \frac{\partial^2 w}{\partial t^2} = \frac{\partial F}{\partial x} - kw$$

式 (5.32) と式 (5.34b) を考慮すると，断面が一様で均質な梁について，以下の運動方程式を得る．

$$\rho A \frac{\partial^2 w}{\partial t^2} + EI \frac{\partial^4 w}{\partial x^4} + kw = 0 \qquad (5.58)$$

運動方程式の解を，変数分離法を利用し以下のように仮定する．

$$w(x,t) = W(x)f(t) \qquad (5.59)$$

これを式 (5.58) に代入し，両辺を $\rho A W f$ で割り，下記のように変形した式が常に成立する条件は，ω^2 を定数として

$$\frac{1}{f}\frac{d^2 f}{dt^2} = -\frac{EI}{\rho A W}\frac{d^4 W}{dx^4} - \frac{k}{\rho A} = -\omega^2$$

となる．以上より，以下の2式が得られる．

$$\frac{d^2 f}{dt^2} + \omega^2 f = 0 \qquad (5.60\text{a})$$

$$\frac{d^4 W}{dx^4} - \alpha_k^4 W = 0, \quad \alpha_k^4 = \frac{\rho A \omega^2}{EI} - \frac{k}{EI} \qquad (5.60\text{b, c})$$

式 (5.60a) の一般解は

$$f(t) = A\cos\omega t + B\sin\omega t \qquad (5.61)$$

で与えられる．一方，式 (5.60b) に対して，式 (5.39a) の解法と同様に進むと，一般解は

$$W(x) = D_{1k}\sin\alpha_k x + D_{2k}\cos\alpha_k x + D_{3k}\sinh\alpha_k x + D_{4k}\cosh\alpha_k x \qquad (5.62)$$

となる．式 (5.61) の A, B は初期条件によって，式 (5.62) の $D_{1k} \sim D_{4k}$ は境界条件によって決定される定数である．

いま，解法の容易な例として両端単純支持梁を想定すると，境界条件を満足する以下の解を仮定することができる．

$$W(x) = C\sin\frac{n\pi x}{l} \quad (n = 1, 2, 3, \cdots) \qquad (5.63)$$

ここで C は任意定数である．これを式 (5.60b) に代入すると

$$\left(\frac{n^4\pi^4}{l^4}-\alpha_k^4\right)C\sin\frac{n\pi x}{l}=0 \tag{5.64}$$

この式が常に成り立つためには

$$\alpha_k^2=\frac{n^2\pi^2}{l^2}=\sqrt{\frac{\rho A\omega^2}{EI}-\frac{k}{EI}}$$

を要する．これより固有円振動数は次式で与えられる．

$$\omega_n=\frac{n^2\pi^2}{l^2}\sqrt{\frac{EI}{\rho A}}\sqrt{1+\frac{l^4}{n^4\pi^4}\frac{k}{EI}}\quad(n=1,2,3,\cdots) \tag{5.65}$$

式 (5.45) と比較すると，固有円振動数は弾性床のばね定数 k により増加することがわかる．一方，一般解は次式のように表される．

$$w(x,t)=\sum_{n=1}^{\infty}\sin\frac{n\pi x}{l}(A_n\cos\omega_n t+B_n\sin\omega_n t) \tag{5.66}$$

式中の A_n，B_n は初期条件によって決定される．

C． せん断変形と回転慣性の影響

これまで扱ってきた**オイラー・ベルヌーイ梁**（Euler-Bernoulli beam）では，「**断面は非常に剛で，変形前の中立面に垂直な断面は，変形後も平面を保ち中立面に垂直である**」という仮定に基づいていた．断面寸法に比べて十分に長い梁の場合にはこの仮定は成立するが，短い梁では，断面は**せん断変形**（shear deformation）により平面を保つことが難しくなる．また断面の**回転慣性力**（rotatory inertia）も発生し，これは特に高次振動では無視できなくなる．

いま，図 5.23 のように，せん断によるたわみ角を $\dfrac{dw_s}{dx}=\beta$ と表すことにすると，以下の関係式が成り立つ．

$$\frac{dw_s}{dx}=\beta=\frac{\tau_{\max}}{G}=\frac{1}{G}\kappa\frac{F}{A} \tag{5.67}$$

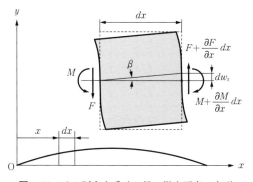

図 5.23　せん断力を受ける梁の微小要素の変形

ここに

$$\kappa = \frac{\tau_{\max}}{F/A} = \begin{cases} \dfrac{3}{2} & \text{（長方形断面）} \\ \dfrac{4}{3} & \text{（円形断面）} \end{cases}$$

であり，β は**せん断角**（shear angle）と呼ばれる．曲げによるたわみ角を $\dfrac{dw_b}{dx} = \phi$ と表すことにすると，総たわみ角は

$$\frac{dw}{dx} = \frac{dw_b}{dx} + \frac{dw_s}{dx} = \phi + \beta \tag{5.68}$$

一方，曲げモーメントおよびせん断力は

$$M = -EI\frac{\partial^2 w_b}{\partial x^2} = -EI\frac{\partial \phi}{\partial x} \tag{5.69}$$

$$F = \frac{1}{\kappa}\beta GA = \frac{1}{\kappa}\left(\frac{\partial w}{\partial x} - \phi\right)GA = \kappa'\left(\frac{\partial w}{\partial x} - \phi\right)GA, \quad \kappa' = \frac{1}{\kappa} \tag{5.70}$$

ここに，κ' は**せん断修正係数**（shear correction factor）または**せん断形状係数**（shear shape factor），$\bar{\kappa} = \kappa' GA$ は**せん断剛性**（shear rigidity）と呼ばれる．図 5.15 および図 5.23 より，微小要素 dx の y 方向の力のつり合いおよび中立軸まわりのモーメントのつり合いについて，ダランベールの原理より

$$\left.\begin{aligned} -\rho A dx \frac{\partial^2 w}{\partial t^2} - F + F + \frac{\partial F}{\partial x}dx = 0 \\ -\rho I dx \frac{\partial^2}{\partial t^2}\left(\frac{\partial w}{\partial x}\right) + M - \left(M + \frac{\partial M}{\partial x}dx\right) + F dx = 0 \end{aligned}\right\} \tag{5.71}$$

これより

$$\left.\begin{aligned} \rho A \frac{\partial^2 w}{\partial t^2} = \frac{\partial F}{\partial x} \\ \rho I \frac{\partial^2}{\partial t^2}\left(\frac{\partial w}{\partial x}\right) = F - \frac{\partial M}{\partial x} \end{aligned}\right\} \tag{5.72}$$

この式に式 (5.70) を代入すると

$$\left.\begin{aligned} \rho A \frac{\partial^2 w}{\partial t^2} - \kappa' GA\left(\frac{\partial^2 w}{\partial x^2} - \frac{\partial \phi}{\partial x}\right) = 0 \\ EI\frac{\partial^2 \phi}{\partial x^2} + \kappa' GA\left(\frac{\partial w}{\partial x} - \phi\right) - \rho I \frac{\partial^2 \phi}{\partial t^2} = 0 \end{aligned}\right\} \tag{5.73}$$

この式は，**せん断変形**と**回転慣性力**を考慮した運動方程式で，ティモシェンコにより初めて導かれたものであり，**ティモシェンコの梁理論**（Timoshenko beam theory）とも呼ばれる．式 (5.73) の第 2 式を x で微分した式に，第 1 式から得

られる $\frac{\partial \phi}{\partial x}$, $\frac{\partial^3 \phi}{\partial x^3}$ などを代入して ϕ を消去すると次式を得る．

$$EI\frac{\partial^4 w}{\partial x^4}+\rho A\frac{\partial^2 w}{\partial t^2}-\rho I\left(1+\frac{E}{\kappa' G}\right)\frac{\partial^4 w}{\partial x^2 \partial t^2}+\frac{\rho^2 I}{\kappa' G}\frac{\partial^4 w}{\partial t^4}=0 \quad (5.74)$$

オイラー・ベルヌーイ梁の式（5.35）と比較すると，第3項と第4項が新たに加わっていることがわかる．これらのうち，κ' を含む部分はせん断変形に起因し，含まない部分は回転慣性力に起因するものである．

いま，第3項と第4項の影響を調べるため，例として両端単純支持梁を想定し，境界条件を満足する変位を以下のように仮定する．

$$w(x,t)=C\sin\frac{n\pi x}{l}\sin\omega t \quad (n=1,2,3,\cdots) \quad (5.75)$$

ここで C は任意定数である．これを式（5.74）に代入すると

$$\frac{EI}{\rho A}\frac{n^4\pi^4}{l^4}-\omega^2-\frac{I}{A}\frac{n^2\pi^2}{l^2}\omega^2-\frac{I}{A}\frac{n^2\pi^2}{l^2}\frac{E}{\kappa' G}\omega^2+\rho\frac{I}{A}\frac{1}{\kappa' G}\omega^4=0 \quad (5.76)$$

この式の最初の2項を採用すると，固有円振動数は

$$\omega_n=\frac{n^2\pi^2}{l^2}\sqrt{\frac{EI}{\rho A}} \quad (n=1,2,3,\cdots) \quad (5.77)$$

となり，並進運動のみを考えたオイラー・ベルヌーイ梁による式（5.45）と一致する．次に，式（5.76）の最初の3項を採用すると

$$\omega_n=\frac{n^2\pi^2}{l^2}\sqrt{\frac{EI}{\rho A}}\frac{1}{\sqrt{1+\frac{I}{A}\frac{n^2\pi^2}{l^2}}} \quad (n=1,2,3,\cdots) \quad (5.78)$$

となり，**回転慣性力の影響**を考慮した固有円振動数を与える．次に**せん断変形の影響**をも考慮する場合であるが，式（5.76）の左辺第5項は

$$\rho\frac{I}{A}\frac{1}{\kappa' G}\omega^4=\frac{E}{\kappa' G}\left(\frac{I}{A}\frac{n^2\pi^2}{l^2}\right)^2\omega^2 \quad (5.79)$$

となるため，もし $n=1$ で $h/l=0.1$ （h：梁の厚さ）程度と想定すると，2次の微小量として他の項に対して無視できる．したがって，式（5.76）の左辺第4項までを採用すると，固有円振動数として次式を得ることができる．

$$\omega_n=\frac{n^2\pi^2}{l^2}\sqrt{\frac{EI}{\rho A}}\frac{1}{\sqrt{1+\frac{I}{A}\frac{n^2\pi^2}{l^2}\left(1+\frac{E}{\kappa' G}\right)}} \quad (n=1,2,3,\cdots) \quad (5.80)$$

なお，せん断変形と回転慣性力を考慮した厳密な固有円振動数が必要な場合には，式（5.76）の全項を用い，次式を解いて ω_n を求めることができる．

$$\frac{I}{A}\frac{\rho}{\kappa'G}(\omega_n{}^2)^2 - \left(1 + \frac{I}{A}\frac{n^2\pi^2}{l^2} + \frac{I}{A}\frac{n^2\pi^2}{l^2}\frac{E}{\kappa'G}\right)\omega_n{}^2 + \frac{EI}{\rho A}\frac{n^4\pi^4}{l^4} = 0 \quad (5.81)$$

式 (5.77), (5.78), (5.80) より, 一般に, せん断変形と回転慣性力を無視したオイラー・ベルヌーイ梁の場合, 回転慣性力のみを考慮した場合, せん断変形と回転慣性力をともに考慮した場合の順に, 低い固有円振動数を与えることがわかる.

演習問題

5.18 図 5.24 のように, 単位長さ当たり $q=\nu(\partial w/\partial t)$ なる速度に比例する媒質の抵抗を受ける梁の曲げ振動について運動方程式を求めよ.

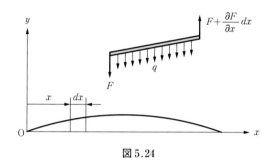

図 5.24

5.5.3 強制振動

梁に調和的な強制振動が作用した場合, 十分時間が経過した定常状態では自由振動は消失し, 強制振動のみが残る. いま, 片持ち梁の固定端に, $y=a\sin\Omega t$ の強制変位振動を与えた場合の梁の振動を考える. この場合境界条件は, 次式のように表される.

$$(w)_{x=0} = a\sin\Omega t, \quad \left(\frac{\partial w}{\partial x}\right)_{x=0} = 0, \quad -EI\left(\frac{\partial^2 w}{\partial x^2}\right)_{x=l} = 0, \quad -EI\left(\frac{\partial^3 w}{\partial x^3}\right)_{x=l} = 0 \quad (5.82)$$

梁は強制変位と同じ円振動数で振動すると考えられるため

$$w(x, t) = W(x)\sin\Omega t \quad (5.83)$$

とおける. これを式 (5.35) に代入し, 整理すると次式が得られる.

$$\frac{d^4W}{dx^4} - \lambda^4 W = 0, \quad \lambda^4 = \frac{\rho A \Omega^2}{EI} \quad (5.84\mathrm{a,b})$$

この一般解は, 式 (5.44) と同様に

$$W(x) = D_1 \sin\lambda x + D_2 \cos\lambda x + D_3 \sinh\lambda x + D_4 \cosh\lambda x \quad (5.85)$$

となる. 式 (5.82), 式 (5.83) より境界条件は

5.5 梁の曲げ振動

$$(W)_{x=0}=a, \quad \left(\frac{dW}{dx}\right)_{x=0}=0, \quad -EI\left(\frac{d^2W}{dx^2}\right)_{x=l}=0, \quad -EI\left(\frac{d^3W}{dx^3}\right)_{x=l}=0 \quad (5.86)$$

となる．この式に式 (5.85) を代入すると

$$\left.\begin{array}{l} D_2+D_4=a \\ D_1+D_3=0 \\ -D_1\sin\lambda l-D_2\cos\lambda l+D_3\sinh\lambda l+D_4\cosh\lambda l=0 \\ -D_1\cos\lambda l+D_2\sin\lambda l+D_3\cosh\lambda l+D_4\sinh\lambda l=0 \end{array}\right\} \quad (5.87)$$

$D_1 \sim D_4$ を求めると

$$\left.\begin{array}{l} D_1=\dfrac{a(\sin\lambda l\cosh\lambda l+\cos\lambda l\sinh\lambda l)}{2(1+\cos\lambda l\cosh\lambda l)} \\[6pt] D_2=\dfrac{a(1-\sin\lambda l\sinh\lambda l+\cos\lambda l\cosh\lambda l)}{2(1+\cos\lambda l\cosh\lambda l)} \\[6pt] D_3=-D_1 \\[4pt] D_4=a-D_2 \end{array}\right\} \quad (5.88)$$

これを式 (5.85) に代入すると，式 (5.83) より変位は次式のように求められる．

$$\begin{aligned} w(x,t) &= W(x)\sin\Omega t \\ &= a[\cosh\lambda x + \{(\sin\lambda l\cosh\lambda l+\cos\lambda l\sinh\lambda l)(\sin\lambda x-\sinh\lambda x) \\ &\quad +(1-\sin\lambda l\sinh\lambda l+\cos\lambda l\cosh\lambda l)(\cos\lambda x-\cosh\lambda x)\} \\ &\quad /\{2(1+\cos\lambda l\cosh\lambda l)\}]\sin\Omega t \end{aligned} \quad (5.89)$$

梁の自由端の変位を求めると

$$w(l,t)=W(l)\sin\Omega t=a\frac{\cos\lambda l+\cosh\lambda l}{1+\cos\lambda l\cosh\lambda l}\sin\Omega t \quad (5.90)$$

となる．

式 (5.90) で $\lambda l \to \alpha l$ となると，式 (5.39b) および式 (5.84b) より，強制振動の円振動数 Ω が片持ち梁の固有円振動数 ω_n と等しくなる．このとき式 (5.90) の分母は

$$1+\cos\alpha l\cosh\alpha l=0$$

となるため，自由端の振幅 $W(l)$ は無限大となり**共振**（resonance）を生じることになる．

〈参考文献〉

1) 斎藤秀雄：工業基礎振動学，養賢堂，1977.
2) 長屋幸助：機械力学入門，コロナ社，1992.

3) 日本機械学会：振動学，丸善出版，2005.
4) S. Timoshenko, D.H. Young, W. Weaver, Jr：Vibration Problems in Engineering, 4-th ed., John Wiley & Sons, 1974.
5) 岩壺卓三，松久 寛 編著：振動工学の基礎，森北出版，2008.
6) 振動工学ハンドブック，養賢堂，1976.
7) 坂田 勝：振動と波動の工学，共立出版，1979.
8) 森口，宇田川，一松：数学公式Ⅲ，岩波全書，1960.
9) 入江敏博，小林幸徳：機械振動学通論（第3版），朝倉書店，2006.
10) 千葉 近：超音波噴霧，山海堂，1990.
11) 横山 隆，日野順市，芳村敏夫：基礎振動工学（第2版），共立出版，2015.
12) C. M. Harris, C.E. Crede：Shock and Vibration Handbook, McGraw-Hill, 1961.
13) 近藤恭平：振動論，培風館，1993.
14) 入江敏博：演習機械振動学，朝倉書店，1971.

6 2次元弾性体の振動

6.1 2次元構造とは

厚さに比べて十分な広がりを有する平面空間内にある離れた2線間で，**曲げ**（bending），**ねじり**（torsion），**せん断力**（shearing force）のような荷重を支持または伝達する2次元要素が**2次元構造**（two-dimensional structure）である．たとえば，**曲げモーメント**（bending moment），**せん断力**（shearing force）および**ねじりモーメント**（torsional moment）を支持する要素は**平板**（flat plate）である．一方，**膜**（membrane）は，**張力**（tension）を支持または伝達する2次元要素である．

6.2 膜の振動

膜の横振動（transverse vibration of membrane）の具体的な問題は，ドーム，テントなどの建造物，ラウドスピーカ，枠に一様に張られたダイアフラム状のゴム膜，プラスチック薄膜，宇宙探査機のソーラーパネルなど，さらにはドラム，太鼓などの膜鳴楽器の振動などである．以下の定式化でも明らかであるが，その性質上，弦を2次元に拡張した問題と捉えることもできる．

6.2.1 矩形膜

2辺の長さがa, bで，4辺が固定された**矩形膜**（rectangular membrane）の振動を考える．弦の場合と同様に，理想的な真空中での振動を想定する．膜は一定の張力Tで張られており，単位面積当たりの質量（**面密度**（mass per unit area））を

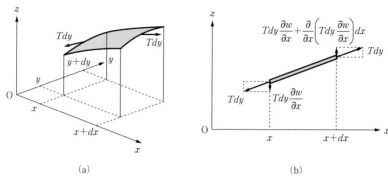

図 6.1 矩形膜の微小要素と座標系

ρ, 面に垂直な膜のたわみを $w(x,y,t)$ とすると, 境界条件は次式のようになる.

$$w(0,y,t)=w(a,y,t)=0, \quad w(x,0,t)=w(x,b,t)=0 \tag{6.1}$$

膜の変位は微小とし, **曲げ剛性** (flexural rigidity) は無視できるものとする. 図 6.1 より膜の長方形微小要素の z 方向の力のつり合いについて, ダランベールの原理より

$$-(\rho dxdy)\frac{\partial^2 w}{\partial t^2}-Tdy\frac{\partial w}{\partial x}+Tdy\frac{\partial w}{\partial x}+\frac{\partial}{\partial x}\left(Tdy\frac{\partial w}{\partial x}\right)dx$$
$$-Tdx\frac{\partial w}{\partial y}+Tdx\frac{\partial w}{\partial y}+\frac{\partial}{\partial y}\left(Tdx\frac{\partial w}{\partial y}\right)dy=0 \tag{6.2}$$

張力 T は定数と考えてよいから, これより運動方程式は

$$\frac{\partial^2 w}{\partial t^2}=c^2\left(\frac{\partial^2 w}{\partial x^2}+\frac{\partial^2 w}{\partial y^2}\right), \quad c=\sqrt{\frac{T}{\rho}} \tag{6.3}$$

となる. これは, ニュートンの運動方程式と一致する. 運動方程式 (6.3) の解を, **変数分離法**を利用し, 以下のように仮定する.

$$w(x,y,t)=X(x)Y(y)f(t) \tag{6.4}$$

これを式 (6.3) に代入し両辺を $c^2X(x)Y(y)f(t)$ で割り, 下記のように変形した式が常に成立する条件は, $-k^2$ を定数として

$$\frac{1}{c^2f}\frac{d^2f}{dt^2}=\frac{1}{X}\frac{d^2X}{dx^2}+\frac{1}{Y}\frac{d^2Y}{dy^2}=-k^2$$

となる. 同様にして, この式より得られた次式が常に成立する条件は, $-\lambda^2$ を定数として

$$\frac{1}{X}\frac{d^2X}{dx^2}=-k^2-\frac{1}{Y}\frac{d^2Y}{dy^2}=-\lambda^2$$

となる．以上より，以下の3式が得られる．

$$\left.\begin{array}{l} \dfrac{d^2X}{dx^2}+\lambda^2 X=0 \\[4pt] \dfrac{d^2Y}{dy^2}+\mu^2 Y=0, \quad \mu^2=k^2-\lambda^2 \\[4pt] \dfrac{d^2f}{dt^2}+\omega^2 f=0, \quad \omega^2=c^2k^2=c^2(\lambda^2+\mu^2) \end{array}\right\} \tag{6.5}$$

これらの一般解は，それぞれ次式のようになる．

$$\left.\begin{array}{l} X(x)=A\cos\lambda x+B\sin\lambda x \\ Y(y)=C\cos\mu y+D\sin\mu y \\ f(t)=E\cos\omega t+F\sin\omega t \end{array}\right\} \tag{6.6}$$

式 (6.1)，式 (6.4) より，x 方向の境界条件は

$$X(0)=0, \quad X(a)=0 \tag{6.7}$$

これを式 (6.6) の第1式に代入すると

$$A=0, \quad B\sin\lambda a=0$$

$A=0$，$B=0$ は静止の状態であるから，$B\neq 0$ の場合を考えて

$$\sin\lambda a=0 \tag{6.8}$$

これが振動数方程式となる．固有値 λ，固有関数 $X(x)$ は，以下のように求められる．

$$\lambda a=m\pi, \quad \lambda=m\pi/a, \quad X_m(x)=B_m\sin\dfrac{m\pi}{a}x \quad (m=1,2,3,\cdots) \tag{6.9}$$

同様にして y 方向の境界条件は

$$Y(0)=0, \quad Y(b)=0 \tag{6.10}$$

これを式 (6.6) の第2式に代入すると，x 方向と同様にして固有値 μ，固有関数 $Y(y)$ は

$$\mu=n\pi/b, \quad Y_n(y)=D_n\sin\dfrac{n\pi}{b}y \quad (n=1,2,3,\cdots) \tag{6.11}$$

また，式 (6.5)，式 (6.9)，式 (6.11) より

$$\omega^2=c^2(\lambda^2+\mu^2)=c^2\pi^2\left(\dfrac{m^2}{a^2}+\dfrac{n^2}{b^2}\right) \tag{6.12}$$

これより，固有円振動数は次式で表される．

$$\omega_{mn}=c\pi\sqrt{\dfrac{m^2}{a^2}+\dfrac{n^2}{b^2}}=\pi\sqrt{\dfrac{m^2}{a^2}+\dfrac{n^2}{b^2}}\sqrt{\dfrac{T}{\rho}} \quad (m,n=1,2,3,\cdots) \tag{6.13}$$

以上より，一般解は次式のように表される．

$$w(x,y,t) = X(x)Y(y)f(t)$$
$$= \sum_{m=1}^{\infty} \sum_{n=1}^{\infty} \sin\frac{m\pi}{a}x \sin\frac{n\pi}{b}y (A_{mn}\cos\omega_{mn}t + B_{mn}\sin\omega_{mn}t) \quad (6.14)$$

式中の A_{mn}, B_{mn} は，係数の積をまとめて新たに置き直した係数であり，初期条件によって決定される．いま，これを以下のように仮定する．

$$w(x,y,0) = g(x,y), \quad \dot{w}(x,y,0) = h(x,y) \quad (6.15)$$

式 (6.14) を (6.15) に代入して

$$g(x,y) = \sum_{m=1}^{\infty} \sum_{n=1}^{\infty} A_{mn} \sin\frac{m\pi}{a}x \sin\frac{n\pi}{b}y \quad (6.16)$$

$$h(x,y) = \sum_{m=1}^{\infty} \sum_{n=1}^{\infty} B_{mn}\omega_{mn} \sin\frac{m\pi}{a}x \sin\frac{n\pi}{b}y \quad (6.17)$$

式 (6.16) より

$$g(x,y) = \sum_{m=1}^{\infty} \left(\sum_{n=1}^{\infty} A_{mn} \sin\frac{n\pi}{b}y \right) \sin\frac{m\pi}{a}x$$

この式は結果として $g(x,y)$ をフーリエ級数に展開した式になっている．したがって ( ) 内を係数と見なすと，この係数は次式で決定されることになる．

$$\sum_{n=1}^{\infty} A_{mn} \sin\frac{n\pi}{b}y = \frac{2}{a}\int_0^a g(\xi,y) \sin\frac{m\pi\xi}{a} d\xi = G_m(y) \quad (m=1,2,3,\cdots) \quad (6.18)$$

$G_m(y)$ について同様に考えると，係数 A_{mn} は次式で決定されることになる．

$$A_{mn} = \frac{2}{b}\int_0^b G_m(\eta) \sin\frac{n\pi\eta}{b} d\eta \quad (n=1,2,3,\cdots)$$

$$= \frac{2}{b}\int_0^b \left\{ \frac{2}{a}\int_0^a g(\xi,\eta) \sin\frac{m\pi\xi}{a} d\xi \right\} \sin\frac{n\pi\eta}{b} d\eta$$

$$= \frac{4}{ab}\int_0^a \int_0^b g(\xi,\eta) \sin\frac{m\pi\xi}{a} \sin\frac{n\pi\eta}{b} d\xi d\eta \quad (6.19)$$

同様の操作により，式 (6.17) より係数 B_{mn} は次式のように求められる．

$$B_{mn} = \frac{4}{ab\omega_{mn}}\int_0^a \int_0^b h(\xi,\eta) \sin\frac{m\pi\xi}{a} \sin\frac{n\pi\eta}{b} d\xi d\eta \quad (6.20)$$

以上より，一般解 (6.14) は次式で与えられる．

$$w(x,y,t) =$$
$$\sum_{m=1}^{\infty} \sum_{n=1}^{\infty} \sin\frac{m\pi}{a}x \sin\frac{n\pi}{b}y \left\{ \frac{4}{ab}\int_0^a \int_0^b g(\xi,\eta) \sin\frac{m\pi\xi}{a} \sin\frac{n\pi\eta}{b} d\xi d\eta \cos\omega_{mn}t \right.$$
$$\left. + \frac{4}{ab\omega_{mn}}\int_0^a \int_0^b h(\xi,\eta) \sin\frac{m\pi\xi}{a} \sin\frac{n\pi\eta}{b} d\xi d\eta \sin\omega_{mn}t \right\} \quad (6.21)$$

【例題 6.1】 矩形膜の運動方程式の一般解は式 (6.21) で与えられる．境界条件が簡単な場合は，その解を仮定することにより運動方程式を容易に解くことができる．いま，x 方向の長さ a，y 方向の長さ b の矩形膜の振動の解を次式のように仮定する．

$$w(x,y,t) = A \sin\frac{m\pi x}{a} \sin\frac{n\pi y}{b} \sin\omega_{mn} t \tag{a}$$

この式は明らかに境界における固定条件を満足している．これを，運動方程式 (6.3) に代入し整理すると，以下のように固有円振動数を得ることができる．

$$\omega_{mn} = c\pi\sqrt{\frac{m^2}{a^2} + \frac{n^2}{b^2}} \tag{b}$$

この場合の低次の固有振動モードの例を図 6.2 に示す．図中，破線は**節線**（nodal line）を表しており，節線を境に＋部分と－部分とは互いに反対方向（**逆位相** (out of phase)）に運動することを示す．

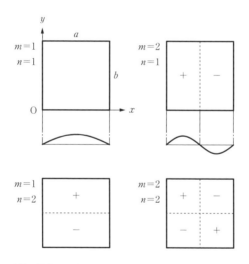

破線は節線．＋部分と－部分とは互いに反対方向に運動

図 6.2 周辺を固定された矩形膜の固有振動モード

【例題 6.2】 境界条件：$w(0,y,t) = w(a,y,t) = 0$，$w(x,0,t) = w(x,b,t) = 0$，および初期条件：$w(x,y,0) = xy(x-a)(y-b)$，$\dot{w}(x,y,0) = 0$ のとき，運動方程式 (6.3) の解を考える．

式 (6.14) で $t=0$ とおくと

$$w(x,y,0) = xy(x-a)(y-b)$$

$$= \sum_{m=1}^{\infty} \sum_{n=1}^{\infty} A_{mn} \sin\frac{m\pi}{a}x \sin\frac{n\pi}{b}y \qquad (a)$$

したがって，式 (6.19) を利用し

$$A_{mn} = \frac{4}{ab}\int_0^a\int_0^b xy(x-a)(y-b)\sin\frac{m\pi x}{a}\sin\frac{n\pi y}{b}dxdy$$

$$= \frac{4}{ab}\int_0^a x(x-a)\sin\frac{m\pi x}{a}dx \int_0^b y(y-b)\sin\frac{n\pi y}{b}dy$$

$$= \frac{4}{ab}\frac{2a^3}{m^3\pi^3}(\cos m\pi - 1)\frac{2b^3}{n^3\pi^3}(\cos n\pi - 1)$$

$$= \frac{16a^2b^2}{\pi^6 m^3 n^3}\{(-1)^m - 1\}\{(-1)^n - 1\} \quad (m, n = 1, 2, 3, \cdots)$$

$$= \begin{cases} \dfrac{64a^2b^2}{\pi^6 m^3 n^3} & : m, n \text{ が奇数のとき} \\ 0 & : \text{上記以外のとき} \end{cases} \qquad (b)$$

一方，$\dot{w}(x,y,0)=0$ より $B_{mn}=0$ であるから，解は式 (6.14) より

$$w(x,y,t) = \frac{64a^2b^2}{\pi^6}\sum_{m=1,3,5,\cdots}^{\infty}\sum_{n=1,3,5,\cdots}^{\infty}\frac{1}{m^3n^3}\sin\frac{m\pi}{a}x\sin\frac{n\pi}{b}y\cos\omega_{mn}t \qquad (c)$$

で与えられる．ここに

$$\omega_{mn} = c\pi\sqrt{\frac{m^2}{a^2}+\frac{n^2}{b^2}} \qquad (d)$$

【例題 6.3】 上記例題 6.2 における速度の初期条件で，$\dot{w}(x,y,0)=0$ の代わりに $\dot{w}(x,y,0)=\left(x-\dfrac{a}{2}\right)\left(y-\dfrac{b}{2}\right)$ となったとき，運動方程式 (6.3) の解を考える．

式 (6.14) より

$$\dot{w}(x,y,0) = \left(x-\frac{a}{2}\right)\left(y-\frac{b}{2}\right) = \sum_{m=1}^{\infty}\sum_{n=1}^{\infty}B_{mn}\omega_{mn}\sin\frac{m\pi}{a}x\sin\frac{n\pi}{b}y \qquad (a)$$

したがって，式 (6.20) より

$$B_{mn} = \frac{4}{ab\omega_{mn}}\int_0^a\int_0^b\left(x-\frac{a}{2}\right)\left(y-\frac{b}{2}\right)\sin\frac{m\pi x}{a}\sin\frac{n\pi y}{b}dxdy$$

$$= \frac{4}{ab\omega_{mn}}\int_0^a\left(x-\frac{a}{2}\right)\sin\frac{m\pi x}{a}dx\int_0^b\left(y-\frac{b}{2}\right)\sin\frac{n\pi y}{b}dy$$

$$= \frac{4}{ab\omega_{mn}}\frac{a^2}{2m\pi}(\cos m\pi + 1)\frac{b^2}{2n\pi}(\cos n\pi + 1)$$

$$= \frac{ab}{\pi^2 mn\omega_{mn}}\{(-1)^m + 1\}\{(-1)^n + 1\} \quad (m, n = 1, 2, 3, \cdots)$$

$$= \begin{cases} \dfrac{4ab}{\pi^2 mn\omega_{mn}} & : m, n \text{ が偶数のとき} \\ 0 & : \text{上記以外のとき} \end{cases} \qquad (b)$$

例題 6.2 の解にこれらを加えることにより，この場合の解を以下のように得ることができる．

$$w(x,y,t) = \frac{64a^2b^2}{\pi^6} \sum_{m=1,3,5,\cdots}^{\infty} \sum_{n=1,3,5,\cdots}^{\infty} \frac{1}{m^3 n^3} \sin\frac{m\pi}{a}x \sin\frac{n\pi}{b}y \cos\omega_{mn}t$$

$$+ \frac{4ab}{\pi^2} \sum_{m=2,4,6,\cdots}^{\infty} \sum_{n=2,4,6,\cdots}^{\infty} \frac{1}{mn\omega_{mn}} \sin\frac{m\pi}{a}x \sin\frac{n\pi}{b}y \sin\omega_{mn}t \qquad (c)$$

6.2.2 円形膜

直角座標（Cartesian coordinate）を用いた運動方程式（6.3）を，**極座標**（polar coordinate）r, θ に変換することで，容易に**円形膜**（circular membrane）の運動方程式を導出できる．両座標間の関係は

$$x = r\cos\theta, \quad y = r\sin\theta \qquad (6.22)$$

であり，これより

$$\frac{\partial w}{\partial r} = \frac{\partial w}{\partial x}\frac{\partial x}{\partial r} + \frac{\partial w}{\partial y}\frac{\partial y}{\partial r} = \frac{\partial w}{\partial x}\cos\theta + \frac{\partial w}{\partial y}\sin\theta,$$

$$\frac{\partial^2 w}{\partial r^2} = \frac{\partial}{\partial r}\left(\frac{\partial w}{\partial x}\right)\cos\theta + \frac{\partial}{\partial r}\left(\frac{\partial w}{\partial y}\right)\sin\theta$$

$$= \left(\frac{\partial^2 w}{\partial x^2}\frac{\partial x}{\partial r} + \frac{\partial^2 w}{\partial x \partial y}\frac{\partial y}{\partial r}\right)\cos\theta + \left(\frac{\partial^2 w}{\partial x \partial y}\frac{\partial x}{\partial r} + \frac{\partial^2 w}{\partial y^2}\frac{\partial y}{\partial r}\right)\sin\theta$$

$$= \left(\frac{\partial^2 w}{\partial x^2}\cos\theta + \frac{\partial^2 w}{\partial x \partial y}\sin\theta\right)\cos\theta + \left(\frac{\partial^2 w}{\partial x \partial y}\cos\theta + \frac{\partial^2 w}{\partial y^2}\sin\theta\right)\sin\theta$$

$$= \frac{\partial^2 w}{\partial x^2}\cos^2\theta + 2\frac{\partial^2 w}{\partial x \partial y}\sin\theta\cos\theta + \frac{\partial^2 w}{\partial y^2}\sin^2\theta$$

一方

$$\frac{\partial w}{\partial \theta} = \frac{\partial w}{\partial x}\frac{\partial x}{\partial \theta} + \frac{\partial w}{\partial y}\frac{\partial y}{\partial \theta} = -\frac{\partial w}{\partial x}r\sin\theta + \frac{\partial w}{\partial y}r\cos\theta,$$

$$\frac{\partial^2 w}{\partial \theta^2} = -r\frac{\partial}{\partial \theta}\left(\frac{\partial w}{\partial x}\right)\sin\theta - r\frac{\partial w}{\partial x}\cos\theta + r\frac{\partial}{\partial \theta}\left(\frac{\partial w}{\partial y}\right)\cos\theta - r\frac{\partial w}{\partial y}\sin\theta$$

$$= -\left(\frac{\partial^2 w}{\partial x^2}\frac{\partial x}{\partial \theta} + \frac{\partial^2 w}{\partial x \partial y}\frac{\partial y}{\partial \theta}\right)r\sin\theta + \left(\frac{\partial^2 w}{\partial x \partial y}\frac{\partial x}{\partial \theta} + \frac{\partial^2 w}{\partial y^2}\frac{\partial y}{\partial \theta}\right)r\cos\theta$$

$$- r\frac{\partial w}{\partial x}\cos\theta - r\frac{\partial w}{\partial y}\sin\theta$$

$$= \frac{\partial^2 w}{\partial x^2} r^2 \sin^2\theta - 2\frac{\partial^2 w}{\partial x \partial y} r^2 \sin\theta \cos\theta + \frac{\partial^2 w}{\partial y^2} r^2 \cos^2\theta - r\frac{\partial w}{\partial r}$$

以上を用いて

$$\frac{\partial^2 w}{\partial r^2} + \frac{1}{r}\frac{\partial w}{\partial r} + \frac{1}{r^2}\frac{\partial^2 w}{\partial \theta^2} = \frac{\partial^2 w}{\partial x^2} + \frac{\partial^2 w}{\partial y^2} \tag{6.23}$$

を得る．式（6.3）に代入すると

$$\frac{\partial^2 w}{\partial t^2} = c^2\left(\frac{\partial^2 w}{\partial r^2} + \frac{1}{r}\frac{\partial w}{\partial r} + \frac{1}{r^2}\frac{\partial^2 w}{\partial \theta^2}\right), \quad c = \sqrt{\frac{T}{\rho}} \tag{6.24}$$

となり，求める円形膜の運動方程式となる．

いま，図 6.3 に示す半径 $r=a$ で周辺を固定された円形膜の振動を考えることとする．運動方程式 (6.24) の解を，変数分離法を利用し，以下のように仮定する．

$$w(r,\theta,t) = R(r)\Theta(\theta)f(t) \tag{6.25}$$

これを式 (6.24) に代入し，両辺を $R\Theta f$ で割り，下記のように変形した式が常に成立する条件は，$-\omega^2$ を定数として

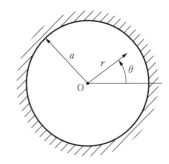

図 6.3 周辺固定の円形膜と極座標系

$$\frac{1}{f}\frac{d^2 f}{dt^2} = c^2\left(\frac{1}{R}\frac{d^2 R}{dr^2} + \frac{1}{Rr}\frac{dR}{dr} + \frac{1}{r^2\Theta}\frac{d^2\Theta}{d\theta^2}\right) = -\omega^2$$

となる．同様にして，この式より得られた次式が常に成立する条件は，n^2 を定数として

$$\left(\frac{d^2 R}{dr^2} + \frac{1}{r}\frac{dR}{dr} + \frac{\omega^2}{c^2}R\right)\frac{r^2}{R} = -\frac{1}{\Theta}\frac{d^2\Theta}{d\theta^2} = n^2$$

となる．以上より，以下の 3 式が得られる．

$$\frac{d^2 f}{dt^2} + \omega^2 f = 0 \tag{6.26}$$

$$\frac{d^2\Theta}{d\theta^2} + n^2\Theta = 0 \tag{6.27}$$

$$\frac{d^2 R}{dr^2} + \frac{1}{r}\frac{dR}{dr} + \left(\frac{\omega^2}{c^2} - \frac{n^2}{r^2}\right)R = 0 \tag{6.28}$$

式 (6.26)，式 (6.27) の一般解は式 (6.29)，式 (6.30) となることは明らかである．一方，式 (6.28) は n 次のベッセルの微分方程式（Bessel differential equation）であり，n が整数のときの一般解は式 (6.31) となる．

$$f(t) = A\cos\omega t + B\sin\omega t \tag{6.29}$$

$$\Theta(\theta) = C\cos n\theta + D\sin n\theta \tag{6.30}$$

$$R(r) = EJ_n\left(\frac{\omega}{c}r\right) + FY_n\left(\frac{\omega}{c}r\right) \tag{6.31}$$

ここに，$J_n\left(\dfrac{\omega}{c}r\right)$，$Y_n\left(\dfrac{\omega}{c}r\right)$ は n 次の**第 1 種および第 2 種のベッセル関数**（Bessel function of the first kind and the second kind）である．この関数は特殊関数の代表的なものであり，一般には初等関数で表すことができないため級数の形で表示されるが，詳しくは専門書[10],[11]を参照されたい．ここでは，本問題の解法に関係するこの関数の挙動のグラフを以下の図 6.4，図 6.5 に示した．

図 6.5 より，第 2 種のベッセル関数 $Y_n\left(\dfrac{\omega}{c}r\right)$ は $r=0$ で無限大となる．これは，膜の振幅が有限であることに反する．よって式（6.31）において，$F=0$ でなければならない．また，円形膜上の点 (r,θ) と $(r,\theta+2\pi)$ は同じ点である．よって式（6.30）において Θ は 2π を周期とする θ の関数でなければならない．このため，n は整数としなければならない．以上により，解は次式のように表される．

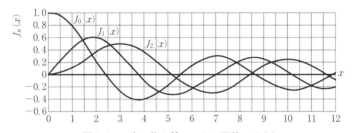

図 6.4　n 次の第 1 種ベッセル関数：$J_n(x)$

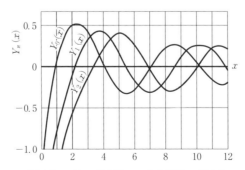

図 6.5　n 次の第 2 種ベッセル関数：$Y_n(x)$

$$w_n(r,\theta,t) = (A\cos\omega t + B\sin\omega t)(C\cos n\theta + D\sin n\theta) J_n\left(\frac{\omega}{c}r\right)$$
$$(n=0, 1, 2, 3, \cdots) \quad (6.32)$$

境界条件より $w_n(a,\theta,t)=0$ であるから

$$J_n\left(\frac{\omega}{c}a\right)=0 \quad (n=0, 1, 2, 3, \cdots) \quad (6.33)$$

でなければならない．この式が振動数方程式となり，得られる ω は固有円振動数を与える．式 (6.33) の正根は各 n ごとに無限個あるため，この固有値を順に

$$\alpha_{n0}, \alpha_{n1}, \alpha_{n2}, \alpha_{n3}, \cdots, \alpha_{nm} \quad (n, m=0, 1, 2, 3, \cdots)$$

とおくことにすると

$$\frac{\omega}{c}a = \alpha_{nm}$$

これより，固有円振動数は次式で表される．なお，α_{nm} の正確な値を表 6.1 に示す．

$$\omega_{nm} = \frac{c}{a}\alpha_{nm} = \sqrt{\frac{T}{\rho}}\frac{\alpha_{nm}}{a} \quad (n, m=0, 1, 2, 3, \cdots) \quad (6.34)$$

n は円形膜の振動の**節直径**（nodal diameter），m は**節円**（nodal circle）の数を表す．また解は

$$w_{nm}(r,\theta,t) = (A_{nm}\cos\omega_{nm}t + B_{nm}\sin\omega_{nm}t)(C_{nm}\cos n\theta + D_{nm}\sin n\theta) J_n\left(\frac{\omega_{nm}}{c}r\right)$$
$$(n, m=0, 1, 2, 3, \cdots) \quad (6.35)$$

この場合の低次の固有振動モードの例を図 6.6 に示す．図中，破線は節線を表しており，節線を境に＋部分と－部分とは互いに反対方向（逆位相）に運動することを示す．なお，$n=0$ は**軸対称振動**（axisymmetric vibration）になる．また，各振動モードに対応する固有値 α_{nm} も示している．一方，一般解は式 (6.35) を重ね合わせて次式のように表される．式中の係数 A_{mn}，B_{mn} は初期条件によって決定される．

表 6.1 $J_n(x)=0$ の正根 α_{nm} の値：周辺を固定された円形膜の固有値

m	$n=0$	1	2	3	4
0	2.405	3.832	5.136	6.380	7.588
1	5.520	7.016	8.417	9.761	11.065
2	8.654	10.173	11.620	13.015	14.373
3	11.792	13.324	14.796	16.223	17.616
4	14.931	16.471	17.960	19.409	20.827

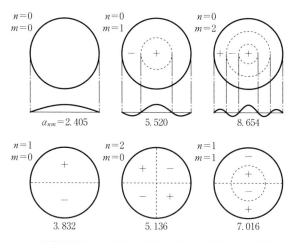

破線は節線．＋部分と－部分とは互いに反対方向に運動

図 6.6 周辺を固定された円形膜の代表的固有振動モード

$$w(r,\theta,t) = \sum_{n=0}^{\infty}\sum_{m=0}^{\infty}(A_{nm}\cos\omega_{nm}t + B_{nm}\sin\omega_{nm}t)(C_{nm}\cos n\theta + D_{nm}\sin n\theta)J_n\left(\frac{\omega_{nm}}{c}r\right) \quad (6.36)$$

【例題 6.4】 初期条件が θ に無関係で次式のように与えられる場合を，ここで考えてみる．

$$w(r,\theta,0) = g(r), \quad \dot{w}(r,\theta,0) = h(r) \tag{a}$$

$t=0$ とおいた式が θ に無関係であるから，$n=0$ 以外の項はなくなる．したがって，このとき式 (6.36) より

$$w(r,\theta,t) = \sum_{m=0}^{\infty}\left(A_{0m}\cos\frac{c}{a}\alpha_{0m}t + B_{0m}\sin\frac{c}{a}\alpha_{0m}t\right)J_0\left(\frac{\alpha_{0m}}{a}r\right) \tag{b}$$

$t=0$ とおいて

$$w(r,\theta,0) = \sum_{m=0}^{\infty}A_{0m}J_0\left(\frac{\alpha_{0m}}{a}r\right) = g(r) \tag{c}$$

また

$$\dot{w}(r,\theta,0) = \sum_{m=0}^{\infty}\frac{c}{a}\alpha_{0m}B_{0m}J_0\left(\frac{\alpha_{0m}}{a}r\right) = h(r) \tag{d}$$

式 (c), (d) は 0 次の第 1 種ベッセル関数によるいわゆる**フーリエ・ベッセル展開** (Fourier Bessel expansion) であるから，公式より

$$A_{0m} = \frac{2}{\left\{J_1\left(\frac{\alpha_{0m}}{a}\right)\right\}^2} \int_0^a x g(x) J_0\left(\frac{\alpha_{0m}}{a}x\right) dx \tag{e}$$

$$B_{0m} = \frac{2}{\frac{c}{a}\alpha_{0m}\left\{J_1\left(\frac{\alpha_{0m}}{a}\right)\right\}^2} \int_0^a x h(x) J_0\left(\frac{\alpha_{0m}}{a}x\right) dx \tag{f}$$

式 (e),(f) を式 (b) に代入すれば，この場合の初期条件を満足する解となる．

演習問題

6.1 半径 10 cm，張力 70 gr/cm，面密度 10^{-2} gr/cm^2 の外周が固定されたドラムの円形膜がある．固有振動数の低い方から順に $f_1, f_2, \cdots, f_6$ を求めよ．また，その振動モードの概形を描け．

6.2 可動コイル型ダイナミックスピーカの簡易モデルとして，半径 a の円形膜の中心に半径 b の円孔を有する図 6.7 のような **円環膜** (annular membrane) の横振動を考える．外周，内周ともに固定され，かつ $n=0$ の軸対称振動について

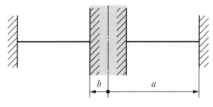

図 6.7 内外周固定円環膜

(a) 振動数方程式が次式で与えられることを示せ．

$$J_0\left(\frac{\omega}{c}a\right)Y_0\left(\frac{\omega}{c}b\right) - Y_0\left(\frac{\omega}{c}a\right)J_0\left(\frac{\omega}{c}b\right) = 0$$

(b) x が十分大きい ($x > 10$ 程度) 場合，以下の公式が成り立つことがわかっている．

$$J_n(x) \approx \sqrt{\frac{2}{\pi x}} \cos\left(x - \frac{n\pi}{2} - \frac{\pi}{4}\right), \quad Y_n(x) \approx \sqrt{\frac{2}{\pi x}} \sin\left(x - \frac{n\pi}{2} - \frac{\pi}{4}\right)$$

この関係式を用いて，(a) の場合について，固有円振動数が次式で与えられることを示せ．

$$\omega_m = c\frac{m\pi}{a-b} = \sqrt{\frac{T}{\rho}} \frac{m\pi}{a-b} \quad (m=1,2,3,\cdots)$$

6.3 半径 a，中心角 β の **部分円形膜** (**扇形膜** (sectorial membrane)) が，図 6.8 のように全周固定されている場合の横振動を考える．

(a) 境界条件を示せ．

(b) 式 (6.32)〜(6.35) を参照し，振動数方程式，

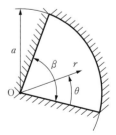

図 6.8 全周固定部分円形膜

固有円振動数，一般解を求めよ．

(c) $\beta=\pi/2$ の場合，θ 方向の 1 次～3 次の振動モードを図示し説明せよ．

6.3 平板の曲げ振動

平板の曲げ振動（bending vibration of flat plate）の具体的な問題は，ビル，家屋など種々の建造物および各種輸送機械の構造，部品などの矩形あるいは円形などの平面を構成する構造に発生する振動であり，その使用頻度の高さからきわめて重要な問題である．以下の定式化でも明らかであるが，大まかには，2 つの軸方向に梁の曲げ振動を重ね合わせる問題と捉えることもできる．

6.3.1 矩形板

一様な薄い**矩形板**（rectangular plate）の曲げ振動を考える．この際，板の変位は微小とし，梁の場合と同様に以下の仮定を導入する．

---

(1) 板厚は，他の寸法に比べて十分小さい．
(2) 変形前の**中立面**（middle surface）に垂直な断面は，変形後も平面を保ち，中立面に垂直である．
(3) 中立面は伸縮しない．
(4) せん断変形と回転慣性の影響は無視する．

いま，厚さ h，密度 ρ，縦弾性係数 E，**ポアソン比**（Poisson's ratio）ν の一様な薄い板を考える．板の中立面上に x, y，これと垂直上向きに z 軸をとり，中立面の z 方向変位を $w(x,y,t)$ とする．板内の微小要素 $dx \times dy \times h$ を考え，それぞれの辺に作用する単位長さ当たりの曲げモーメント M_x, M_y, ねじりモーメント M_{xy}, せん断力 Q_x, Q_y は，図 6.9 のように作用しているとする．このとき，x 軸および y 軸まわりのモーメントのつり合いは，各軸の正方向時計回りを正とすると

$$\left.\begin{array}{l}\left(\dfrac{\partial M_{xy}}{\partial x}dx\right)dy - \left(\dfrac{\partial M_y}{\partial y}dy\right)dx + (Q_y dx)dy = 0 \\[2mm] \left(\dfrac{\partial M_{yx}}{\partial y}dy\right)dx + \left(\dfrac{\partial M_x}{\partial x}dx\right)dy - (Q_x dy)dx = 0\end{array}\right\} \quad (6.37)$$

板表面の単位面積当たりに作用する分布垂直外力を $q(x,y,t)$ としたとき，微小要素の z 方向の力のつり合いについて，ダランベールの原理より

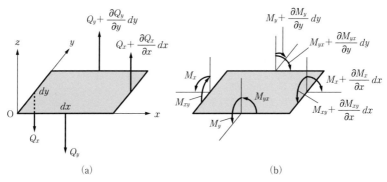

図 6.9 矩形板の微小要素に働くせん断力とモーメント

$$-\rho h dx dy \frac{\partial^2 w}{\partial t^2} - Q_x dy + \left(Q_x + \frac{\partial Q_x}{\partial x} dx\right) dy$$
$$- Q_y dx + \left(Q_y + \frac{\partial Q_y}{\partial y} dy\right) dx + q dx dy = 0 \tag{6.38}$$

これより，運動方程式は

$$\rho h dx dy \frac{\partial^2 w}{\partial t^2} = \left(\frac{\partial Q_x}{\partial x} dx\right) dy + \left(\frac{\partial Q_y}{\partial y} dy\right) dx + q dx dy \tag{6.39}$$

となる．これは，ニュートンの運動方程式と一致する．式 (6.37) を式 (6.39) に代入すると

$$\rho h \frac{\partial^2 w}{\partial t^2} = \frac{\partial^2 M_{yx}}{\partial x \partial y} + \frac{\partial^2 M_x}{\partial x^2} + \frac{\partial^2 M_y}{\partial y^2} - \frac{\partial^2 M_{xy}}{\partial x \partial y} + q \tag{6.40}$$

曲げモーメントおよびねじりモーメントと変位 w の関係は「Theory of Plates and Shells[3], p.88」より

$$\left.\begin{aligned}M_x &= -D\left(\frac{\partial^2 w}{\partial x^2} + \nu \frac{\partial^2 w}{\partial y^2}\right), \quad M_y = -D\left(\frac{\partial^2 w}{\partial y^2} + \nu \frac{\partial^2 w}{\partial x^2}\right), \\ M_{xy} &= -M_{yx} = D(1-\nu)\frac{\partial^2 w}{\partial x \partial y}, \quad D = \frac{Eh^3}{12(1-\nu^2)}\end{aligned}\right\} \tag{6.41}$$

ここで D は**板の曲げ剛性**（flexural rigidity）である．式 (6.41) を式 (6.40) に代入すると，板の運動方程式

$$D\left(\frac{\partial^4 w}{\partial x^4} + 2\frac{\partial^4 w}{\partial x^2 \partial y^2} + \frac{\partial^4 w}{\partial y^4}\right) + \rho h \frac{\partial^2 w}{\partial t^2} = q \tag{6.42}$$

を得る．

なお，辺 $x=a$ における板の基本的な境界条件は以下のようになる．

固定：
$$(w)_{x=a}=0, \quad \left(\frac{\partial w}{\partial x}\right)_{x=a}=0 \qquad (6.43\text{a})$$

単純支持：
$$(w)_{x=a}=0, \quad (M_x)_{x=a}=-D\left(\frac{\partial^2 w}{\partial x^2}+\nu\frac{\partial^2 w}{\partial y^2}\right)_{x=a}=0 \qquad (6.43\text{b})$$

自由：
$$-D\left(\frac{\partial^2 w}{\partial x^2}+\nu\frac{\partial^2 w}{\partial y^2}\right)_{x=a}=0,$$
$$V_x=Q_x-\frac{\partial M_{xy}}{\partial y}=-D\left\{\frac{\partial^3 w}{\partial x^3}+(2-\nu)\frac{\partial^3 w}{\partial x\partial y^2}\right\}_{x=a}=0 \qquad (6.43\text{c})$$

ここに，V_x は**組合せ等価せん断力**（combined equivalent shearing force）である．

いま，運動方程式（6.42）の解を，変数分離法を利用し，以下のように仮定する．

$$w(x,y,t)=W(x,y)f(t) \qquad (6.44)$$

外力項 $q=0$ のとき，式（6.44）を式（6.42）に代入し，両辺を $\rho h W f$ で割り，下記のように変形した式が常に成立する条件は，ω^2 を定数として

$$\frac{D}{\rho h W}\left(\frac{\partial^4 W}{\partial x^4}+2\frac{\partial^4 W}{\partial x^2\partial y^2}+\frac{\partial^4 W}{\partial y^4}\right)=-\frac{1}{f}\frac{d^2 f}{dt^2}=\omega^2$$

となる．以上より，以下の2式が得られる．

$$\frac{d^2 f}{dt^2}+\omega^2 f=0 \qquad (6.45\text{a})$$

$$\frac{\partial^4 W}{\partial x^4}+2\frac{\partial^4 W}{\partial x^2\partial y^2}+\frac{\partial^4 W}{\partial y^4}-\alpha^4 W=0, \quad \alpha^4=\frac{\rho h}{D}\omega^2 \qquad (6.45\text{b, c})$$

式（6.45a）の一般解は

$$f(t)=A\cos\omega t+B\sin\omega t \qquad (6.46)$$

で与えられる．一方，式（6.45b）は

$$\left(\frac{\partial^2}{\partial x^2}+\frac{\partial^2}{\partial y^2}+\alpha^2\right)\left(\frac{\partial^2}{\partial x^2}+\frac{\partial^2}{\partial y^2}-\alpha^2\right)W=0 \qquad (6.47)$$

とも表される．この式の解は

$$\frac{\partial^2 W}{\partial x^2}+\frac{\partial^2 W}{\partial y^2}\pm\alpha^2 W=0 \qquad (6.48\text{a})$$

または

$$\left.\begin{array}{l}\dfrac{\partial^2 W_1}{\partial x^2}+\dfrac{\partial^2 W_1}{\partial y^2}+\alpha^2 W_1=0 \\[2mm] \dfrac{\partial^2 W_2}{\partial x^2}+\dfrac{\partial^2 W_2}{\partial y^2}-\alpha^2 W_2=0\end{array}\right\} \tag{6.48b}$$

の解の重ね合わせによって得られる．いま，式 (6.45b) の一般解が次のようにフーリエ級数で与えられるものと仮定する．

$$W(x,y)=\sum_{m=1}^{\infty} Y_m(y)\sin\lambda x+\sum_{m=1}^{\infty} \overline{Y}_m(y)\cos\lambda x, \quad \lambda=\dfrac{m\pi}{a} \tag{6.49}$$

式 (6.49) の右辺第 1 項を式 (6.48b) へ代入し，それぞれのサフィックスを用いると

$$\left.\begin{array}{l}\dfrac{d^2 Y_{m1}}{dy^2}+\mu_1^2 Y_{m1}=0, \quad \mu_1^2=\alpha^2-\lambda^2 \\[2mm] \dfrac{d^2 Y_{m2}}{dy^2}-\mu_2^2 Y_{m2}=0, \quad \mu_2^2=\alpha^2+\lambda^2\end{array}\right\} \tag{6.50}$$

式 (6.49) の右辺第 2 項の $\overline{Y}_m$ についても同様の式が得られる．$\alpha^2 < \lambda^2$ の場合は

$$\mu_1^2=\lambda^2-\alpha^2 \tag{6.51}$$

とおくことにすれば，式 (6.50) の解は次式のように表される．

$$\left.\begin{array}{l}Y_{m1}=C_m\cos\mu_1 y+D_m\sin\mu_1 y \\ Y_{m2}=E_m\cosh\mu_2 y+F_m\sinh\mu_2 y\end{array}\right\} \tag{6.52}$$

C_m, D_m, E_m, F_m は未定係数であり，境界条件によって決定される．$\overline{Y}_m$ についても同様の式が得られる．したがって，式 (6.45b) の一般解は

$$W(x,y)=\sum_{m=1}^{\infty}(C_m\cos\mu_1 y+D_m\sin\mu_1 y+E_m\cosh\mu_2 y+F_m\sinh\mu_2 y)\sin\lambda x$$

$$+\sum_{m=1}^{\infty}(\overline{C}_m\cos\mu_1 y+\overline{D}_m\sin\mu_1 y+\overline{E}_m\cosh\mu_2 y+\overline{F}_m\sinh\mu_2 y)\cos\lambda x \tag{6.53}$$

ここに

$$\lambda=\dfrac{m\pi}{a}$$

最終的に，運動方程式 (6.42) の外力項 $q=0$ のときの一般解は

$$w(x,y,t)=W(x,y)f(t)$$

$$=\Bigl\{\sum_{m=1}^{\infty}(C_m\cos\mu_1 y+D_m\sin\mu_1 y+E_m\cosh\mu_2 y+F_m\sinh\mu_2 y)\sin\lambda x$$

$$+\sum_{m=1}^{\infty}(\overline{C}_m\cos\mu_1 y+\overline{D}_m\sin\mu_1 y+\overline{E}_m\cosh\mu_2 y+\overline{F}_m\sinh\mu_2 y)\cos\lambda x\Bigr\}$$

$$\times(A\cos\omega t+B\sin\omega t) \tag{6.54}$$

となる．式中の A, B は初期条件によって決定される．

いま，$x=0, a$ で単純支持された矩形板を考える．このとき，式 (6.53) の第 1 項のみが境界条件を満足する．この式と，y 方向の境界条件を用いることにより，振動数方程式を求めることができる[5]．なお，境界条件が簡単な場合は，その解を仮定することにより運動方程式を容易に解くことができる．

解析が容易な例として，4 辺が単純支持された，x 方向の長さ a，y 方向の長さ b の長方形板について以下で考えることとする．いま変位を

$$W(x, y) = A_{mn} \sin \frac{m\pi}{a} x \sin \frac{n\pi}{b} y \quad (m, n = 1, 2, 3, \cdots) \tag{6.55}$$

と仮定すると，境界条件を満足させることができる．式 (6.55) を式 (6.45b) に代入すると

$$\left(\frac{m^4 \pi^4}{a^4} + 2 \frac{m^2 \pi^2}{a^2} \frac{n^2 \pi^2}{b^2} + \frac{n^4 \pi^4}{b^4} - \alpha^4 \right) A_{mn} \sin \frac{m\pi}{a} x \sin \frac{n\pi}{b} y = 0 \tag{6.56}$$

この式が常に成り立つためには

$$\left(\frac{m^2 \pi^2}{a^2} + \frac{n^2 \pi^2}{b^2} \right)^2 - (\alpha^2)^2 = 0 \tag{6.57}$$

を要する．これと式 (6.45c) より，次式を得る．

$$\alpha^2 = \frac{m^2 \pi^2}{a^2} + \frac{n^2 \pi^2}{b^2} = \sqrt{\frac{\rho h}{D}} \omega \tag{6.58}$$

したがって，固有円振動数は次式で表される．

$$\omega_{mn} = \pi^2 \sqrt{\frac{D}{\rho h}} \left(\frac{m^2}{a^2} + \frac{n^2}{b^2} \right) \quad (m, n = 1, 2, 3, \cdots) \tag{6.59}$$

これに対応する変位は

$$w_{mn}(x, y, t) = W(x, y) f(t)$$
$$= \sin \frac{m\pi}{a} x \sin \frac{n\pi}{b} y (A_{mn} \cos \omega_{mn} t + B_{mn} \sin \omega_{mn} t) \tag{6.60}$$

で表される．式中の A_{mn}, B_{mn} は係数の積をまとめて新たに置き直した係数である．この場合の低次の代表的振動モードの例を図 6.10 に示す．図中，破線は**節線** (nodal line) を表しており，節線を境に＋部分と－部分とは互いに反対方向（逆位相）に運動することを示す．$m, n > 2$ のときは $m-1, n-1$ はそれぞれ y 軸，x 軸に平行で等間隔な節線数を示す．$m=1, n=1$ は，節のない x, y 方向に山が 1 つの振動モードとなる．式 (6.60) を加え合わせると，一般解は次式のように表される．

$$w(x, y, t) = \sum_{m=1}^{\infty} \sum_{n=1}^{\infty} \sin \frac{m\pi}{a} x \sin \frac{n\pi}{b} y (A_{mn} \cos \omega_{mn} t + B_{mn} \sin \omega_{mn} t) \tag{6.61}$$

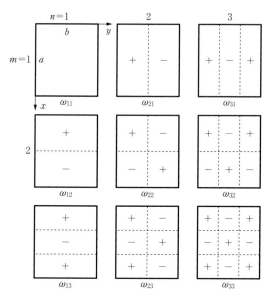

破線は節線,＋部分と－部分とは互いに反対方向に運動

図 6.10 周辺を単純支持された長方形板の代表的固有振動モード

式中の A_{mn}, B_{mn} は初期条件によって決定される．

なお，**正方形板**（square plate）の場合は $a=b$ となり，2 つの異なった振動モード

$$W_{mn}(x,y)=\sin\frac{m\pi}{a}x\sin\frac{n\pi}{a}y, \quad W_{nm}(x,y)=\sin\frac{n\pi}{a}x\sin\frac{m\pi}{a}y \quad (6.62)$$

は等しい固有円振動数

$$\omega_{mn}=\omega_{nm}=\frac{\pi^2}{a^2}(m^2+n^2)\sqrt{\frac{D}{\rho h}} \quad (6.63)$$

を有することとなり，長方形板の場合に比べてその分だけ固有振動数の数が減少する．このことを固有振動数の**縮退**または**退化**（degeneration）という．当然，2 つの異なった振動モードを重ね合わせた振動モードも存在する．これについては，専門書[15]を参照されたい．

【例題 6.5】 周辺が単純支持されている厚さ 1 mm，辺長 50 cm×25 cm の軟鋼（$E=206$ GPa，$\nu=0.3$，$\rho=7800$ kg/m^3）製長方形板を考える．固有振動数の低い方から順に f_1, f_2, f_3, f_4 を求めてみよう．

式（6.59）より

$$f_{nm} = \frac{\omega_{nm}}{2\pi} = \frac{\pi}{2}\sqrt{\frac{Eh^3}{12(1-\nu^2)\rho h}}\left(\frac{m^2}{a^2}+\frac{n^2}{b^2}\right)$$

$$= \frac{\pi}{2}\sqrt{\frac{206\times 10^9 \times 0.001^2}{12(1-0.3^2)\times 7.8\times 10^3}}\left(\frac{m^2}{0.5^2}+\frac{n^2}{0.25^2}\right) = 2.443\left(\frac{m^2}{0.25}+\frac{n^2}{0.0625}\right)$$

この式に，$m, n = 1, 2$ を代入すると

$$f_{11} = 48.9\,\text{Hz}, \quad f_{21} = 78.2\,\text{Hz}, \quad f_{12} = 166\,\text{Hz}, \quad f_{22} = 195\,\text{Hz}$$

が得られる．

演習問題

6.4 周辺単純支持された長方形板の中央面に，一定の面内力 N_x, N_y，面内せん断力 N_{xy} が作用する場合の運動方程式は，(Theory of Plates and Shells[3], p.379) によると次式で与えられる．

$$D\left(\frac{\partial^4 w}{\partial x^4} + 2\frac{\partial^4 w}{\partial x^2 \partial y^2} + \frac{\partial^4 w}{\partial y^4}\right) + \rho h \frac{\partial^2 w}{\partial t^2}$$
$$= N_x \frac{\partial^2 w}{\partial x^2} + 2N_{xy}\frac{\partial^2 w}{\partial x \partial y} + N_y \frac{\partial^2 w}{\partial y^2}$$

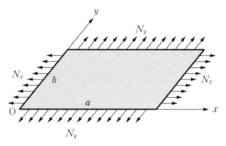

図 6.11 面内張力 N_x, N_y が作用する長方形板

いま，図 6.11 のように面内張力 N_x, N_y のみ作用する場合について，固有円振動数を与える式を導出せよ．

6.5 Let us consider the forced vibrations of a rectangular plate with simply supported on all edges by a sinusoidally distributed vertical periodic force $F(x, y, t) = F_0 \sin\frac{\pi}{a}x \sin\frac{\pi}{b}y \sin\Omega t$, where Ω is a circular frequency of the periodic force.

(a) Determine the steady-state response of the forced vibration.

(b) Verify that the amplitude of the plate becomes large if Ω approaches the value of the natural circular frequencies of the plate.

6.3.2 円 形 板

円形板（以下簡単に**円板**と呼ぶ，circular plate）の曲げ振動を扱う場合，円形膜の場合と同様に，図 6.12 のように極座標 r, θ で扱うと解析を行いやすい．式 (6.23) の関係式を用い，運動方程式 (6.42) を極座標で表すと

$$D\left(\frac{\partial^2}{\partial r^2} + \frac{1}{r}\frac{\partial}{\partial r} + \frac{1}{r^2}\frac{\partial^2}{\partial \theta^2}\right)\left(\frac{\partial^2 w}{\partial r^2} + \frac{1}{r}\frac{\partial w}{\partial r} + \frac{1}{r^2}\frac{\partial^2 w}{\partial \theta^2}\right) + \rho h \frac{\partial^2 w}{\partial t^2} = q \quad (6.64)$$

また，曲げモーメント M_r, M_θ, ねじりモーメント $M_{r\theta}$ およびせん断力 Q_r, Q_θ と変位 w の関係は，「Theory of Plates and Shells$^{3)}$，p.259」より

$$\left. \begin{array}{l} M_r = -D\left\{\dfrac{\partial^2 w}{\partial r^2} + \nu\left(\dfrac{1}{r}\dfrac{\partial w}{\partial r} + \dfrac{1}{r^2}\dfrac{\partial^2 w}{\partial \theta^2}\right)\right\}, \quad M_\theta = -D\left(\dfrac{1}{r}\dfrac{\partial w}{\partial r} + \dfrac{1}{r^2}\dfrac{\partial^2 w}{\partial \theta^2} + \nu\dfrac{\partial^2 w}{\partial r^2}\right), \\[2mm] M_{r\theta} = D(1-\nu)\left(\dfrac{1}{r}\dfrac{\partial^2 w}{\partial r \partial \theta} - \dfrac{1}{r^2}\dfrac{\partial w}{\partial \theta}\right), \\[2mm] Q_r = -D\dfrac{\partial}{\partial r}\left(\dfrac{\partial^2 w}{\partial r^2} + \dfrac{1}{r}\dfrac{\partial w}{\partial r} + \dfrac{1}{r^2}\dfrac{\partial^2 w}{\partial \theta^2}\right), \quad Q_\theta = -D\dfrac{\partial}{r\partial\theta}\left(\dfrac{\partial^2 w}{\partial r^2} + \dfrac{1}{r}\dfrac{\partial w}{\partial r} + \dfrac{1}{r^2}\dfrac{\partial^2 w}{\partial \theta^2}\right) \end{array} \right\}$$

(6.65)

半径 a の円板で，$r=a$ における基本的な境界条件は以下のようになる．

固定：

$$(w)_{r=a}=0, \quad \left(\dfrac{\partial w}{\partial r}\right)_{r=a}=0 \qquad (6.66\text{a})$$

単純支持：

$$(w)_{r=a}=0, \quad (M_r)_{r=a}=0 \qquad (6.66\text{b})$$

自由：

$$(M_r)_{r=a}=0, \quad V=\left(Q_r - \dfrac{\partial M_{r\theta}}{r\partial\theta}\right)_{r=a}=0 \qquad (6.66\text{c})$$

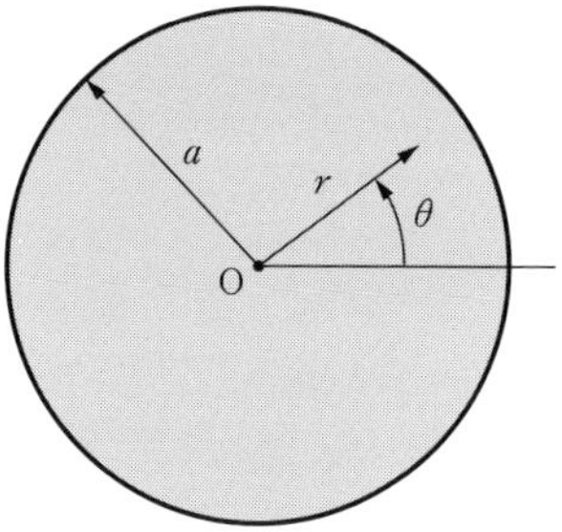

図 6.12 円形板と極座標系

ここに，V は極座標での**組合せ等価せん断力**である．

いま，運動方程式（6.64）の解を，変数分離法を利用し，以下のように仮定する．

$$w(r,\theta,t) = W(r,\theta)f(t) \qquad (6.67)$$

外力項 $q=0$ のとき，式（6.67）を式（6.64）に代入し，両辺を $\rho h W f$ で割り，下記のように変形した式が常に成立する条件は，ω^2 を定数として

$$\dfrac{D}{\rho h W}\left(\dfrac{\partial^2}{\partial r^2} + \dfrac{1}{r}\dfrac{\partial}{\partial r} + \dfrac{1}{r^2}\dfrac{\partial^2}{\partial \theta^2}\right)^2 W = -\dfrac{1}{f}\dfrac{d^2 f}{dt^2} = \omega^2$$

となる．以上より，以下の 2 式が得られる．

$$\dfrac{d^2 f}{dt^2} + \omega^2 f = 0 \qquad (6.68\text{a})$$

$$\left(\dfrac{\partial^2}{\partial r^2} + \dfrac{1}{r}\dfrac{\partial}{\partial r} + \dfrac{1}{r^2}\dfrac{\partial^2}{\partial \theta^2}\right)^2 W - \alpha^4 W = 0, \quad \alpha^4 = \dfrac{\rho h}{D}\omega^2 \qquad (6.68\text{b, c})$$

式（6.68a）の一般解は

$$f(t) = A\cos\omega t + B\sin\omega t \qquad (6.69)$$

で与えられる．一方，式 (6.68b) は

$$\left(\frac{\partial^2}{\partial r^2}+\frac{1}{r}\frac{\partial}{\partial r}+\frac{1}{r^2}\frac{\partial^2}{\partial \theta^2}+\alpha^2\right)\left(\frac{\partial^2}{\partial r^2}+\frac{1}{r}\frac{\partial}{\partial r}+\frac{1}{r^2}\frac{\partial^2}{\partial \theta^2}-\alpha^2\right)W=0 \quad (6.70\text{a})$$

または

$$\frac{\partial^2 W}{\partial r^2}+\frac{1}{r}\frac{\partial W}{\partial r}+\frac{1}{r^2}\frac{\partial^2 W}{\partial \theta^2}\pm\alpha^2 W=0 \quad (6.70\text{b})$$

と表される．ここで以下のようにおく．

$$W(r,\theta)=W_n(r)\cos(n\theta+\phi) \quad (6.71)$$

式 (6.71) を式 (6.70b) に代入すると

$$\left(\frac{d^2 W_n}{dr^2}+\frac{1}{r}\frac{dW_n}{dr}-\frac{n^2}{r^2}W_n\pm\alpha^2 W_n\right)\cos(n\theta+\phi)=0 \quad (6.72)$$

この式が常に成り立つためには

$$\frac{d^2 W_{n1}}{dr^2}+\frac{1}{r}\frac{dW_{n1}}{dr}+\left(\alpha^2-\frac{n^2}{r^2}\right)W_{n1}=0 \quad (6.73)$$

$$\frac{d^2 W_{n2}}{dr^2}+\frac{1}{r}\frac{dW_{n2}}{dr}-\left(\alpha^2+\frac{n^2}{r^2}\right)W_{n2}=0 \quad (6.74)$$

式 (6.73) は n 次のベッセルの微分方程式で，解は式 (6.31) と同様に

$$W_{n1}(r)=C_n J_n(\alpha r)+D_n Y_n(\alpha r) \quad (6.75)$$

ここに，$J_n(\alpha r)$，$Y_n(\alpha r)$ は n 次の**第 1 種，第 2 種のベッセル関数**である．また，式 (6.74) は n 次の**変形ベッセルの微分方程式**（modified Bessel differential equation）で，解は

$$W_{n2}(r)=E_n I_n(\alpha r)+F_n K_n(\alpha r) \quad (6.76)$$

ここに，$I_n(\alpha r)$，$K_n(\alpha r)$ は n 次の**第 1 種，第 2 種の変形ベッセル関数**（modified Bessel function of the first kind and the second kind）である．一般解は式 (6.75) および式 (6.76) の和となり

$$W(r,\theta)=[C_n J_n(\alpha r)+D_n Y_n(\alpha r)+E_n I_n(\alpha r)+F_n K_n(\alpha r)]\cos(n\theta+\phi) \quad (6.77)$$

で与えられる．

いま，例として全周固定の中実円板を考える．円板の中心で変位は有限でなければならないが，図 6.5 および図 6.13 より，$Y_n(\alpha r)$ と $K_n(\alpha r)$ は $r=0$ で発散する関数である．よってこの場合の一般解は，式 (6.77) において $D_n=F_n=0$ とし

$$W(r,\theta)=[C_n J_n(\alpha r)+E_n I_n(\alpha r)]\cos(n\theta+\phi) \quad (6.78)$$

式 (6.78) を式 (6.66a) に代入すると

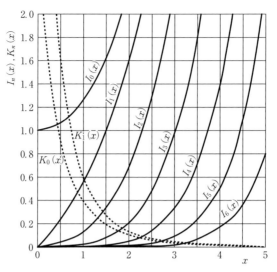

図 6.13 n 次の第 1 種変形ベッセル関数：$I_n(x)$ および第 2 種変形ベッセル関数：$K_n(x)$

$$\left.\begin{array}{l} C_n J_n(\alpha a) + E_n I_n(\alpha a) = 0 \\ C_n \left[\dfrac{dJ_n(\alpha r)}{dr}\right]_{r=a} + E_n \left[\dfrac{dI_n(\alpha r)}{dr}\right]_{r=a} = 0 \end{array}\right\} \quad (6.79)$$

この同次方程式が非自明解をもつためには，その係数行列式が 0 でなければならない．これより

$$J_n(\alpha a)\left[\dfrac{dI_n(\alpha r)}{dr}\right]_{r=a} - I_n(\alpha a)\left[\dfrac{dJ_n(\alpha r)}{dr}\right]_{r=a} = 0 \quad (6.80)$$

ここで，ベッセル関数の微分公式

$$\left.\begin{array}{l} \dfrac{d}{dr}J_n(\alpha r) = \dfrac{n}{\alpha r}J_n(\alpha r) - J_{n+1}(\alpha r) \\ \dfrac{d}{dr}I_n(\alpha r) = \dfrac{n}{\alpha r}I_n(\alpha r) + I_{n+1}(\alpha r) \end{array}\right\} \quad (6.81)$$

を用いると，式 (6.80) より，以下の振動数方程式が得られる．

$$J_n(\lambda)I_{n+1}(\lambda) + J_{n+1}(\lambda)I_n(\lambda) = 0, \quad \lambda = \alpha a \quad (6.82)$$

各 n ごとに，この振動数方程式を満足する固有値 λ を λ_{nm} とおくと，式 (6.68c) より，無次元固有値 λ は

$$\lambda^4 = \alpha^4 a^4 = \dfrac{\rho h \omega^2 a^4}{D} \quad (6.83)$$

であるから，固有円振動数 ω_{nm} は次式のように表される．

表 6.2 振動数方程式 (6.82) の固有値 λ_{nm} の値：周辺固定の円板

m	$n=0$	1	2	3	4
0	3.196	4.611	5.906	7.144	8.347
1	6.306	7.799	9.197	10.537	11.837
2	9.440	10.958	12.402	13.795	15.150
3	12.577	14.109	15.580	17.005	18.396

$$\omega_{nm} = \sqrt{\frac{D}{\rho h}} \frac{\lambda_{nm}^2}{a^2} \quad (n, m = 0, 1, 2, 3, \cdots) \tag{6.84}$$

n は円板の振動の**節直径**（nodal diameter），m は**節円**（nodal circle）の数を表す．この場合の低次の振動に対応する固有値 λ_{nm} の値を表 6.2 に示す．固有振動モードの概形は，周辺を固定された円形膜の場合（図 6.6）と類似している．

【**例題 6.6**】 周辺が固定された厚さ 0.5 mm，直径 30 cm の軟鋼（$E=206$ GPa，$\nu=0.3$，$\rho=7800$ kg/m³）製円板がある．固有振動数の低い方から順に f_1, f_2, f_3, f_4 を求めてみよう．

式 (6.84) より

$$f_{nm} = \frac{\omega_{nm}}{2\pi} = \frac{1}{2\pi a^2} \sqrt{\frac{Eh^3}{12(1-\nu^2)\rho h}} \lambda_{nm}^2$$

$$= \frac{1}{2\pi \times 0.15^2} \sqrt{\frac{206 \times 10^9 \times 0.0005^2}{12(1-0.3^2) \times 7.8 \times 10^3}} \lambda_{nm}^2 = 5.50 \lambda_{nm}^2$$

この式に，表 6.2 で与えられている λ_{nm} の値の低い方から順に 4 個を選び代入すると

$f_{00} = 56.2$ Hz, $\quad f_{10} = 117$ Hz, $\quad f_{20} = 192$ Hz, $\quad f_{01} = 219$ Hz

が得られる．

演習問題

6.6 例題 6.6 において $n=0$ の軸対称振動に限定した場合について，固有振動数の低い方から順に f_1, f_2, f_3, f_4 を求めよ．

6.7 外半径 a，内半径 b の**円環板**（annular plate）または円輪板の曲げ振動を考える．図 6.14 のように外周，内周ともに固定され，かつ $n=0$ の軸対称振動の振動数方程式が次式で与えられることを示せ．

$$\begin{vmatrix} J_0(\lambda) & Y_0(\lambda) & I_0(\lambda) & K_0(\lambda) \\ J_1(\lambda) & Y_1(\lambda) & -I_1(\lambda) & K_1(\lambda) \\ J_0(\beta\lambda) & Y_0(\beta\lambda) & I_0(\beta\lambda) & K_0(\beta\lambda) \\ J_1(\beta\lambda) & Y_1(\beta\lambda) & -I_1(\beta\lambda) & K_1(\beta\lambda) \end{vmatrix} = 0, \quad \lambda = \alpha a, \quad \beta = b/a$$

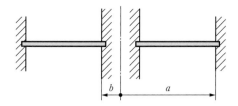

図6.14 内外周固定円環板

なお，第2種のベッセル関数に関しては，以下の公式を用いてよい．

$$\left.\begin{array}{l} \dfrac{d}{dr}Y_n(\alpha r)=\dfrac{n}{\alpha r}Y_n(\alpha r)-Y_{n+1}(\alpha r) \\ \dfrac{d}{dr}K_n(\alpha r)=\dfrac{n}{\alpha r}K_n(\alpha r)-K_{n+1}(\alpha r) \end{array}\right\} \quad (6.85)$$

6.8 Find the frequency equation of the bending vibration of a circular plate having no internal holes. As shown in Fig. 6.15, the plate is simply supported all around its outside

Fig.6.15 Simply supported circular plate

radius a. The following recurrence formula of the Bessel functions and Eq. (6.81) may be used if necessary.

$$\left.\begin{array}{l} J_{n+2}(\alpha r)=\dfrac{2(n+1)}{\alpha r}J_{n+1}(\alpha r)-J_n(\alpha r) \\ I_{n+2}(\alpha r)=-\dfrac{2(n+1)}{\alpha r}I_{n+1}(\alpha r)+I_n(\alpha r) \end{array}\right\} \quad (6.86)$$

〈参考文献〉

1) 斎藤秀雄：工業基礎振動学，養賢堂，1977．
2) 長屋幸助：機械力学入門，コロナ社，1992．
3) S. Timoshenko：Theory of Plates and Shells, McGraw-Hill, 1940.
4) S. Timoshenko, D.H. Young, W. Weaver, JR：Vibration Problems in Engineering, 4-th ed., John Wiley & Sons, 1974.
5) 関谷 壮，浜田 実，角 誠之助：平板構造強度設計便覧，朝倉書店，1982．
6) 振動工学ハンドブック，養賢堂，1976．
7) 日本機械学会：振動学，丸善出版，2005．
8) 坂田 勝：振動と波動の工学，共立出版，1979．
9) 小平吉男：物理数学 第1巻，現代工学社，1974．

10) 多谷虎男：ベッセル関数と弾性波動理論，山海堂，1986．
11) 森口，宇田川，一松：数学公式Ⅲ，岩波全書，1960．
12) H. P.スウ：フーリエ解析，佐藤平八訳，森北出版，1979．
13) C. M. Harris, C. E. Crede：Shock and Vibration Handbook, McGraw-Hill, 1961．
14) A. W. Leissa：Vibration of Plates, NASA SP-160, 1969．
15) W. Soedel：Vibrations of Shells and Plates, Marcel Dekker, Inc., 2004．

7 3次元弾性体の振動

7.1 3次元構造とは

　3次元構造（three-dimensional structure）とは，3軸方向に一定の大きさを有する殻（shell）あるいは弾性体の組み合わせ系を表す．実際に自動車，航空宇宙機，船舶，圧力容器，建築構造物などの基本構造は，フレーム，薄板，曲面を成す殻などの組み合わせで構築されている．例として，図7.1に旅客機の胴体部分の基本構造を示す．円筒殻の胴体外壁と，客室床となる矩形板隔壁から構成されていることがわかる．

　一方，力学的観点から述べると，3次元空間内にある離れた2線間で，**曲げ**（bending），**ねじり**（torsion），**せん断力**（shearing force）のような荷重を支持ま

図7.1　エアバス A350 ジェット旅客機の胴体部分（©Airbus）

たは伝達する3次元要素が3次元構造である．たとえば，厚さに比べて十分な広がりを有する3次元の面構造において，**曲げモーメント**（bending moment），**せん断力**（shearing force）および**ねじりモーメント**（torsional moment）を支持する要素が殻である．

平板の場合，曲げと引張り（圧縮）は独立に考えることができる．一方曲面である殻では，引張り（圧縮）力を加えると曲げが発生し，曲げようとすると引張り（圧縮）が生じる．すなわち，曲げ変形と面内変形が**連成**（coupling）することが，殻構造の強さの源といえる．

7.2　殻 の 振 動

殻の振動（vibration of shell）の具体的な問題は，種々の貯蔵タンクなどの建造物，自動車，航空宇宙機，船舶などの居住や貯蔵のため，外部環境から隔絶された空間を確保するための構造体の振動などである．形状の例としては，**円筒殻**（cylindrical shell），**円錐殻**（conical shell），**球殻**（spherical shell），**トーラス**（torus, toroidal shell），これら以外の**一般回転殻**（shell of revolution），**非円筒殻**（non-circular cylindrical shell），さらにこれら複数の殻の結合系などが存在する．

支配方程式の定式化においては，殻厚が他の寸法に較べて十分小さい場合に適用する**薄肉殻理論**（thin shell theory）と，この条件が成り立たない場合に適用する**厚肉殻理論**（thick shell theory）または**修正理論**（improved theory）に大別される[1]-[4]．後者では，**せん断変形**と**回転慣性**の影響が考慮される．以下の定式化でも明らかであるが，その性質上，2次元の板の問題を3次元に拡張した問題と捉えることもできる．

薄肉殻理論はいくつか存在するが，一般の解析においては**フリューゲ理論**（Flügge theory）[5]，**サンダース理論**（Sanders theory）[6]，**ラブ理論**（Love theory）[7]および**ドンネル理論**（Donnell theory）[8]がよく用いられている．Flügge理論は，せん断変形と回転慣性の影響は考慮しないが，殻厚の影響をある程度考慮するもので，薄肉殻理論の中では最も精度が高いと考えられているが，式の取り扱いにはかなりの煩雑さが伴う．一方，Donnell理論は，薄肉殻であることに加え，殻の曲率半径が大きいことと浅い（短い）殻であることの条件が追加されるが，支配方程式系がだいぶ簡素化されるため，高次振動や流体連成振動などの複雑な振動現象の解析などに比較的よく用いられている．なお，Love理論はラブの**第1近似**

理論 (Love's first approximation theory) とも呼ばれ，これらの中間に位置するものである.

いずれの薄肉殻理論においても，次の**キルヒホッフ-ラブの仮定** (Kirchhoff-Love's hypothesis) を用いて定式化されている.

---
(1) **中央面** (middle surface) に垂直な線素は，殻が変形（振動）しても変形後の新しい中央面に対して垂直で長さは不変とする.
(2) 変位は微小とし，殻に生じる厚さ方向の垂直応力，垂直ひずみは，他の応力，ひずみに比べて微小であり無視できるものとする．また殻の厚さは他の寸法に比べて小さく，変形中も一定とする.

ここでは，式の展開の煩雑さを避けるため，Love 理論に基づく薄肉殻理論について，一般の殻の振動解析に適用可能な支配方程式の導出法を述べる．解析の手段としては，機械的に運動方程式および境界条件式を求めることができるエネルギー法を用いる．なお，より高度で煩雑な取り扱いを要する Flügge 理論および厚肉殻理論などの定式化の詳細については，専門書[3],[4]を参照されたい.

また，曲げ変形を伴わず，面内力だけで応力状態を近似する理論を，**薄膜理論** (thin membrane theory) という.

いま，殻の中央面上に図 7.2 のように**直交曲線座標** (orthogonal curvilinear coordinate) α_1, α_2, z をとる．α_1 曲線方向の線素：ds_1，および α_2 曲線方向の線素：ds_2 は，次式のように表されるものとする.

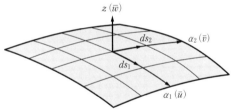

図 7.2 殻の中央面上の座標と変位

$$\left.\begin{array}{l} ds_1 = A_1 d\alpha_1 \\ ds_2 = A_2 d\alpha_2 \end{array}\right\} \qquad (7.1)$$

ここで，A_1, A_2 は殻の形状によって決定される**ラメのパラメータ** (Lamé parameters) である．中央面の α_1, α_2, z の方向の変位を $\bar{u}$, $\bar{v}$, $\bar{w}$ とおく．R_1：α_1 曲線の主曲率半径，R_2：α_2 曲線の主曲率半径，z 方向を殻の厚さ方向とし，殻厚を h とする．h/R_1, h/R_2 がともに 1 に比べて十分小さい場合，任意点の垂直ひずみ e_{11}, e_{22}，せん断ひずみ e_{12} は次式のように表される[7].

$$e_{11}=\varepsilon_1+z\kappa_1, \quad e_{22}=\varepsilon_2+z\kappa_2, \quad e_{12}=\gamma_1+2z\gamma_2 \qquad (7.2)$$

ここに

$$\varepsilon_1=\frac{1}{A_1}\frac{\partial \overline{u}}{\partial \alpha_1}+\frac{1}{A_1 A_2}\frac{\partial A_1}{\partial \alpha_2}\overline{v}+\frac{\overline{w}}{R_1}, \quad \varepsilon_2=\frac{1}{A_2}\frac{\partial \overline{v}}{\partial \alpha_2}+\frac{1}{A_1 A_2}\frac{\partial A_2}{\partial \alpha_1}\overline{u}+\frac{\overline{w}}{R_2},$$

$$\gamma_1=\frac{A_2}{A_1}\frac{\partial}{\partial \alpha_1}\left(\frac{\overline{v}}{A_2}\right)+\frac{A_1}{A_2}\frac{\partial}{\partial \alpha_2}\left(\frac{\overline{u}}{A_1}\right),$$

$$\kappa_1=-\frac{1}{A_1}\frac{\partial}{\partial \alpha_1}\left(\frac{1}{A_1}\frac{\partial \overline{w}}{\partial \alpha_1}-\frac{\overline{u}}{R_1}\right)-\frac{1}{A_1 A_2}\frac{\partial A_1}{\partial \alpha_2}\left(\frac{1}{A_2}\frac{\partial \overline{w}}{\partial \alpha_2}-\frac{\overline{v}}{R_2}\right),$$

$$\kappa_2=-\frac{1}{A_2}\frac{\partial}{\partial \alpha_2}\left(\frac{1}{A_2}\frac{\partial \overline{w}}{\partial \alpha_2}-\frac{\overline{v}}{R_2}\right)-\frac{1}{A_1 A_2}\frac{\partial A_2}{\partial \alpha_1}\left(\frac{1}{A_1}\frac{\partial \overline{w}}{\partial \alpha_1}-\frac{\overline{u}}{R_1}\right),$$

$$\gamma_2=-\frac{1}{A_1 A_2}\left(\frac{\partial^2 \overline{w}}{\partial \alpha_1 \partial \alpha_2}-\frac{1}{A_1}\frac{\partial A_1}{\partial \alpha_2}\frac{\partial \overline{w}}{\partial \alpha_1}-\frac{1}{A_2}\frac{\partial A_2}{\partial \alpha_1}\frac{\partial \overline{w}}{\partial \alpha_2}\right)$$

$$+\frac{1}{R_1}\left(\frac{1}{A_2}\frac{\partial \overline{u}}{\partial \alpha_2}-\frac{1}{A_1 A_2}\frac{\partial A_1}{\partial \alpha_2}\overline{u}\right)+\frac{1}{R_2}\left(\frac{1}{A_1}\frac{\partial \overline{v}}{\partial \alpha_1}-\frac{1}{A_1 A_2}\frac{\partial A_2}{\partial \alpha_1}\overline{v}\right)$$

$$(7.3)$$

垂直応力は平面応力状態にあると仮定し,応力とひずみの関係はフックの法則に従うものとして

$$\sigma_{11}=\frac{E}{1-\nu^2}(e_{11}+\nu e_{22}), \quad \sigma_{22}=\frac{E}{1-\nu^2}(e_{22}+\nu e_{11}), \quad \sigma_{12}=\frac{E}{2(1+\nu)}e_{12} \qquad (7.4)$$

ここに,E:ヤング率,ν:ポアソン比である.ωを円振動数,tを時間として,変位を次式のように仮定する.

$$\{\overline{u}(\alpha_1,\alpha_2,t), \overline{v}(\alpha_1,\alpha_2,t), \overline{w}(\alpha_1,\alpha_2,t)\}=\{u(\alpha_1,\alpha_2), v(\alpha_1,\alpha_2), w(\alpha_1,\alpha_2)\}\sin \omega t \qquad (7.5)$$

殻の振動の1周期間の**ラグランジュ関数**(Lagrange function)[9]は次式のように定義できる.

$$L=\left(\frac{2}{\tau}\right)\frac{1}{2}\int_0^\tau \int_{-h/2}^{h/2}\int_{\alpha_1}\int_{\alpha_2}\left[\rho\left\{\left(\frac{\partial \overline{u}}{\partial t}\right)^2+\left(\frac{\partial \overline{v}}{\partial t}\right)^2+\left(\frac{\partial \overline{w}}{\partial t}\right)^2\right\}\right.$$

$$\left.-(\sigma_{11}e_{11}+\sigma_{22}e_{22}+\sigma_{12}e_{12})\right]d\alpha_1 d\alpha_2 dz dt \qquad (7.6)$$

ここに,ρは殻の密度,τは振動の周期を表す.また式中の第1項目は運動エネルギーを,第2項目はひずみエネルギーを表す.式 (7.6) に式 (7.2)〜(7.5) を代入し,第1変分を求め,整理すると

$$-\delta L\bigg/\left(\frac{D}{r_0^4}\right)=\int_{\alpha_1}\int_{\alpha_2}(E_1\delta u+E_2\delta v+E_3\delta w)\,d\alpha_1 d\alpha_2$$

$$+\int_{\alpha_2}\left[T_1\delta u+T_2\delta v+T_3\delta w+M_1\frac{\partial \delta w}{\partial \alpha_1}\right]_{\alpha_1}d\alpha_2$$

$$+\int_{\alpha_1}\left[T_4\delta u+T_5\delta v+T_6\delta w+M_2\frac{\partial \delta w}{\partial \alpha_2}\right]_{\alpha_2}d\alpha_1$$
$$+[T_7\delta w]_{\alpha_1,\alpha_2} \tag{7.7}$$

ここに，r_0 は代表半径である．また，D は**殻の曲げ剛性**（flexural rigidity of shell）であり，次式で表される．

$$D=\frac{Eh^3}{12(1-\nu^2)}$$

ハミルトンの原理（Hamilton's principle）：$\delta L=0$ より，運動方程式は次式のように求められる．

$$\left.\begin{aligned}E_1&=-\frac{\partial T_1}{\partial \alpha_1}-\frac{\partial T_4}{\partial \alpha_2}+T_8-\alpha^4 A_1 A_2 u=0\\ E_2&=-\frac{\partial T_2}{\partial \alpha_1}-\frac{\partial T_5}{\partial \alpha_2}+T_9-\alpha^4 A_1 A_2 v=0\\ E_3&=-\frac{\partial T_3}{\partial \alpha_1}-\frac{\partial T_6}{\partial \alpha_2}-\frac{\partial^2 T_7}{\partial \alpha_1 \partial \alpha_2}+T_{10}-\alpha^4 A_1 A_2 w=0\end{aligned}\right\} \tag{7.8}$$

ここに，無次元の固有円振動数および殻厚パラメータを次式のように定義している．

$$\alpha^4=\frac{\rho h r_0^4}{D}\omega^2,\quad \beta=12\frac{r_0^2}{h^2} \tag{7.9}$$

一方，α_1 曲線方向の端における境界条件式は

$$T_1 u=T_2 v=T_3 w=M_1\frac{\partial w}{\partial \alpha_1}=0 \tag{7.10}$$

α_2 曲線方向の端における境界条件式は

$$T_4 u=T_5 v=T_6 w=M_2\frac{\partial w}{\partial \alpha_2}=0 \tag{7.11}$$

α_1 曲線方向の端および α_2 曲線方向の端で満足すべき付加的な境界条件式は

$$T_7 w=0 \tag{7.12}$$

で与えられる．ここに，T_1, T_2, T_4, T_5 は**合成接線力**（resultant tangential force），T_3, T_6 は**合成せん断力**（resultant shearing force），M_1, M_2 は曲げモーメントを示す．M_1, M_2 および $T_1 \sim T_{10}$ の詳細は以下のように与えられる．

$$M_1=-r_0^4\frac{A_2}{A_1}(\kappa_1+\nu\kappa_2),\quad M_2=-r_0^4\frac{A_1}{A_2}(\nu\kappa_1+\kappa_2),$$

$$T_1=\beta r_0^2 A_2(\varepsilon_1+\nu\varepsilon_2)+r_0^4\frac{A_2}{R_1}(\kappa_1+\nu\kappa_2),\quad T_2=\beta r_0^2\frac{1-\nu}{2}A_2\gamma_1+2r_0^4(1-\nu)\frac{A_2}{R_2}\gamma_2,$$

$$T_3=-\frac{1}{A_1}\frac{\partial}{\partial \alpha_1}(A_1 M_1)+\frac{A_2}{A_1^2}\frac{\partial A_2}{\partial \alpha_1}M_2-\frac{1}{A_1}\frac{\partial}{\partial \alpha_2}(A_1 T_7),$$

$$T_4 = \beta r_0^2 \frac{1-\nu}{2} A_1 \gamma_1 + 2 r_0^4 (1-\nu) \frac{A_1}{R_1} \gamma_2, \quad T_5 = \beta r_0^2 A_1 (\nu \varepsilon_1 + \varepsilon_2) + r_0^4 \frac{A_1}{R_2} (\nu \kappa_1 + \kappa_2),$$

$$T_6 = -\frac{1}{A_2} \frac{\partial}{\partial \alpha_2}(A_2 M_2) + \frac{A_1}{A_2^2} \frac{\partial A_1}{\partial \alpha_2} M_1 - \frac{1}{A_2} \frac{\partial}{\partial \alpha_1}(A_2 T_7), \quad T_7 = -2 r_0^4 (1-\nu) \gamma_2,$$

$$T_8 = \beta r_0^2 \frac{\partial A_2}{\partial \alpha_1}(\nu \varepsilon_1 + \varepsilon_2) + \frac{r_0^4}{R_1} \frac{\partial A_2}{\partial \alpha_1}(\nu \kappa_1 + \kappa_2) - 2(1-\nu) \frac{r_0^4}{R_1} \frac{\partial A_1}{\partial \alpha_2} \gamma_2$$

$$+ r_0^4 A_2 \frac{\partial}{\partial \alpha_1}\left(\frac{1}{R_1}\right)(\kappa_1 + \nu \kappa_2) + \beta r_0^2 \frac{1-\nu}{2} A_1^2 \frac{\partial}{\partial \alpha_2}\left(\frac{1}{A_1}\right) \gamma_1,$$

$$T_9 = \beta r_0^2 \frac{\partial A_1}{\partial \alpha_2}(\varepsilon_1 + \nu \varepsilon_2) + \frac{r_0^4}{R_2} \frac{\partial A_1}{\partial \alpha_2}(\kappa_1 + \nu \kappa_2) - 2(1-\nu) \frac{r_0^4}{R_2} \frac{\partial A_2}{\partial \alpha_1} \gamma_2$$

$$+ r_0^4 A_1 \frac{\partial}{\partial \alpha_2}\left(\frac{1}{R_2}\right)(\nu \kappa_1 + \kappa_2) + \beta r_0^2 \frac{1-\nu}{2} A_2^2 \frac{\partial}{\partial \alpha_1}\left(\frac{1}{A_2}\right) \gamma_1,$$

$$T_{10} = \beta r_0^2 A_1 A_2 \left\{ \frac{1}{R_1}(\varepsilon_1 + \nu \varepsilon_2) + \frac{1}{R_2}(\nu \varepsilon_1 + \varepsilon_2) \right\}$$

(7.13)

α_2 曲線方向に閉じた殻の場合，α_1 曲線方向の一端において式 (7.10) より，16 通りの境界条件の組み合わせが存在するが，通常用いられる代表的な境界条件は，以下のようになる．

固定：
$$u = v = w = \frac{\partial w}{\partial \alpha_1} = 0 \tag{7.14a}$$

単純支持：
$$u = v = w = M_1 = 0 \tag{7.14b}$$

自由：
$$T_1 = T_2 = T_3 = M_1 = 0 \tag{7.14c}$$

なお，境界条件の組織的分類法として，α_1 曲線方向の一端において，たわみ w について固定するグループ ($w = \frac{\partial w}{\partial \alpha_1} = 0$) の固定支持：C1〜C4，および単純支持するグループ ($w = M_1 = 0$) の単純支持：S1〜S4 の計 8 通りに大別して考える手法がよく用いられる．すなわち

$$\left.\begin{array}{ll} \text{C1}: w = \dfrac{\partial w}{\partial \alpha_1} = u = v = 0, & \text{S1}: w = M_1 = u = v = 0 \\[2mm] \text{C2}: w = \dfrac{\partial w}{\partial \alpha_1} = u = T_2 = 0, & \text{S2}: w = M_1 = u = T_2 = 0 \\[2mm] \text{C3}: w = \dfrac{\partial w}{\partial \alpha_1} = T_1 = v = 0, & \text{S3}: w = M_1 = T_1 = v = 0 \\[2mm] \text{C4}: w = \dfrac{\partial w}{\partial \alpha_1} = T_1 = T_2 = 0, & \text{S4}: w = M_1 = T_1 = T_2 = 0 \end{array}\right\} \tag{7.15}$$

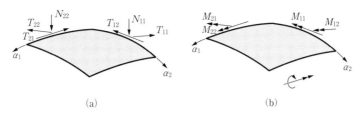

図 7.3 殻の微小要素の中央面に働く単位長さ当たりの合成力 (a) とモーメント (b)

殻の微小要素の中央面に働く単位長さ当たりの合成力とモーメントは，次式で与えられる（図 7.3）．

$$T_{11}=\int_{-h/2}^{h/2}\sigma_{11}dz, \quad T_{22}=\int_{-h/2}^{h/2}\sigma_{22}dz, \quad T_{12}=T_{21}=\int_{-h/2}^{h/2}\sigma_{12}dz,$$

$$M_{11}=\int_{-h/2}^{h/2}z\sigma_{11}dz, \quad M_{22}=\int_{-h/2}^{h/2}z\sigma_{22}dz, \quad M_{12}=M_{21}=\int_{-h/2}^{h/2}z\sigma_{12}dz,$$

$$N_{11}=\int_{-h/2}^{h/2}\sigma_{31}dz, \quad N_{22}=\int_{-h/2}^{h/2}\sigma_{23}dz \tag{7.16}$$

式 (7.16) に式 (7.2)～(7.4) を代入し，式 (7.13) の M_1, M_2 および T_1～T_{10} との関係を求めると，次のようになる．

$$T_1=\left(T_{11}+\frac{M_{11}}{R_1}\right)\frac{r_0^4 A_2}{D}, \quad T_2=\left(T_{12}+2\frac{M_{12}}{R_2}\right)\frac{r_0^4 A_2}{D},$$

$$T_3=\left\{\frac{\partial}{\partial\alpha_1}(A_2 M_{11})-\frac{\partial A_2}{\partial\alpha_1}M_{22}+2\frac{\partial}{\partial\alpha_2}(A_1 M_{12})\right\}\frac{r_0^4}{A_1 D},$$

$$T_4=\left(T_{12}+2\frac{M_{12}}{R_1}\right)\frac{r_0^4 A_1}{D}, \quad T_5=\left(T_{22}+\frac{M_{22}}{R_2}\right)\frac{r_0^4 A_1}{D},$$

$$T_6=\left\{\frac{\partial}{\partial\alpha_2}(A_1 M_{22})-\frac{\partial A_1}{\partial\alpha_2}M_{11}+2\frac{\partial}{\partial\alpha_1}(A_2 M_{12})\right\}\frac{r_0^4}{A_2 D},$$

$$T_7=-2M_{12}\frac{r_0^4}{D},$$

$$T_8=\left\{\frac{\partial A_2}{\partial\alpha_1}\left(T_{22}+\frac{M_{22}}{R_2}\right)+A_2\frac{\partial}{\partial\alpha_1}\left(\frac{1}{R_1}\right)M_{11}-\frac{2}{R_1}\frac{\partial A_1}{\partial\alpha_2}M_{12}+A_1^2\frac{\partial}{\partial\alpha_2}\left(\frac{1}{A_1}\right)T_{12}\right\}\frac{r_0^4}{D},$$

$$T_9=\left\{\frac{\partial A_1}{\partial\alpha_2}\left(T_{11}+\frac{M_{11}}{R_1}\right)+A_1\frac{\partial}{\partial\alpha_2}\left(\frac{1}{R_2}\right)M_{22}-\frac{2}{R_2}\frac{\partial A_2}{\partial\alpha_1}M_{12}+A_2^2\frac{\partial}{\partial\alpha_1}\left(\frac{1}{A_2}\right)T_{12}\right\}\frac{r_0^4}{D},$$

$$T_{10}=\left(\frac{T_{11}}{R_1}+\frac{T_{22}}{R_2}\right)\frac{r_0^4 A_1 A_2}{D} \tag{7.17}$$

以上により，殻の具体的な形状が指定されれば，式 (7.1) および式 (7.2) より「ひずみ-変位」関係式が得られ，次いでこれらを用いて式 (7.8) より運動方程式，

式 (7.10)〜(7.12) より境界条件式を求めることができる．以下では，上記の手法に従い，代表的な形状を有する殻について，「ひずみ-変位」関係式を示す．

A. 円筒殻

図 7.4 に示す半径 R の円筒殻を考える．α_1 曲線を x 方向，α_2 曲線を θ 方向にとるものとすると，図より以下のように幾何学パラメータを決定することができる．

$$\left.\begin{array}{l}\alpha_1=x, \quad A_1=1, \quad R_1=\infty \\ \alpha_2=\theta, \quad A_2=R, \quad R_2=R\end{array}\right\} \quad (7.18)$$

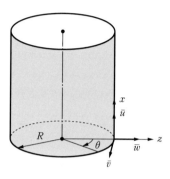

図 7.4 円筒殻と座標系

これを用いて，式 (7.3) より

$$\varepsilon_1=\frac{\partial \overline{u}}{\partial x}, \quad \varepsilon_2=\frac{1}{R}\left(\frac{\partial \overline{v}}{\partial \theta}+\overline{w}\right),$$

$$\gamma_1=\frac{1}{R}\frac{\partial \overline{u}}{\partial \theta}+\frac{\partial \overline{v}}{\partial x}, \quad \kappa_1=-\frac{\partial^2 \overline{w}}{\partial x^2},$$

$$\kappa_2=\frac{1}{R^2}\left(\frac{\partial \overline{v}}{\partial \theta}-\frac{\partial^2 \overline{w}}{\partial \theta^2}\right), \quad \gamma_2=\frac{1}{R}\left(\frac{\partial \overline{v}}{\partial x}-\frac{\partial^2 \overline{w}}{\partial x \partial \theta}\right) \quad (7.19)$$

したがって，式 (7.2) より，「ひずみ-変位」関係式が以下のように得られる．

$$e_{11}=e_{xx}=\varepsilon_1+z\kappa_1=\frac{\partial \overline{u}}{\partial x}-z\frac{\partial^2 \overline{w}}{\partial x^2},$$

$$e_{22}=e_{\theta\theta}=\varepsilon_2+z\kappa_2=\frac{1}{R}\left(\frac{\partial \overline{v}}{\partial \theta}+\overline{w}\right)+\frac{z}{R^2}\left(\frac{\partial \overline{v}}{\partial \theta}-\frac{\partial^2 \overline{w}}{\partial \theta^2}\right),$$

$$e_{12}=e_{x\theta}=\gamma_1+2z\gamma_2=\frac{1}{R}\frac{\partial \overline{u}}{\partial \theta}+\frac{\partial \overline{v}}{\partial x}+\frac{2z}{R}\left(\frac{\partial \overline{v}}{\partial x}-\frac{\partial^2 \overline{w}}{\partial x \partial \theta}\right) \quad (7.20)$$

B. 円錐殻

図 7.5 に示す**半頂角**（semi vertex angle）ϕ を有する円錐殻を考える．α_1 曲線を x 方向，α_2 曲線を θ 方向にとるものとすると，図より以下のように幾何学パラメータを決定することができる．

$$\left.\begin{array}{l}\alpha_1=x, \quad A_1=1, \quad R_1=\infty \\ \alpha_2=\theta, \quad A_2=x\sin\phi, \quad R_2=x\tan\phi\end{array}\right\} \quad (7.21)$$

これを用いて，式 (7.3) より

$$\varepsilon_1=\frac{\partial \overline{u}}{\partial x}, \quad \varepsilon_2=\frac{\overline{u}}{x}+\frac{1}{x\sin\phi}\frac{\partial \overline{v}}{\partial \theta}+\frac{\overline{w}}{x}\cot\phi,$$

$$\gamma_1=\frac{1}{x\sin\phi}\frac{\partial \overline{u}}{\partial \theta}+\frac{\partial \overline{v}}{\partial x}-\frac{\overline{v}}{x}, \quad \kappa_1=-\frac{\partial^2 \overline{w}}{\partial x^2},$$

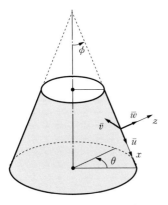

図 7.5 円錐殻と座標系

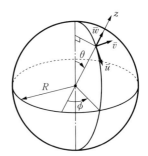

図 7.6 球殻と座標系

$$\kappa_2 = \frac{\cos\phi}{x^2\sin^2\phi}\frac{\partial\bar{v}}{\partial\theta} - \frac{1}{x}\frac{\partial\bar{w}}{\partial x} - \frac{1}{x^2\sin^2\phi}\frac{\partial^2\bar{w}}{\partial\theta^2},$$
$$\gamma_2 = \frac{1}{\sin\phi}\frac{\partial}{\partial x}\left(\frac{\bar{v}}{x}\cos\phi - \frac{1}{x}\frac{\partial\bar{w}}{\partial\theta}\right) \tag{7.22}$$

したがって,式 (7.2) より,「ひずみ-変位」関係式が得られる.

C. 球 殻

図 7.6 に示す半径 R の球殻を考える.α_1 曲線を θ 方向,α_2 曲線を ϕ 方向にとるものとすると,図より以下のように幾何学パラメータを決定することができる.

$$\left.\begin{array}{lll}\alpha_1=\theta & A_1=R, & R_1=R\\ \alpha_2=\phi, & A_2=R\sin\theta, & R_2=R\end{array}\right\} \tag{7.23}$$

これを用いて,式 (7.3) より

$$\varepsilon_1 = \frac{1}{R}\left(\frac{\partial\bar{u}}{\partial\theta}+\bar{w}\right),\quad \varepsilon_2 = \frac{1}{R}\left(\bar{u}\cot\theta + \frac{1}{\sin\theta}\frac{\partial\bar{v}}{\partial\phi}+\bar{w}\right),$$
$$\gamma_1 = \frac{1}{R}\left(\frac{1}{\sin\theta}\frac{\partial\bar{u}}{\partial\phi}+\frac{\partial\bar{v}}{\partial\theta}-\bar{v}\cot\theta\right),$$
$$\kappa_1 = \frac{1}{R^2}\left(\frac{\partial\bar{u}}{\partial\theta}-\frac{\partial^2\bar{w}}{\partial\theta^2}\right),\quad \kappa_2 = \frac{1}{R^2\sin\theta}\left\{\frac{\partial\bar{v}}{\partial\phi}-\frac{1}{\sin\theta}\frac{\partial^2\bar{w}}{\partial\phi^2}+\left(\bar{u}-\frac{\partial\bar{w}}{\partial\theta}\right)\cos\theta\right\},$$
$$\gamma_2 = \frac{1}{R^2\sin\theta}\left(\frac{\partial\bar{u}}{\partial\phi}+\frac{\partial\bar{v}}{\partial\theta}\sin\theta-\bar{v}\cos\theta+\frac{\partial\bar{w}}{\partial\phi}\cot\theta-\frac{\partial^2\bar{w}}{\partial\theta\partial\phi}\right) \tag{7.24}$$

したがって,式 (7.2) より,「ひずみ-変位」関係式が得られる.

D. トーラス

図7.7 に示す,半径 R の円形断面を有するトーラスを考える.図のように角座標 ϕ, ψ および z 軸をとり,座標変換 $\bar{\theta}+\pi/2=\psi$,無次元座標 $\theta=\bar{\theta}/\pi (-1 \ll \theta \ll 1)$,半径比 $k=R/a$ を導入する.

α_1 曲線を ϕ 方向,α_2 曲線を θ 方向にとるものとし,$R_1=\overline{\mathrm{PA}}$ に注意すると,図より以下のように幾何学パラメータを決定することができる.

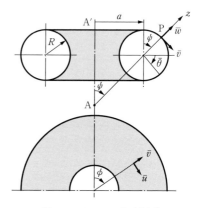

図7.7 トーラスと座標系

$$\left.\begin{array}{lll} \alpha_1=\phi & A_1=a\Phi, & R_1=R_\phi \\ \alpha_2=\theta, & A_2=R\pi, & R_2=R \end{array}\right\} \quad (7.25)$$

ここに,$\Phi=1+k\cos\pi\theta$,$R_\phi=a\Phi/\cos\pi\theta$.

これを用いて,式 (7.3) より

$$\varepsilon_1=\frac{1}{a\Phi}\left(\frac{\partial \bar{u}}{\partial \phi}-\bar{v}\sin\pi\theta+\bar{w}\cos\pi\theta\right),$$

$$\varepsilon_2=\frac{1}{R}\left(\frac{1}{\pi}\frac{\partial \bar{v}}{\partial \theta}+\bar{w}\right), \ \gamma_1=\frac{1}{a\Phi}\left(\bar{u}\sin\pi\theta+\frac{\partial \bar{v}}{\partial \phi}\right)+\frac{1}{R\pi}\frac{\partial \bar{u}}{\partial \theta},$$

$$\kappa_1=\frac{1}{a^2\Phi^2}\left(\frac{\partial \bar{u}}{\partial \phi}\cos\pi\theta-\frac{\partial^2 \bar{w}}{\partial \phi^2}\right)-\frac{\sin\pi\theta}{aR\Phi}\left(\bar{v}-\frac{1}{\pi}\frac{\partial \bar{w}}{\partial \theta}\right), \ \kappa_2=\frac{1}{R^2\pi}\left(\frac{\partial \bar{v}}{\partial \theta}-\frac{1}{\pi}\frac{\partial^2 \bar{w}}{\partial \theta^2}\right),$$

$$\gamma_2=\frac{1}{aR\Phi}\left\{\frac{\cos\pi\theta}{\pi}\frac{\partial \bar{u}}{\partial \theta}+\frac{\partial \bar{v}}{\partial \phi}-\frac{1}{\pi}\frac{\partial^2 \bar{w}}{\partial \theta \partial \phi}+\frac{k\sin\pi\theta}{\Phi}\left(\bar{u}\cos\pi\theta-\frac{\partial \bar{w}}{\partial \phi}\right)\right\} \quad (7.26)$$

したがって,式 (7.2) より,「ひずみ-変位」関係式が得られる.

得られた理論の妥当性を確認することはきわめて重要である.その手段としては,厳密な数学的証明を行うか,すでに実証・確立されている他の理論と照合するか,あるいは実験による確認を行うかのいずれかであるといわれている.ここでは,実験値との比較を以下に示す.表7.1 は,一般回転殻の例としてトーラスの無次元固有円振動数 α について,Love 理論に基づく理論解析結果[10]と実験結果[11]との比較を示す.代表半径を $r_0=R$ とおくと,実験から得られる固有振動数 f[Hz]と無次元固有円振動数 α との関係は,式 (7.9) より,次式で与えられる.

$$\alpha^4=\frac{\rho h R^4}{D}\omega^2=\frac{\rho(1-\nu^2)R^2}{E}\beta(2\pi f)^2 \quad (7.27)$$

表7.1 トーラスの無次元固有円振動数 α の理論値[10]と実験値[11]の比較

上段:理論値,下段:実験値,$\theta=0$ 面に関して対称な 1 次振動,ϕ 方向波数:n,$R/h=13.8\sim17.1$,殻厚パラメータ:$\beta=12R^2h^2$,半径比:$k=R/a$.

		$n=2$	$n=3$	$n=4$	$n=5$
No.1	$\beta=2281$	1.097	1.706		
	$k=0.161$	1.072	1.724		
No.2	$\beta=2501$	1.036	1.629		
	$k=0.147$	1.030	1.613		
No.3	$\beta=2622$	0.8338	1.352	1.714	
	$k=0.109$	0.8159	1.326	1.688	
No.4	$\beta=3477$	0.7299	1.199	1.560	1.805
	$k=0.0871$	0.7416	1.210	1.573	1.821

実験では,寸法の異なる完全に閉じた4種類のガラス製トーラスを用い,節に当たる部分を糸で吊り下げることにより,近似的に自由の境界条件を設定した.物性値は $\nu=0.3$, $\rho/E=3.73\times10^{-8}\sec^2/m^2$ とした.一方理論値は,式 (7.26) を用いて誘導される変数係数の連立微分方程式となる運動方程式を,べき級数展開法を用いて厳密に解析し求められたものである.完全に閉じたトーラスの $\theta=0$ 面に関して対称な振動のみに限定すると,$\theta=\pm1$ における境界条件は $\theta=0$ における解の性質により自動的に決定され,$T_1=v=T_3=dw/d\theta=0$ となる.n は ϕ 方向波数である.表より,理論値と実験値の誤差は最大でも2%程度であり,よく一致していることがわかる.

[補足] Flügge 理論について

h/R_1, h/R_2 がともに1に比べて十分小さいという条件が満たされない場合は,これらの項の影響を取り入れた Flügge 理論が用いられる.この理論の定式化の要点を以下に記す.なお,詳細は専門書 3),4) などを参照されたい.

(1) 任意点の垂直ひずみ e_{11}, e_{22},せん断ひずみ e_{12} は,式 (7.2) の代わりに次式を用いる.

$$e_{11}=\frac{1}{1+\dfrac{z}{R_1}}(\varepsilon_1+z\kappa_1), \quad e_{22}=\frac{1}{1+\dfrac{z}{R_2}}(\varepsilon_2+z\kappa_2),$$

$$e_{12}=\frac{1}{\left(1+\dfrac{z}{R_1}\right)\left(1+\dfrac{z}{R_2}\right)}\left[\left(1-\frac{z^2}{R_1R_2}\right)\gamma_1+2\left\{1+\left(\frac{1}{R_1}+\frac{1}{R_2}\right)\frac{z}{2}\right\}z\gamma_2\right] \quad (7.28)$$

(2) ラグランジュ関数は，式 (7.6) の代わりに次式を用いる．

$$L = \left(\frac{2}{\tau}\right)\frac{1}{2}\int_0^\tau \int_{-h/2}^{h/2} \int_{\alpha_1} \int_{\alpha_2} \left[\rho\left\{\left(\frac{\partial \bar{u}}{\partial t}\right)^2 + \left(\frac{\partial \bar{v}}{\partial t}\right)^2 + \left(\frac{\partial \bar{w}}{\partial t}\right)^2\right\}\right.$$

$$\left. - (\sigma_{11}e_{11} + \sigma_{22}e_{22} + \sigma_{12}e_{12})\right] A_1 A_2 \left(1+\frac{z}{R_1}\right)\left(1+\frac{z}{R_2}\right) d\alpha_1 d\alpha_2 dz dt \quad (7.29)$$

(3) 殻の微小要素の中央面に働く単位長さ当たりの合成力とモーメント（図 7.3）は，式 (7.16) の代わりに次式を用いる．

$$T_{11} = \int_{-h/2}^{h/2} \sigma_{11}\left(1+\frac{z}{R_2}\right)dz, \quad T_{22} = \int_{-h/2}^{h/2} \sigma_{22}\left(1+\frac{z}{R_1}\right)dz,$$

$$T_{12} = \int_{-h/2}^{h/2} \sigma_{12}\left(1+\frac{z}{R_2}\right)dz, \quad T_{21} = \int_{-h/2}^{h/2} \sigma_{12}\left(1+\frac{z}{R_1}\right)dz,$$

$$M_{11} = \int_{-h/2}^{h/2} z\sigma_{11}\left(1+\frac{z}{R_2}\right)dz, \quad M_{22} = \int_{-h/2}^{h/2} z\sigma_{22}\left(1+\frac{z}{R_1}\right)dz,$$

$$M_{12} = \int_{-h/2}^{h/2} z\sigma_{12}\left(1+\frac{z}{R_2}\right)dz, \quad M_{21} = \int_{-h/2}^{h/2} z\sigma_{12}\left(1+\frac{z}{R_1}\right)dz,$$

$$N_{11} = \int_{-h/2}^{h/2} \sigma_{31}\left(1+\frac{z}{R_2}\right)dz, \quad N_{22} = \int_{-h/2}^{h/2} \sigma_{23}\left(1+\frac{z}{R_1}\right)dz \quad (7.30)$$

演習問題

7.1 B. の円錐殻において，半頂角 $\phi \to 0$ の極限を考えた場合，A. の円筒殻の結果が誘導できることを示せ．

7.2 In Section D. of the toroidal shell (torus), if the value of radius a becomes large, prove that Eq. (7.26) approaches to Eq. (7.19) of the cylindrical shell.

7.3 曲線の一部を，図 7.8 のように軸の回りに回転することによってつくられる一般回転殻[12]のひずみ-変位関係式を求めよ．経線の主曲率半径：$\overline{PC}=R_1(\theta)$，緯線の主曲率半径：$\overline{PB}=R_2(\theta)$ とし，α_1 曲線を θ 方向，α_2 曲線を ϕ 方向にとるものとする．必要な場合は，以下の**コダッチの条件** (conditions of Codazzi) を用いてよい．

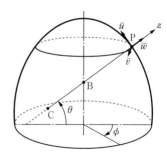

図 7.8　一般回転殻と座標系

図 7.9 H-ⅡA ロケットの LE-7 エンジンのノズル部（三菱みなとみらい技術館にて）

$$\frac{\partial}{\partial \alpha_1}\left(\frac{A_2}{R_2}\right)=\frac{1}{R_1}\frac{\partial A_2}{\partial \alpha_1}, \quad \frac{\partial}{\partial \alpha_2}\left(\frac{A_1}{R_1}\right)=\frac{1}{R_2}\frac{\partial A_1}{\partial \alpha_2} \tag{7.31}$$

なお，一般回転殻の代表的な例として，ロケットエンジンのノズルがある．一例として，図 7.9 に H-ⅡA ロケットエンジンのノズル部外観を示す．

7.3 円筒殻の曲げ振動

円筒殻の曲げ振動（flexural vibration of cylindrical shell）の具体的な問題は，航空機，ロケット，潜水艦などの胴体部，各種タンク，容器などに発生する振動である．殻構造の中でも最も多用されているのが薄肉の円筒殻である．そこで本節では，Love 理論，Flügge 理論および Donnell 理論に基づく運動方程式を示し，扱いやすい薄肉殻理論である Donnell 理論に基づいて円筒殻の曲げ振動の解析法について述べる．

さて，前節の A. で求めた円筒殻の「ひずみ-変位」関係式（7.19）などを式（7.8）に代入すると，Love 理論による運動方程式は次式のように求められる．

$$\frac{\partial^2 u}{\partial x^2}+\frac{1-\nu}{2R^2}\frac{\partial^2 u}{\partial \theta^2}+\frac{1+\nu}{2R}\frac{\partial^2 v}{\partial x\partial\theta}+\frac{\nu}{R}\frac{\partial w}{\partial x}+\frac{\rho(1-\nu^2)\omega^2}{E}u=0,$$

$$\frac{1+\nu}{2R}\frac{\partial^2 u}{\partial x\partial\theta}+\frac{1-\nu}{2}\frac{\partial^2 v}{\partial x^2}+\frac{1}{R^2}\frac{\partial^2 v}{\partial \theta^2}+\frac{1}{R^2}\frac{\partial w}{\partial \theta}$$
$$+\frac{h^2}{12R^2}\left\{2(1-\nu)\frac{\partial^2 v}{\partial x^2}+\frac{1}{R^2}\frac{\partial^2 v}{\partial \theta^2}+(\nu-2)\frac{\partial^3 w}{\partial x^2\partial\theta}-\frac{1}{R^2}\frac{\partial^3 w}{\partial \theta^3}\right\}+\frac{\rho(1-\nu^2)\omega^2}{E}v=0,$$

$$\frac{\nu}{R}\frac{\partial u}{\partial x}+\frac{1}{R^2}\frac{\partial v}{\partial \theta}+\frac{w}{R^2}$$

$$+\frac{h^2}{12}\left[\frac{\partial^4 w}{\partial x^4}+\frac{2}{R^2}\frac{\partial^4 w}{\partial x^2 \partial \theta^2}+\frac{1}{R^4}\frac{\partial^4 w}{\partial \theta^4}+\left\{\frac{\nu-2}{R^2}\frac{\partial^3 v}{\partial x^2 \partial \theta}-\frac{1}{R^4}\frac{\partial^3 v}{\partial \theta^3}\right\}\right]-\frac{\rho(1-\nu^2)\omega^2}{E}w=0$$
(7.32)

ここに,各式の左辺最終項が慣性力である.また,式 (7.5) より変位は次式のようになる.

$$\{\overline{u}(x,\theta,t),\quad \overline{v}(x,\theta,t),\quad \overline{w}(x,\theta,t)\}=\{u(x,\theta),\quad v(x,\theta),\quad w(x,\theta)\}\sin\omega t \quad (7.33)$$

したがって,$\overline{u},\overline{v},\overline{w}$ を用いて式 (7.32) を表示すると,次式のようになる.

$$\frac{\partial^2 \overline{u}}{\partial x^2}+\frac{1-\nu}{2R^2}\frac{\partial^2 \overline{u}}{\partial \theta^2}+\frac{1+\nu}{2R}\frac{\partial^2 \overline{v}}{\partial x \partial \theta}+\frac{\nu}{R}\frac{\partial \overline{w}}{\partial x}-\frac{\rho(1-\nu^2)}{E}\frac{\partial^2 \overline{u}}{\partial t^2}=0,$$

$$\frac{1+\nu}{2R}\frac{\partial^2 \overline{u}}{\partial x \partial \theta}+\frac{1-\nu}{2}\frac{\partial^2 \overline{v}}{\partial x^2}+\frac{1}{R^2}\frac{\partial^2 \overline{v}}{\partial \theta^2}+\frac{1}{R^2}\frac{\partial \overline{w}}{\partial \theta}$$
$$+\frac{h^2}{12R^2}\left\{2(1-\nu)\frac{\partial^2 \overline{v}}{\partial x^2}+\frac{1}{R^2}\frac{\partial^2 \overline{v}}{\partial \theta^2}+(\nu-2)\frac{\partial^3 \overline{w}}{\partial x^2 \partial \theta}-\frac{1}{R^2}\frac{\partial^3 \overline{w}}{\partial \theta^3}\right\}-\frac{\rho(1-\nu^2)}{E}\frac{\partial^2 \overline{v}}{\partial t^2}=0,$$

$$\frac{\nu}{R}\frac{\partial \overline{u}}{\partial x}+\frac{1}{R^2}\frac{\partial \overline{v}}{\partial \theta}+\frac{\overline{w}}{R^2}$$
$$+\frac{h^2}{12}\left[\frac{\partial^4 \overline{w}}{\partial x^4}+\frac{2}{R^2}\frac{\partial^4 \overline{w}}{\partial x^2 \partial \theta^2}+\frac{1}{R^4}\frac{\partial^4 \overline{w}}{\partial \theta^4}+\left\{\frac{\nu-2}{R^2}\frac{\partial^3 \overline{v}}{\partial x^2 \partial \theta}-\frac{1}{R^4}\frac{\partial^3 \overline{v}}{\partial \theta^3}\right\}\right]+\frac{\rho(1-\nu^2)}{E}\frac{\partial^2 \overline{w}}{\partial t^2}=0$$
(7.34)

一方,Flügge 理論については,前節の［補足］で触れているが,運動方程式は以下のように求められている(詳細は文献 3),4) を参照).

$$\frac{\partial^2 \overline{u}}{\partial x^2}+\frac{1-\nu}{2R^2}\frac{\partial^2 \overline{u}}{\partial \theta^2}+\frac{1+\nu}{2R}\frac{\partial^2 \overline{v}}{\partial x \partial \theta}+\frac{\nu}{R}\frac{\partial \overline{w}}{\partial x}$$
$$+\frac{h^2}{12R^2}\left\{\frac{1-\nu}{2R^2}\frac{\partial^2 \overline{u}}{\partial \theta^2}-R\frac{\partial^3 \overline{w}}{\partial x^3}+\frac{1-\nu}{2R}\frac{\partial^3 \overline{w}}{\partial x \partial \theta^2}\right\}-\frac{\rho(1-\nu^2)}{E}\frac{\partial^2 \overline{u}}{\partial t^2}=0,$$

$$\frac{1+\nu}{2R}\frac{\partial^2 \overline{u}}{\partial x \partial \theta}+\frac{1-\nu}{2}\frac{\partial^2 \overline{v}}{\partial x^2}+\frac{1}{R^2}\frac{\partial^2 \overline{v}}{\partial \theta^2}+\frac{1}{R^2}\frac{\partial \overline{w}}{\partial \theta}$$
$$+\frac{h^2}{12R^2}\left\{\frac{3(1-\nu)}{2}\frac{\partial^2 \overline{v}}{\partial x^2}-\frac{3-\nu}{2}\frac{\partial^3 \overline{w}}{\partial x^2 \partial \theta}\right\}-\frac{\rho(1-\nu^2)}{E}\frac{\partial^2 \overline{v}}{\partial t^2}=0,$$

$$\frac{\nu}{R}\frac{\partial \overline{u}}{\partial x}+\frac{1}{R^2}\frac{\partial \overline{v}}{\partial \theta}+\frac{\overline{w}}{R^2}+\frac{h^2}{12R^2}\left[\left\{-\frac{\partial^3 \overline{u}}{\partial x^3}+\frac{1-\nu}{2R}\frac{\partial^3 \overline{u}}{\partial x \partial \theta^2}-\frac{3-\nu}{2}\frac{\partial^3 \overline{v}}{\partial x^2 \partial \theta}+\frac{\overline{w}}{R^2}+\frac{2}{R^2}\frac{\partial^2 \overline{w}}{\partial \theta^2}\right\}\right.$$
$$\left.+R^2\frac{\partial^4 \overline{w}}{\partial x^4}+2\frac{\partial^4 \overline{w}}{\partial x^2 \partial \theta^2}+\frac{1}{R^2}\frac{\partial^4 \overline{w}}{\partial \theta^4}\right]+\frac{\rho(1-\nu^2)}{E}\frac{\partial^2 \overline{w}}{\partial t^2}=0$$
(7.35)

さて,Love 理論による運動方程式 (7.34) または Flügge 理論による運動方程式 (7.35) 中の { } 内の項を省略することにより,Donnell 理論による運動方程式

が以下のように得られる．

$$\frac{\partial^2 \bar{u}}{\partial x^2}+\frac{1-\nu}{2R^2}\frac{\partial^2 \bar{u}}{\partial \theta^2}+\frac{1+\nu}{2R}\frac{\partial^2 \bar{v}}{\partial x\partial \theta}+\frac{\nu}{R}\frac{\partial \bar{w}}{\partial x}-\frac{\rho(1-\nu^2)}{E}\frac{\partial^2 \bar{u}}{\partial t^2}=0,$$

$$\frac{1+\nu}{2R}\frac{\partial^2 \bar{u}}{\partial x\partial \theta}+\frac{1-\nu}{2}\frac{\partial^2 \bar{v}}{\partial x^2}+\frac{1}{R^2}\frac{\partial^2 \bar{v}}{\partial \theta^2}+\frac{1}{R^2}\frac{\partial \bar{w}}{\partial \theta}-\frac{\rho(1-\nu^2)}{E}\frac{\partial^2 \bar{v}}{\partial t^2}=0,$$

$$\frac{\nu}{R}\frac{\partial \bar{u}}{\partial x}+\frac{1}{R^2}\frac{\partial \bar{v}}{\partial \theta}+\frac{\bar{w}}{R^2}+\frac{h^2}{12}\left(\frac{\partial^4 \bar{w}}{\partial x^4}+\frac{2}{R^2}\frac{\partial^4 \bar{w}}{\partial x^2\partial \theta^2}+\frac{1}{R^4}\frac{\partial^4 \bar{w}}{\partial \theta^4}\right)+\frac{\rho(1-\nu^2)}{E}\frac{\partial^2 \bar{w}}{\partial t^2}=0 \quad (7.36)$$

以下，例として Donnell 理論による運動方程式 (7.36) の解法を考える．前節の A. を参照し，長さ L，半径 R，殻厚 h の円筒殻に，図 7.10 のように座標を設定する．解析の便宜上，無次元座標 $\xi=x/R$ を導入し，式 (7.33) を式 (7.36) に代入し整理すると

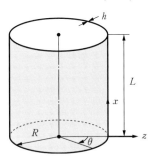

図 7.10 円筒殻と座標系

$$\frac{\partial^2 u}{\partial \xi^2}+\frac{1-\nu}{2}\frac{\partial^2 u}{\partial \theta^2}+\frac{1+\nu}{2}\frac{\partial^2 v}{\partial \xi\partial \theta}+\nu\frac{\partial w}{\partial \xi}+\frac{\alpha^4}{\beta}u=0,$$

$$\frac{1+\nu}{2}\frac{\partial^2 u}{\partial \xi\partial \theta}+\frac{1-\nu}{2}\frac{\partial^2 v}{\partial \xi^2}+\frac{\partial^2 v}{\partial \theta^2}+\frac{\partial w}{\partial \theta}+\frac{\alpha^4}{\beta}v=0,$$

$$\nu\frac{\partial u}{\partial \xi}+\frac{\partial v}{\partial \theta}+w+\frac{1}{\beta}\left(\frac{\partial^4 w}{\partial \xi^4}+2\frac{\partial^4 w}{\partial \xi^2\partial \theta^2}+\frac{\partial^4 w}{\partial \theta^4}\right)-\frac{\alpha^4}{\beta}w=0 \quad (7.37)$$

ここに，式 (7.9) より，円筒殻の場合の無次元の固有円振動数 α および殻厚パラメータ β は，次式のようになる．

$$\alpha^4=\frac{\rho h R^4}{D}\omega^2, \quad \beta=12\frac{R^2}{h^2}, \quad D=\frac{Eh^3}{12(1-\nu^2)} \quad (7.38)$$

いま，**周方向波数**（circumferential wave number）を n とし，A，B，C，および λ を未定係数として，式 (7.37) の解を以下のように仮定する．

$$\left.\begin{array}{l}u(\xi,\theta)=Ae^{\lambda\xi}\cos n\theta \\ v(\xi,\theta)=Be^{\lambda\xi}\sin n\theta \\ w(\xi,\theta)=Ce^{\lambda\xi}\cos n\theta\end{array}\right\} \quad (7.39)$$

式 (7.39) を式 (7.37) に代入すると，次式を得る．

$$\begin{bmatrix}U_1 & U_2 & U_3 \\ V_1 & V_2 & V_3 \\ W_1 & W_2 & W_3\end{bmatrix}\begin{bmatrix}A \\ B \\ C\end{bmatrix}=\begin{bmatrix}0 \\ 0 \\ 0\end{bmatrix} \quad (7.40)$$

ここに

$$U_1=\lambda^2+\frac{\alpha^4}{\beta}-\frac{(1-\nu)n^2}{2}, \quad U_2=\frac{(1+\nu)n}{2}\lambda, \quad U_3=\nu\lambda,$$

$$V_1 = -\frac{(1+\nu)n}{2}\lambda, \quad V_2 = \frac{1-\nu}{2}\lambda^2 + \frac{\alpha^4}{\beta} - n^2, \quad V_3 = -n,$$

$$W_1 = \nu\lambda, \quad W_2 = n, \quad W_3 = \frac{1}{\beta}\lambda^4 - \frac{2n^2}{\beta}\lambda^2 + 1 + \frac{n^4 - \alpha^4}{\beta}$$

(7.41)

　同次方程式（7.40）が**非自明解**（non-trivial solution）をもつためには，その係数行列式の値が0でなければならない．したがって

$$\begin{vmatrix} U_1 & U_2 & U_3 \\ V_1 & V_2 & V_3 \\ W_1 & W_2 & W_3 \end{vmatrix} = 0 \quad (7.42)$$

この式を展開して整理すると，次のような**特性方程式**（characteristic equation）が得られる．

$$a_1\lambda^8 + a_2\lambda^6 + a_3\lambda^4 + a_4\lambda^2 + a_5 = 0 \quad (7.43)$$

ここに $a_1 \sim a_5$ は，ν, β, n, α の多項式で以下のように表される．

$$a_1 = \frac{1-\nu}{2\beta},$$

$$a_2 = \frac{(\nu-1)n^2}{\beta} + \frac{1}{\beta}\left\{\frac{\alpha^4}{\beta} - n^2 + \left(\frac{\alpha^4}{\beta} - \frac{1-\nu}{2}n^2\right)\frac{1-\nu}{2}\right\} + \frac{(1+\nu)^2 n^2}{4\beta},$$

$$a_3 = \frac{1-\nu}{2}\left(1 + \frac{n^4-\alpha^4}{\beta}\right) - \frac{2n^2}{\beta}\left\{\frac{\alpha^4}{\beta} - n^2 + \left(\frac{\alpha^4}{\beta} - \frac{1-\nu}{2}n^2\right)\frac{1-\nu}{2}\right\}$$
$$+ \frac{1}{\beta}\left(\frac{\alpha^4}{\beta} - \frac{1-\nu}{2}n^2\right)\left(\frac{\alpha^4}{\beta} - n^2\right) - \frac{1-\nu}{2}\nu^2 - \frac{(1+\nu)^2 n^4}{2\beta},$$

$$a_4 = \left\{\frac{\alpha^4}{\beta} - n^2 + \left(\frac{\alpha^4}{\beta} - \frac{1-\nu}{2}n^2\right)\frac{1-\nu}{2} + \frac{(1+\nu)^2 n^2}{4}\right\}\left(1 + \frac{n^4-\alpha^4}{\beta}\right)$$
$$- \frac{2n^2}{\beta}\left(\frac{\alpha^4}{\beta} - \frac{1-\nu}{2}n^2\right)\left(\frac{\alpha^4}{\beta} - n^2\right) - (1+\nu)\nu n^2 - \nu^2\left(\frac{\alpha^4}{\beta} - n^2\right) + n^2,$$

$$a_5 = \left(\frac{\alpha^4}{\beta} - \frac{1-\nu}{2}n^2\right)\left(\frac{\alpha^4}{\beta} - n^2\right)\left(1 + \frac{n^4-\alpha^4}{\beta}\right) + n^2\left(\frac{\alpha^4}{\beta} - \frac{1-\nu}{2}n^2\right)$$

(7.44)

　したがって，特性方程式（7.43）の8個の根を $\lambda_i (i=1\sim8)$ とすると，一般解は次式で表される．

$$\left.\begin{array}{l} u(\xi, \theta, t) = \sum_{i=1}^{8} A_i e^{\lambda_i \xi} \cos n\theta \sin \omega t \\ v(\xi, \theta, t) = \sum_{i=1}^{8} B_i e^{\lambda_i \xi} \sin n\theta \sin \omega t \\ w(\xi, \theta, t) = \sum_{i=1}^{8} C_i e^{\lambda_i \xi} \cos n\theta \sin \omega t \end{array}\right\} \quad (7.45)$$

周方向に閉じた円筒殻の場合は，式 (7.14) より殻の x 方向（ξ 方向）の境界一端につき 4 個，両端で計 8 個の境界条件が存在する．これらに式 (7.45) を代入することによって，同次 8 元連立 1 次方程式が得られる．この式が恒等的に 0 でない解をもつためには，その 8 行 8 列の係数行列式 Δ の値が 0 でなければならない．これより振動数方程式が以下のように得られる．

$$\Delta(\nu, \beta, n, \alpha) = 0 \tag{7.46}$$

したがって，与えられた ν, β, n に対して，式 (7.46) を満足する α が順次求められる．これを小さい順に $\alpha_m (m=1, 2, 3, \cdots)$ とすると式 (7.38) より，固有円振動数 ω_m および固有振動数 f_m [Hz] が以下のように求められる．

$$\omega_m = \sqrt{\frac{D}{\rho h}} \frac{\alpha_m^2}{R^2} = 2\pi f_m \tag{7.47}$$

また，対応する固有振動モードは，n, α の値を元の連立方程式に代入し，係数の比率を定めることにより，式 (7.45) より求めることができる．図 7.11 に円筒殻の周方向および軸方向の基本的な振動モードを示す．なお，$n=0$ は**軸対称振動**（axisymmetric vibration）になり，$n=1$ は**梁状モード**（beam-type mode）になる．m は**軸方向振動次数**（axial vibration order）を表し，両端で変位 $w=0$ の場合

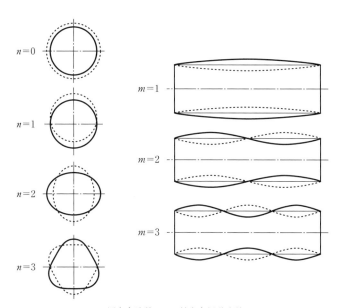

n：周方向波数，m：軸方向振動次数

図 7.11 円筒殻の周方向および軸方向の基本的固有振動モード：両端支持

には半波数に対応する．図 7.12 に，代表的な例として $m=3, n=2$ の場合の円筒殻の固有振動モードを示す．図中，破線は節線を表しており，節線を境に＋部分と－部分とは互いに反対方向（逆位相）に運動することを示す．

以下では，理論の妥当性を確認するため，実験値との比較を示す．図 7.13 は，Donnell 理論による理論値と実験値の比較[13]を，円筒殻の固有振動数 f と周方向波数 n の関係で示す．理論解析では，Donnell 理論に基づく基礎式に修正 Galerkin 法を適用する手法を用いている．なお，この手法で得られた値は，解析したパラメータの範囲内で厳密解と 1% 以内の誤差で一致することが確認されている．

実験で用いる薄肉円筒殻は，厚さ $h=0.247\,\mathrm{mm}$ のポリエステルフィルムを鋼管に巻き付けて継ぎ目を接着することで製作されている．この円筒殻の一端を治具に接着固定することで，一端固定・他端自由の境界条件を実現している．物性値は $\nu=0.3$, $\rho=1.405\times 10^3\,\mathrm{kg/m^3}$, $E=5.56\,\mathrm{GPa}$ とした．図より，各 m について，f

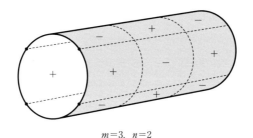

$m=3, \ n=2$
破線は節線，＋部分と－部分とは互いに反対方向に運動

図 7.12 円筒殻の代表的な固有振動モード

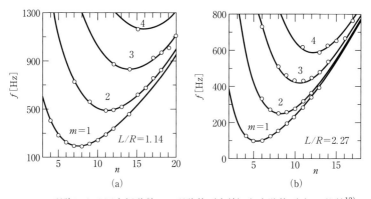

図 7.13 Donnell 理論による固有振動数 f の理論値（実線）と実験値（○）の比較[13]：一端固定・他端自由円筒殻，$R/h=405$

の極小値を与える n が存在することがわかる．理論値と実験値の誤差は最大でも4％程度であり，よく一致していることがわかる．

演習問題

7.4 長さ L の円筒殻の振動について，比較的容易に解を求めることができる両端単純支持（式 (7.15) の S3：$w=M_1=T_1=v=0$）の場合を考える．境界条件を満足する解を以下のように仮定することにより，Donnell 理論による振動数方程式を求めよ．

$$\left.\begin{array}{l}\bar{u}(x,\theta,t)=A\cos\dfrac{m\pi x}{L}\cos n\theta\sin\omega t\\ \bar{v}(x,\theta,t)=B\sin\dfrac{m\pi x}{L}\sin n\theta\sin\omega t\\ \bar{w}(x,\theta,t)=C\sin\dfrac{m\pi x}{L}\cos n\theta\sin\omega t\end{array}\right\} \quad(7.48)$$

7.5 薄肉円筒殻の曲げ振動においては，低次の振動モードに限定した場合には，面内の慣性力の影響は小さく無視できるとされている（参考文献4），p.150）．この場合の，Donnell 理論による両端単純支持円筒殻の振動数方程式および固有円振動数を求めよ．

7.6 Let us consider a circular cylindrical shell, which is open in the θ direction as shown in the Fig.7.14. This type of shell panel represents basic structure of an airplane door, jet engine cover, etc. Suppose the same conditions as in the above Prob. 7.5 except for all four boundaries are simply supported.

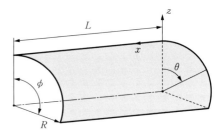

Fig.7.14 Circular cylindrical shell panel and coordinate system

(a) Find the frequency equation and the natural circular frequency of the vibration by assuming the following solutions.

$$\left.\begin{array}{l}\bar{u}(x,\theta,t)=A\cos\dfrac{m\pi x}{L}\sin\dfrac{n\pi\theta}{\phi}\sin\omega t\\ \bar{v}(x,\theta,t)=B\sin\dfrac{m\pi x}{L}\cos\dfrac{n\pi\theta}{\phi}\sin\omega t\\ \bar{w}(x,\theta,t)=C\sin\dfrac{m\pi x}{L}\sin\dfrac{n\pi\theta}{\phi}\sin\omega t\end{array}\right\} \quad(7.49)$$

(b) Verify that the obtained natural circular frequency, as n increases, approaches to that of the rectangular plate given by Eq. (6.59).

7.7 Derive the equations of motion (7.32) of the flexural vibration of a cylindrical shell based on the Love theory by using equations (7.18), (7.19) and (7.8).

7.4　Flügge の式と Donnell の式

　Flügge の式では，円筒殻の幾何学的特性を規定する場合，半径-厚さ比 R/h と細長比 L/R の2つのパラメータを必要とする．したがって，数値計算はこれら2つのパラメータの特定な組合せに対してのみ行われており，それらから任意形状を有する円筒殻の曲げ振動特性を推定するには不十分である．一方，Donnell の式は偏平殻近似に基づいているため，Flügge の式に比べて適用範囲が多少制限されるが簡潔であり，円筒殻の幾何学的特性をただ1つのパラメータ，いわゆる**形状係数** (geometrical parameter) $Z = L^2\sqrt{1-\nu^2}/Rh$ によって表現できるため，構造物を設計する際の技術資料を提供する手段としてきわめて有用である．

7.4.1　Donnell の式による固有円振動数

　一例として，$\nu=0.3$ として，一端が固定：C1 で，他端が自由の片持ち円筒殻の，最低次より第4次まで（$m=1\sim 4$）の各基準振動における最小固有円振動数 $\omega_{m(0)}$ と対応する円周方向波数係数 $\beta_{m(0)}$ を Z の広範囲な値，すなわち $0 \leq Z \leq 10^4$ に

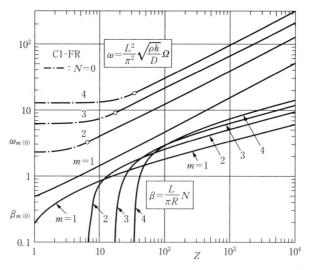

図 7.15　最小固有円振動数と波数係数：C1-Free，Donnell の式[14]

対して計算した結果を図 7.15 に示す[14]．円筒殻の固有振動数は，波数を横軸にとると，図 7.13 のように下に凸の曲線で表される．ここでは，その最小固有円振動数と対応する波数を求めたことになる．なお，本節では，無次元固有円振動数 ω と周方向波数係数 β は以下のように定義している．また，固有円振動数を Ω，円周方向波数を N としている．

$$\omega = \frac{L^2}{\pi^2}\sqrt{\frac{\rho h}{D}}\,\Omega, \quad \beta = \frac{L}{\pi R}N \tag{7.50}$$

図 7.16 に $Z=10^2, 10^3, 10^4$ に対する円周方向波数係数比の変化に伴う最小固有円振動数比の変化を示す（$m=1$）．この図と図 7.15 より，任意の幾何学形状を有する片持ち円筒殻の固有振動数を推定することができる（$m=1$）．なお，他の 7 つの境界条件を有する片持ち円筒殻の結果は文献 14) を，両端の境界条件が等しい円筒殻の結果については文献 15) を参照されたい．

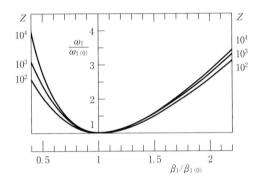

図 7.16 波数係数比による最小固有円振動数比の変化：C1-Free, $m=1$, Donnell の式[14]

7.4.2 境界条件の影響

7.2 節の式 (7.15) に示したように，自由端以外の境界条件は，たわみを固定する場合：C と単純支持する場合：S，さらに軸方向変位 u と円周方向変位 v の拘束の有無による 1～4 の組み合わせで，計 8 種類に分けられる．

形状係数 Z が小さい比較的短い円筒殻では，最小固有振動数の振動形は，円周方向変位を拘束する（$v=0$），C1, C3, S1, S3-Free のグループでは軸対称振動モード（$N=0$），円周方向変位を拘束しない（$v\neq 0$），C2, C4, S2, S4-Free のグループでは $N=1$ の非軸対称振動モードとなる．なお，固有振動数は，境界が C なのか S なのかで大きさが分類される．

それに対し，Z が 50 より大きい比較的長い円筒殻では，最小固有円振動数はほぼ $Z^{1/2}$ に比例する．さらに Z が 10^3 より大きい場合には，第 m 次の最小固有円振動数に関して次の近似式が得られている[14]．

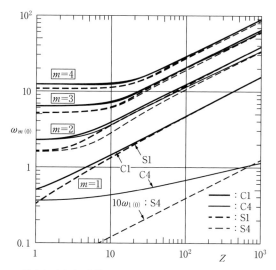

図 7.17 最小固有円振動数に及ぼす境界条件の影響：片持ち円筒殻[14]

C1, C2, S1, S2-Free： $\omega_{m(0)}=(0.77\sim0.84)(m-0.41)\sqrt{Z}; 1\leq m$　(7.51a)

C3, C4, S3, S4-Free： $\omega_{m(0)}=0.85(m-0.753)\sqrt{Z}; 2\leq m$　(7.51b)

前者の4場合では固定または支持端において軸方向変位が拘束され（$u=0$）ていること，後者の4場合では自由（$u\neq0$）であることから，最小固有振動数はたわみを固定するか（C）支持するか（S）には依存せず，境界において軸方向変位 u を拘束するかしないかに依存する．このような傾向は，一端が自由の片持ち円筒殻だけでなく，両端の境界条件がCまたはSの同じ円筒殻の場合[16]にもいえる．

C1, C4, S1, S4-Free の4場合の最小固有円振動数の変化を Z に対して図7.17に示す．図から，C4, S4-Free の $m=1$ の場合を除き，前述したように Z の小さい短い円筒殻では固定または単純支持の影響が支配的であること，それに対して円筒殻が長くなるに従い，軸方向変位 u の拘束の影響が著しくなることが確認できる．なお，C2, C3, S2, S3-Free の場合は，それぞれこの順に，C1, C4, S1, S4-Free の場合と同様の傾向を示す．

7.4.3　Donnell の式と Flügge の式による最小固有振動数の比較

薄肉円筒殻の仮定では，半径と厚さ比 R/h は最小 50 以上と考えられる．そこで $R/h=50$ として，Donnell の式と Flügge の式による最小固有円振動数を円筒殻形状係数 Z に対して比較した例を図 7.18 に示す（境界条件は C1-Free）．図中の細

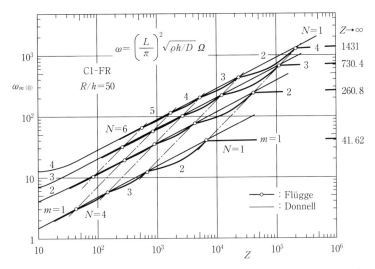

図 7.18 Donnell の式と Flügge の式による最小固有円振動数の比較：C1-Free, $R/h=50$ [15)]

い実線は Donnell の式，太い実線が Flügge の式の結果である．また○は円周方向波数 N が変化する点を意味する．この図から以下のことがわかる．なお，R/h を一定としているため，Z は $(L/R)^2$ に比例していることになる．

(1) Flügge の式の結果は，Z が大きくなる（L/R が大きくなる）に従って，つまり細長くなるに従って，振動次数の低い順に，最小固有振動モードは円周方向波数 N が徐々に減少し，ついには $N=1$ になり，各次数の固有円振動数は右端に示した中空棒の曲げ振動数に漸近すること．

(2) Donnell の式と Flügge の式の結果の差は，円周方向波数 N が小さくなるほど大きい．たとえば $N=4$ では最大 7%，$N=3$ で 15%，$N=2$ で 35% の違いがあり，また Donnell の式からは Flügge の式から得られるような，Z が大きくなった場合に中空棒の振動に漸近する結果は得ることができない．しかしながら，Donnell の式の結果は，比較的長い円筒殻に対しても $4 \leq N$ の場合には実用上十分な精度を有すると思われる．

7.5 応力関数を用いた円筒殻の曲げ振動の運動方程式

7.3 節では変位 u, v, w に関する 3 本の連立した運動方程式を示した．ここでは，**応力関数**（stress function）を用いた，それらとは異なる形の運動方程式を紹介す

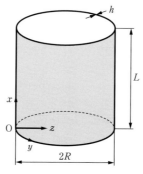

図 7.19 円筒殻と座標系

る.この節では,図 7.19 に示す x, y, z 座標系を用いる.

円筒殻の有限振幅振動を支配する基礎式は,Donnell の式[17])に横方向慣性力を考慮することで,次式で与えられる.

$$N_{x,x}+N_{xy,y}=0, \quad N_{xy,x}+N_{y,y}=0,$$
$$D\nabla^4 w-N_y/R-N_x w_{,xx}-2N_{xy}w_{,xy}-N_y w_{,yy}+\rho h w_{,tt}=0 \quad (7.52\mathrm{a,b,c})$$

ここに,N_x, N_y, N_{xy} は断面力であり,カンマの後の添字はそれに関する微分を意味する.また,断面力と変位の関係は次式で与えられる.

$$\begin{aligned}
Eh\left[u_{,x}+\frac{1}{2}w_{,x}^2\right]&=N_x-\nu N_y, \\
Eh\left[v_{,y}-\frac{1}{R}w+\frac{1}{2}w_{,y}^2\right]&=N_y-\nu N_x, \\
Eh[u_{,y}+v_{,x}+w_{,x}w_{,y}]&=2(1+\nu)N_{xy}
\end{aligned} \quad (7.53)$$

ここに,ν はポアソン比である.ここで,断面力に関する次の応力関数を導入すると

$$N_x=F_{,yy}, \quad N_y=F_{,xx}, \quad N_{xy}=-F_{,xy} \quad (7.54)$$

式 (7.52a) と式 (7.52b) は恒等的に満足され,式 (7.52c) は

$$D\nabla^4 w-F_{,xx}/R-F_{,yy}w_{,xx}+2F_{,xy}w_{,xy}-F_{,xx}w_{,yy}+\rho h w_{,tt}=0 \quad (7.55)$$

となる.また,式 (7.53) は次式となる.

$$\begin{aligned}
Eh\left[u_{,x}+\frac{1}{2}w_{,x}^2\right]&=F_{,yy}-\nu F_{,xx}, \\
Eh\left[v_{,y}-\frac{1}{R}w+\frac{1}{2}w_{,y}^2\right]&=F_{,xx}-\nu F_{,yy}, \\
Eh[u_{,y}+v_{,x}+w_{,x}w_{,y}]&=-2(1+\nu)F_{,xy}
\end{aligned} \quad (7.56)$$

式 (7.56) から u, v を消去すると，次の**両立条件** (compatibility condition) 式が得られる．

$$\nabla^4 F + Eh(w_{,xx}/R - w_{,xy}^2 + w_{,xx}w_{,yy}) = 0 \qquad (7.57)$$

式 (7.55) と式 (7.57) は，w と F に関する非線形連立運動方程式である．このように，応力関数を導入することで変数を 3 つから 2 つに減らすことができる．

また，断面力は応力関数を用いて式 (7.54) で表現できるため，境界において圧縮力やせん断力等が作用する円筒殻の座屈問題や振動問題を扱う際には有効である．

圧縮力やねじりトルクなどが作用する場合や，初期たわみを有する円筒殻，内部に液体を有する円筒タンクの振動問題[18]を解析するためには，圧縮力等による初期変形状態からの変形または振動を考えなければならず，たとえ線形振動であっても，これらの式から出発しなければならない．

また，これらの式中で $R \to \infty$ とすると，薄板の非線形曲げ振動の運動方程式として **von Kármán の式**（von Kármán equation）[19]が得られる．

なお，これらの外力などがない線形振動を考える場合には，式 (7.55) と式 (7.57) において非線形項を省略した次式を用いればよい．

$$D\nabla^4 w - F_{,xx}/R + \rho h w_{,tt} = 0 \qquad (7.58)$$

$$\nabla^4 F + \frac{Eh}{R} w_{,xx} = 0 \qquad (7.59)$$

演習問題

7.8 式 (7.56) から式 (7.57) を導け．

〈参考文献〉

1) A.W. Leissa：Vibration of Shells, NASA SP-288, 1973.
2) W. Soedel：Vibrations of Shells and Plates, Marcel Dekker, Inc., 2004.
3) 鈴木，山田，成田，齋藤：シェルの振動入門，コロナ社，1996．
4) 日本機械学会編，シェルの振動と座屈ハンドブック，技報堂出版，2003．
5) W. Flügge：Statik und Dynamik der Schalen, Springer-Verlag, 1962.
6) J.L. Sanders, Jr.：An Improved First Approximation Theory for Thin Shells, NASA TR-R24, 1959.
7) A.E.H. Love：A Treatise on the Mathematical Theory of Elasticity, Dover Pub., 1944.

8) L.H. Donnell：Beams, Plates and Shells, McGraw-Hill, 1976.
9) 振動工学ハンドブック，養賢堂，1976.
10) 小沢田，鈴木，高橋：トーラスの自由振動，日本機械学会論文集，51-461C，pp. 8-16, 1985.
11) 小沢田：薄肉殻理論および修正理論による回転殻および非円筒殻の自由振動に関する理論的研究，東北大学学位論文，1987.
12) 小沢田，鈴木，高橋：一般回転殻の非軸対称自由振動，日本機械学会論文集，52-480C，pp. 2061-2067, 1986.
13) M. Chiba, N. Yamaki and J. Tani：Free Vibration of a Clamped-Free Circular Cylindrical Shell Partially Filled with Liquid-Part Ⅲ：Experimental Results, *Thin-Walled Structures*, Vol. 3, No.1, pp. 1-14, 1985.
14) 千葉，八巻，谷：片持ち円筒殻の自由曲げ振動，東北大学高速力学研究所報告，50-430，pp. 17-38, 1983.
15) 千葉，八巻，谷：円筒殻の自由曲げ振動—Flüggeの式による吟味，東北大学高速力学研究所報告，50-431, pp. 39-60, 1983.
16) 八巻：円筒殻の自由曲げ振動，東北大学高速力学研究所報告，26-268，pp. 109-134, 1970.
17) N. Yamaki：Elastic Stability of Circular Cylindrical Shells, North-Holland, 1984.
18) M. Chiba, N. Yamaki, J. Tani：Free Vibration of a Clamped-Free Circular Cylindrical Shell Partially Filled with Liquid-Part Ⅰ：Theoretical Analysis, *Thin-Walled Structures*, Vol. 2 (3), pp. 256-284, 1984.
19) T. von Kármán：Festigkeitsprobleme im Maschinenbau, Encyklopädie der mathematischen Wissenschaften, Vol. Ⅳ, 4 , p. 349, 1910.
20) S. Timoshenko：Theory of Plates and Shells, McGraw-Hill, 1940.
21) V. V. Novozhilov：The Theory of Thin Shells, Wolters-Noordhoff Publishing Groningen, 1970.

演習問題解答

第 1 章の解答は本文の記述を参照されたい．

［第 3 章］

3.1　$m = \dfrac{M\Omega^2}{\omega^2 - \Omega^2} = \dfrac{M}{(\omega/\Omega)^2 - 1}$, 　$k = \dfrac{M\omega^2\Omega^2}{\omega^2 - \Omega^2} = \dfrac{M\omega^2}{(\omega/\Omega)^2 - 1}$

3.2　(a)　$k_{eq} = k_1 + k_2$, 　(b)　$k_{eq} = \dfrac{1}{1/k_1 + 1/k_2} = \dfrac{k_1 k_2}{k_1 + k_2}$

3.3　$J_0 = \displaystyle\int_0^l r^2 \rho_l\, dr = \dfrac{ml^2}{3}$, 　$\kappa = \dfrac{l}{\sqrt{3}}$

3.4　(a)　$J_G = J_x + J_y = 2J_x = \dfrac{ml^2}{6}$, 　$J = J_G + m\left(\dfrac{l}{2}\right)^2 = \dfrac{5}{12}ml^2$

　　(b)　$\ddot{\theta} + \dfrac{mgl}{2J}\theta = 0$, 　$\ddot{\theta} + \dfrac{6g}{5l}\theta = 0$, 　$\omega = \sqrt{\dfrac{mgl}{2J}} = \sqrt{\dfrac{6g}{5l}}$

3.5　(a)　O 点を通り鉛直下向きに y 軸を取る．

　　$m = \dfrac{1}{2}\rho_a \pi R^2$, 　$y_G = \dfrac{1}{m}\displaystyle\int_0^R y(\rho_a a\, dy)$, 　$a = 2\sqrt{R^2 - y^2}$ より， $y_G = \dfrac{2\rho_a}{m}\displaystyle\int_0^R y\sqrt{R^2 - y^2}\, dy$

　　$\sin\alpha = \dfrac{y}{R}$ とおくと， $y_G = \dfrac{2\rho_a R^3}{m}\displaystyle\int_0^{\frac{\pi}{2}} \sin\alpha \cos^2\alpha\, d\alpha = \dfrac{4R}{3\pi}$, 別解：$\xi = y^2$ とおいても可

　　(b)　$J = \displaystyle\int_0^\pi \int_0^R r^2 dm = \rho_a \int_0^\pi \int_0^R r^3 dr\, d\beta = \dfrac{2mR^2}{4} = \dfrac{mR^2}{2}$

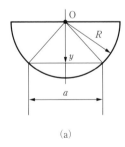
(a)

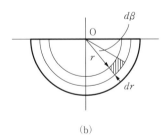
(b)

解図 3.5

　　(c)　$\ddot{\theta} + \dfrac{mgy_G}{J}\theta = 0$　→　$\ddot{\theta} + \dfrac{8g}{3R\pi}\theta = 0$, 　$\omega = \sqrt{\dfrac{8g}{3R\pi}}$

3.6 (a) $\ddot{\theta}+\dfrac{g}{l}\sin\alpha\,\theta=0$, (b) $\omega=\sqrt{\dfrac{g}{l}\sin\alpha}$

3.7 (a) $\ddot{\theta}+\dfrac{2kh^2-mgl}{ml^2}\theta=0$, (b) $\omega=\sqrt{\dfrac{2kh^2-mgl}{ml^2}}$

3.8 (a) $\ddot{\theta}+\dfrac{kR^2}{J+MR^2}\theta=0 \;\to\; \ddot{\theta}+\dfrac{2k}{m+2M}\theta=0$, (b) $\omega=\sqrt{\dfrac{2k}{m+2M}}$

3.9 省略

3.10 $\left(\dfrac{J}{R^2}+M\right)\ddot{x}+kx=0 \;\to\; \ddot{x}+\dfrac{2k}{3M}x=0,\quad \omega=\sqrt{\dfrac{2k}{3M}}$

3.11 O′ を中心として反時計回りに θ を,O 点回りに時計回りに ϕ を定義する.

$\dfrac{d}{dt}\left[\dfrac{1}{2}m(R-r)^2\dot{\theta}^2+\dfrac{1}{2}J(\dot{\phi}-\dot{\theta})^2+mg(R-r)(1-\cos\theta)\right]=0,\quad \phi=\dfrac{R}{r}\theta$ より,

$\dfrac{d}{dt}\left[\dfrac{1}{2}m(R-r)^2\dot{\theta}^2+\dfrac{1}{2}J\left(\dfrac{R}{r}-1\right)^2\dot{\theta}^2+mg(R-r)(1-\cos\theta)\right]=0,$

$\left\{m(R-r)^2+J\left(\dfrac{R}{r}-1\right)^2\right\}\ddot{\theta}+mg(R-r)\theta=0 \;\to\; \ddot{\theta}+\dfrac{mg(R-r)}{m(R-r)^2+J\left(\dfrac{R}{r}-1\right)^2}\theta=0,$

$J=\dfrac{mr^2}{2}$ より, $\ddot{\theta}+\dfrac{2g}{3(R-r)}\theta=0,\quad \omega=\sqrt{\dfrac{2g}{3(R-r)}}$

3.12 (a) $J_0=ml^2$

(b) 錘の重心位置を G とし,△OGC を考える.余弦定理より,

$\overline{CG}^2=\overline{OG}^2+\overline{OC}^2-2\overline{OG}\cdot\overline{OC}\cos\theta \;\to\; S^2=l^2+R^2-2lR\cos\theta,\; S=\overline{CG}$

$J_c=(J_M+MR^2)+mS^2=\left(\dfrac{1}{2}MR^2+MR^2\right)+m(l^2+R^2-2lR\cos\theta)=\dfrac{3}{2}MR^2+m(l-R)^2$

(c) $J_c\ddot{\theta}+mgl\theta=0 \;\to\; \ddot{\theta}+\dfrac{mgl}{J_c}\theta=0 \;\to\; \omega=\sqrt{\dfrac{mgl}{J_c}}=\sqrt{\dfrac{mgl}{\dfrac{3}{2}MR^2+m(l-R)^2}}$

(d) $\dfrac{1}{2}J_c(\dot{\theta})^2_{\max}=mg(\Delta h)_{\max},\quad \theta=A\sin\omega t,\quad \dfrac{1}{2}J_c\omega^2A^2=mg\dfrac{l}{2}A^2$

$\omega=\sqrt{\dfrac{mgl}{J_c}}=\sqrt{\dfrac{mgl}{\dfrac{3}{2}MR^2+m(l-R)^2}}$

3.13 (a) $-(Al\rho)\ddot{u}-2(A\rho u)g=0,\quad \ddot{u}+\dfrac{2g}{l}u=0$

(b) $T=\dfrac{1}{2}(Al\rho)\dot{u}^2,\quad U=(Au\rho)gu$

3.14 (a) $m\ddot{w}+\dfrac{4T}{l}w=0 \;\to\; \omega=\sqrt{\dfrac{4T}{ml}}$

演習問題解答　185

(b) $\dfrac{1}{2}m(\ddot{w})^2_{\max}=\dfrac{1}{2}kw^2_{\max}$,　$w=A\sin\omega t$,　$\dfrac{1}{2}m\omega^2 A^2=\dfrac{1}{2}\dfrac{4T}{l}A^2$　→　$\omega=\sqrt{\dfrac{4T}{ml}}$

3.15　(a)　$J_0=md^2$,　(b)　$md^2\ddot{\theta}+cb^2\dot{\theta}+(mgd+ka^2)\theta=0$,

(c)　$c<\dfrac{2d}{b^2}\sqrt{m(mgd+ka^2)}$,　(d)　$\omega_d=\sqrt{\dfrac{mgd+ka^2}{md^2}-\left(\dfrac{cb^2}{2md^2}\right)^2}$

3.16　$\delta=\ln\dfrac{W_n}{W_{n+1}}=\ln\dfrac{1.0}{0.15}=\ln 6.67=1.90$

3.17　(a)　$J_0=m_1l_1^2+m_2(l_1+l_2)^2$

(b)　$(m_1l_1^2+m_2(l_1+l_2)^2)\ddot{\theta}+c(l_1+l_2)^2\dot{\theta}+(m_1gl_1+m_2g(l_1+l_2)+kl_1^2)\theta=0$

(c)　$c_c=\dfrac{2}{(l_1+l_2)^2}\sqrt{(m_1l_1^2+m_2(l_1+l_2)^2)(m_1gl_1+m_2g(l_1+l_2)+kl_1^2)}$

(d)　$\omega_d=\sqrt{\dfrac{m_1gl_1+m_2g(l_1+l_2)+kl_1^2}{m_1l_1^2+m_2(l_1+l_2)^2}-\dfrac{1}{4}\left\{\dfrac{c(l_1+l_2)^2}{m_1l_1^2+m_2(l_1+l_2)^2}\right\}^2}$

3.18　(a)　$y_e(t)=ae^{i\Omega t}$,　$\Omega=2\pi f=2\pi\dfrac{v}{l}$　(b)　$m\ddot{w}+c\dot{w}+kw=c\dot{y}_e+ky_e$

(c)　$\left|\dfrac{W}{a}\right|=\sqrt{\dfrac{1+(2\zeta\overline{\Omega})^2}{(1-\overline{\Omega}^2)^2+(2\zeta\overline{\Omega})^2}}=\sqrt{\dfrac{1+(4\pi\zeta v/(l\omega_0))^2}{\{1-(2\pi v/(l\omega_0))^2\}^2+(4\pi\zeta v/(l\omega_0))^2}}$,　$\overline{\Omega}=\dfrac{2\pi v}{l\omega_0}$

(d)　定常強制振動での共振状態では $\Omega=\omega_0$ となり，$v=\dfrac{l}{2\pi}\omega_0=\dfrac{l}{2\pi}\sqrt{\dfrac{k}{m}}$

3.19　(a)　(1)　$m\ddot{w}+c\dot{w}+kw=ky_0\sin\Omega t$,　(2)　$A=\dfrac{y_0}{\sqrt{\left(1-\left(\dfrac{\Omega}{\omega_0}\right)^2\right)^2+\left(\dfrac{2\zeta\Omega}{\omega_0}\right)^2}}$

(b)　(1)　$m\ddot{w}+c\dot{w}+kw=y_0(k\sin\Omega t+c\Omega\cos\Omega t)$,

(2)　$A=\dfrac{y_0\sqrt{1+\left(\dfrac{2\zeta\Omega}{\omega_0}\right)^2}}{\sqrt{\left(1-\left(\dfrac{\Omega}{\omega_0}\right)^2\right)^2+\left(\dfrac{2\zeta\Omega}{\omega_0}\right)^2}}$

3.20　(a)　$w(0)=0$,　$\dot{w}(0)=\sqrt{2gh}$　(b)　$\ddot{w}+2\zeta\omega_0\dot{w}+\omega_0^2w=g\,u(t)$

(c)　$w(t)=\dfrac{g}{\omega_0^2}(1-e^{-\zeta\omega_0 t}\cos\omega_d t)+\dfrac{1}{\omega_d}\left(\sqrt{2gh}-\dfrac{g\zeta}{\omega_0}\right)e^{-\zeta\omega_0 t}\sin\omega_d t$

3.21　(a)　$m\ddot{w}+kw=mg\,u(t)$　(b)　$w(0)=0$,　$\dot{w}(0)=0$

(c)　$w(t)=\dfrac{g}{\omega_0^2}(1-\cos\omega_0 t)$,　$\omega_0=\sqrt{\dfrac{k}{m}}$

[第4章]

4.1 (a) $\begin{bmatrix} m_1 & 0 \\ 0 & m_2 \end{bmatrix} \begin{Bmatrix} \ddot{u}_1 \\ \ddot{u}_2 \end{Bmatrix} + \begin{bmatrix} k_1+k_2+k_4 & -k_2 \\ -k_2 & k_2+k_3 \end{bmatrix} \begin{Bmatrix} u_1 \\ u_2 \end{Bmatrix} = \begin{Bmatrix} 0 \\ 0 \end{Bmatrix}$

(b) $\omega^4 - \left(\dfrac{k_1+k_2+k_4}{m_1} + \dfrac{k_2+k_3}{m_2}\right)\omega^2 + \dfrac{(k_1+k_4)k_3 + (k_1+k_3+k_4)k_2}{m_1 m_2} = 0$

(c) $\omega_1 = \sqrt{\dfrac{k_1+k_4}{m_1}}, \quad \omega_2 = \sqrt{\dfrac{k_3}{m_2}}$ (d) $\omega_1 = \sqrt{\dfrac{2k}{m}}, \quad \omega_2 = \sqrt{\dfrac{5k}{m}}$

4.2 (a) $\begin{bmatrix} m_1 l_1^2 & 0 \\ 0 & m_2 l_2^2 \end{bmatrix} \begin{Bmatrix} \ddot{\theta}_1 \\ \ddot{\theta}_2 \end{Bmatrix} + \begin{bmatrix} kh^2 + m_1 g l_1 & -kh^2 \\ -kh^2 & kh^2 + m_2 g l_2 \end{bmatrix} \begin{Bmatrix} \theta_1 \\ \theta_2 \end{Bmatrix} = \begin{Bmatrix} 0 \\ 0 \end{Bmatrix}$

(b) $\omega_1 = \sqrt{\dfrac{g}{l}}, \quad \omega_2 = \sqrt{\dfrac{g}{l} + \dfrac{2kh^2}{ml^2}}$ (c) $\omega_1 : \begin{Bmatrix} 1 \\ 1 \end{Bmatrix}, \quad \omega_2 : \begin{Bmatrix} 1 \\ -1 \end{Bmatrix}$

4.3~4.7 本文を参照されたい.

4.8 つり合い状態での物体AとBの距離をl,物体Aの左側に定義した原点Oからの AとBの位置をそれぞれx_1, x_2とすると

物体A:$m_1 \ddot{x}_1 + k x_1 - k x_2 = -kl$ (1) 物体B:$m_2 \ddot{x}_2 + k x_2 - k x_1 = kl$ (2)

$(1)+(2)$より,$m_1 \ddot{x}_1 + m_2 \ddot{x}_2 = 0 \rightarrow \dfrac{d^2}{dt^2}(m_1 x_1 + m_2 x_2) = 0 \rightarrow \dfrac{d^2}{dt^2}\left(\dfrac{m_1 x_1 + m_2 x_2}{m_1 + m_2}\right) = 0$

カッコ内は重心位置であり,その加速度が零となっている.

4.9 $\omega_1 : \begin{Bmatrix} 1 \\ 1 \end{Bmatrix}, \quad \omega_2 : \begin{Bmatrix} 1 \\ -\dfrac{m_1}{m_2} \end{Bmatrix}$

4.10 本文の解説を参照されたい.

4.11 (a) $\begin{bmatrix} m_1 & 0 \\ 0 & m_2 \end{bmatrix} \begin{Bmatrix} \ddot{\theta}_1 \\ \ddot{\theta}_2 \end{Bmatrix} + \dfrac{2k}{3}\begin{bmatrix} 1 & -R_2/R_1 \\ -R_1/R_2 & 1 \end{bmatrix} \begin{Bmatrix} \theta_1 \\ \theta_2 \end{Bmatrix} = \begin{Bmatrix} 0 \\ 0 \end{Bmatrix}$ (b) $\omega_1 = 0, \quad \omega_2 = \sqrt{\dfrac{4k}{3m}}$

4.12 (a) $\begin{bmatrix} M+m & mL \\ 1 & L \end{bmatrix} \begin{Bmatrix} \ddot{x} \\ \ddot{\theta} \end{Bmatrix} + \begin{bmatrix} 0 & 0 \\ 0 & g \end{bmatrix} \begin{Bmatrix} x \\ \theta \end{Bmatrix} = \begin{Bmatrix} 0 \\ 0 \end{Bmatrix}$ (b) $\omega_1 = 0, \quad \omega_2 = \sqrt{\dfrac{g(M+m)}{LM}}$

4.13 (a) $\begin{bmatrix} m & 0 & 0 \\ 0 & m & 0 \\ 0 & 0 & m \end{bmatrix} \begin{Bmatrix} \ddot{u}_1 \\ \ddot{u}_2 \\ \ddot{u}_3 \end{Bmatrix} + \begin{bmatrix} 3k & -k & 0 \\ -k & 2k & -k \\ 0 & -k & 3k \end{bmatrix} \begin{Bmatrix} u_1 \\ u_2 \\ u_3 \end{Bmatrix} = \begin{Bmatrix} 0 \\ 0 \\ 0 \end{Bmatrix}$

(b) $\omega_1 = \sqrt{\dfrac{k}{m}}, \quad \omega_2 = \sqrt{\dfrac{3k}{m}}, \quad \omega_3 = \sqrt{\dfrac{4k}{m}}$

(c) $\omega_1 : \begin{pmatrix} 1 \\ 2 \\ 1 \end{pmatrix}, \quad \omega_2 : \begin{pmatrix} 1 \\ 0 \\ -1 \end{pmatrix} \quad \omega_3 : \begin{pmatrix} 1 \\ -1 \\ 1 \end{pmatrix}$

4.14 (a) $\begin{bmatrix} m_1 & 0 & 0 \\ 0 & m_2 & 0 \\ 0 & 0 & m_3 \end{bmatrix} \begin{Bmatrix} \ddot{u}_1 \\ \ddot{u}_2 \\ \ddot{u}_3 \end{Bmatrix} + \begin{bmatrix} 2k & -k & 0 \\ -k & 2k & -k \\ 0 & -k & k \end{bmatrix} \begin{Bmatrix} u_1 \\ u_2 \\ u_3 \end{Bmatrix} = \begin{Bmatrix} 0 \\ 0 \\ 0 \end{Bmatrix}$

(b) $\begin{vmatrix} 2k-m_1\omega^2 & -k & 0 \\ -k & 2k-m_2\omega^2 & -k \\ 0 & -k & k-m_3\omega^2 \end{vmatrix} = 0$

(c) $\omega_1 = \sqrt{\dfrac{3-\sqrt{7}}{2}}\sqrt{\dfrac{k}{m}}, \quad \omega_2 = \sqrt{\dfrac{k}{m}}, \quad \omega_3 = \sqrt{\dfrac{3+\sqrt{7}}{2}}\sqrt{\dfrac{k}{m}}$

[第 5 章]

5.1 (a) $w(x,0) = g(x) = \begin{cases} \dfrac{2w_0}{l}x & \left(0 \leq x \leq \dfrac{l}{2}\right) \\ \dfrac{2w_0}{l}(l-x) & \left(\dfrac{l}{2} \leq x \leq l\right) \end{cases}, \quad \dot{w}(x,0) = h(x) = 0$

(b) 式 (5.17) に，$\dot{w}(x,0) = 0$ を適用すると，$B_n = 0$ となり次式が得られる．

$$w(x,t) = \sum_{n=1}^{\infty} A_n \sin\dfrac{n\pi}{l}x \cos\dfrac{n\pi c}{l}t$$

初期条件を代入すると

$$w(x,0) = g(x) = \sum_{n=1}^{\infty} A_n \sin\dfrac{n\pi}{l}x$$

これよりフーリエ係数 A_n を求めると

$$A_n = \dfrac{2}{l}\int_0^l g(x)\sin\dfrac{n\pi}{l}x\,dx = \dfrac{2}{l}\left\{\int_0^{l/2} \dfrac{2w_0}{l}x\sin\dfrac{n\pi}{l}x\,dx + \int_{l/2}^l \dfrac{2w_0}{l}(l-x)\sin\dfrac{n\pi}{l}x\,dx\right\}$$

$$= \dfrac{8w_0}{n^2\pi^2}\sin\dfrac{\pi}{2}n = \begin{cases} \dfrac{8w_0}{n^2\pi^2}(-1)^{\frac{n-1}{2}} & : n \text{ が奇数のとき} \\ 0 & : n \text{ が偶数のとき} \end{cases}$$

したがって一般解は

$$w(x,t) = \dfrac{8w_0}{\pi^2}\sum_{n=1,3,5,\cdots}^{\infty}(-1)^{\frac{n-1}{2}}\dfrac{1}{n^2}\sin\dfrac{n\pi}{l}x\,\cos\dfrac{n\pi c}{l}t$$

(c)，(d)：省略

5.2 張力 $T = \rho gx$ （ρ：単位長さ当たりの質量）とする．図より微小長さ dx 部分の y 方向の力のつり合いを考えると，ダランベールの原理より

$$-(\rho dx)\dfrac{\partial^2 w}{\partial t^2} - T\dfrac{\partial w}{\partial x} + T\dfrac{\partial w}{\partial x} + \dfrac{\partial}{\partial x}\left(T\dfrac{\partial w}{\partial x}\right)dx = 0 \quad \therefore \quad \dfrac{\partial^2 w}{\partial t^2} = g\dfrac{\partial}{\partial x}\left(x\dfrac{\partial w}{\partial x}\right)$$

ここで $w(x,t) = W(x)\sin\omega t$ と仮定すると

$$\dfrac{d}{dx}\left(x\dfrac{dW}{dx}\right) + \dfrac{\omega^2}{g}W = 0$$

いま，変数変換 $x=gz^2/4$ を導入すると，求める運動方程式は次式のようになる．

$$\frac{d^2W}{dz^2}+\frac{1}{z}\frac{dW}{dz}+\omega^2W=0$$

これは，0次のベッセルの微分方程式である．この式の解の中で，$x=0$ で値を有する場合が適する解である．式 (6.28), (6.31), 図6.4, 図6.5を参照すると

$$W(z)=CJ_0(\omega z) \rightarrow W(x)=CJ_0\left(2\omega\sqrt{\frac{x}{g}}\right)$$

ここに，J_0 は0次の第1種ベッセル関数であり，その性質は図6.4を参照のこと．上端の境界条件より，$W(l)=0$ であるから

$$J_0\left(2\omega\sqrt{\frac{l}{g}}\right)=0$$

この式の解から，固有円振動数が得られる．

$$2\omega_n\sqrt{\frac{l}{g}}=\alpha_n \quad \therefore \quad \omega_n=\frac{\alpha_n}{2}\sqrt{\frac{g}{l}} \quad (n=1,2,3,\cdots)$$

ここに，表6.1を参照して，$\alpha_1=2.405$, $\alpha_2=5.520$, $\alpha_3=8.654$, $\cdots$

5.3 (a)　左右対称な振動であるから，$0\leq x \leq \frac{l}{2}$ を考える．図5.1を参照して，弦の張力の上下方向成分とばねの復元力がつり合う条件などより，境界条件は

$$-T\frac{\partial w(0,t)}{\partial x}=-kw(0,t), \quad \frac{\partial w(l/2,t)}{\partial x}=0 \tag{1}$$

式 (5.4), (5.8), (5.9) より，解を以下のように仮定する．

$$w(x,t)=\left(C\cos\frac{\omega}{c}x+D\sin\frac{\omega}{c}x\right)\sin\omega t \tag{2}$$

式 (1) に代入して

$$T\frac{\omega}{c}D=kC, \quad -C\frac{\omega}{c}\sin\frac{\omega}{c}\frac{l}{2}+D\frac{\omega}{c}\cos\frac{\omega}{c}\frac{l}{2}=0$$

C, D を消去すると，振動数方程式は

$$\frac{\omega l}{2c}\tan\frac{\omega l}{2c}=\frac{kl}{2T}$$

(b)　境界条件は

$$-T\frac{\partial w(0,t)}{\partial x}=-k_1w(0,t), \quad T\frac{\partial w(l,t)}{\partial x}=-k_2w(l,t)$$

式 (2) を代入して

$$T\frac{\omega}{c}D=k_1C, \quad T\left(-C\frac{\omega}{c}\sin\frac{\omega}{c}l+D\frac{\omega}{c}\cos\frac{\omega}{c}l\right)=-k_2\left(C\cos\frac{\omega}{c}l+D\sin\frac{\omega}{c}l\right)$$

C, D を消去すると，振動数方程式は

$$\left(1-\frac{k_1 k_2 l^2}{T^2 \beta^2}\right)\beta \tan\beta = \frac{l}{T}(k_1+k_2), \quad \beta = \frac{\omega}{c}l \tag{3}$$

(c) 式 (3) の両辺を $k_1 k_2$ で割り，k_1, $k_2 \to \infty$ の極限を考えると，$\sin\beta \to 0$ となる．これは両端固定の弦の振動数方程式 (5.12) に一致している．

(d) 式 (3) の両辺を k_1 で割り，$k_1 \to \infty$, $k_2 \to 0$ の極限を考えると，$\cos\beta \to 0$ となる．これは一端固定・他端自由の弦の振動数方程式を与える．

5.4
$$w_1(x,t) = D_1 \sin\frac{\omega}{c}x \sin\omega t \quad \left(0 \le x \le \frac{l}{2}\right),$$
$$w_2(x,t) = D_2 \sin\frac{\omega}{c}(l-x) \sin\omega t \quad \left(\frac{l}{2} \le x \le l\right) \tag{1}$$

(a) $x=l/2$ で変位が連続であるから $w_1\left(\frac{l}{2},t\right) = w_2\left(\frac{l}{2},t\right)$，式 (1) を代入すると $(D_1-D_2)\sin\frac{\omega}{c}\frac{l}{2} = 0$ となる．この式を満足するのは，以下のどちらかである．

(i) $\sin\frac{\omega}{c}\frac{l}{2}=0$ の場合：この振動数方程式より，固有円振動数は

$$\frac{\omega_n l}{2c} = n\pi \quad (n=1,2,3,\cdots) \quad \to \quad \omega_n = \frac{2n\pi c}{l} = \frac{2\pi c}{l}, \frac{4\pi c}{l}, \frac{6\pi c}{l}, \cdots$$

式 (5.13) より，この場合は錘のない弦の偶数次の振動と一致しており，非対称で中点が節となるため，錘が振動に関係しない特殊な場合であることがわかる．

(ii) $D_1 = D_2$ の場合：錘の慣性力と弦の張力の上下方向成分のつり合いから

$$-m\frac{\partial^2 w_1}{\partial t^2} - T\frac{\partial w_1}{\partial x} + T\frac{\partial w_2}{\partial x} = 0 \quad \text{at} \quad x=\frac{l}{2}$$

式 (1) を代入して整理すると

$$m\omega^2 \sin\frac{\omega l}{2c} = 2T\frac{\omega}{c}\cos\frac{\omega l}{2c}, \qquad c = \sqrt{\frac{T}{\rho}}$$

これより，奇数次の振動の振動数方程式が以下のように得られる．

$$\frac{\omega l}{2c}\tan\frac{\omega l}{2c} = \frac{\rho l}{m} \tag{2}$$

(b) 式 (2) において $m \to \infty$ の極限を考えると，$\tan\frac{\omega l}{2c} \to 0$ となる．すなわち $\sin\frac{\omega l}{2c} \to 0$ となる．これが振動数方程式を与え，固有円振動数は $\frac{\omega_n l}{2c} = n\pi \to \omega_n = \frac{n\pi c}{l/2}$ となる．式 (5.13) を参照すると，これは長さ $l/2$ で両端固定の弦の結果と考えることができる．

(c) $\omega l/2c$ が小さい場合には，以下のテイラー展開（付録 A6 参照）

$$\tan\frac{\omega l}{2c}=\frac{\omega l}{2c}+\frac{1}{3}\left(\frac{\omega l}{2c}\right)^3+\frac{2}{15}\left(\frac{\omega l}{2c}\right)^5+\cdots$$

の第 1 項のみを用いると，(a) の振動数方程式 (2) より

$$\left(\frac{\omega l}{2c}\right)^2=\frac{\rho l}{m} \quad \therefore \quad \omega=\sqrt{\frac{4T}{ml}}$$

→ 弦の自重を無視した 1 自由度弦-質量系（演習問題 3.14）の固有円振動数．

5.5 境界条件は両端自由であるから

$$\left(\frac{dU}{dx}\right)_{x=0}=0, \quad \left(\frac{dU}{dx}\right)_{x=l}=0$$

これに式 (5.26) の $U(x)$ を代入すると $D=0$，$\sin\frac{\omega l}{c}=0$．後者が振動数方程式である．よって，固有円振動数は

$$\frac{\omega_n l}{c}=n\pi \quad \therefore \quad \omega_n=\frac{n\pi c}{l}=\frac{n\pi}{l}\sqrt{\frac{E}{\rho}} \quad (n=1,2,3,\cdots)$$

ω_n に対する固有関数は $U_n=C_n\cos\frac{n\pi}{l}x$．よって，一般解は次式となる．

$$u(x,t)=\sum_{n=1}^{\infty}\cos\frac{n\pi}{l}x\left(A_n\cos\frac{n\pi c}{l}t+B_n\sin\frac{n\pi c}{l}t\right)$$

A_n, B_n は初期条件によって決定される．

5.6 境界条件は

$$u(0,t)=0, \quad -m\frac{\partial^2 u(l,t)}{\partial t^2}-AE\frac{\partial u(l,t)}{\partial x}-ku(l,t)=0$$

式 (5.26) を代入して整理すると，以下のように振動数方程式が得られる．

$$\tan\frac{\omega l}{c}=\frac{AE}{mc\omega-kc/\omega}$$

(a) $k\to\infty$ の極限を考えると

$$\tan\frac{\omega l}{c}=\frac{\sin\frac{\omega l}{c}}{\cos\frac{\omega l}{c}}\to 0 \quad \therefore \quad \sin\frac{\omega l}{c}=0 : 上下端固定棒の振動数方程式（例題 5.3 参照）$$

$m\to 0$ の極限を考えると

$$\tan\frac{\omega l}{c}=-\frac{AE\omega}{kc} : 上端固定，下端ばね支持棒の振動数方程式（例題 5.4 参照）$$

(b) $k\to 0$ の極限を考えると

$$\tan\frac{\omega l}{c}=\frac{AE}{mc\omega} : 上端固定，下端に錘を有する棒の振動数方程式$$

(c) $\dfrac{\omega l}{c}$ が小さい場合には，以下のテイラー展開（付録 A6 参照）

$$\tan\dfrac{\omega l}{c}=\dfrac{\omega l}{c}+\dfrac{1}{3}\left(\dfrac{\omega l}{c}\right)^3+\dfrac{2}{15}\left(\dfrac{\omega l}{c}\right)^5+\cdots$$

の第 1 項のみを用いると，(b) の振動数方程式より

$$\dfrac{\omega l}{c}=\dfrac{AE}{mc\omega} \quad \therefore \quad \omega=\sqrt{\dfrac{AE}{ml}}$$

これは，棒の自重を無視した 1 自由度ばね-物体系の固有円振動数であり，AE/l は棒の軸方向ばね定数を示す．

5.7 (a) 断面積が変化する場合は，式 (5.24) に $A(x)=A_0 e^{-\lambda x}$ を代入すると

$$\dfrac{\partial^2 u}{\partial t^2}=c^2\left(\dfrac{\partial^2 u}{\partial x^2}-\lambda\dfrac{\partial u}{\partial x}\right), \quad c=\sqrt{\dfrac{E}{\rho}}$$

(b) 上式に $u(x,t)=U(x)\sin\omega t$ を代入すると

$$\dfrac{d^2 U}{dx^2}-\lambda\dfrac{dU}{dx}+\dfrac{\omega^2}{c^2}U=0$$

解を $U(x)=Ce^{sx}$（C,s は定数）と仮定し代入すると，振動する場合以下を得る．

$$s_1, s_2=\dfrac{\lambda}{2}\pm\sqrt{\dfrac{\lambda^2}{4}-\dfrac{\omega^2}{c^2}}=\dfrac{\lambda}{2}\pm i\mu, \quad \mu=\sqrt{\dfrac{\omega^2}{c^2}-\dfrac{\lambda^2}{4}}$$

$$\therefore \quad U(x)=A_0 e^{s_1 x}+B_0 e^{s_2 x}=e^{\frac{\lambda}{2}x}(A_1\cos\mu x+B_1\sin\mu x)$$

境界条件：$U(0)=0, \ \dfrac{dU(l)}{dx}=0$ より

$$A_1=0, \quad e^{\frac{\lambda}{2}l}B_1\left(\dfrac{\lambda}{2}\sin\mu l+\mu\cos\mu l\right)=0$$

振動数方程式は $\dfrac{\lambda}{2}\sin\mu l+\mu\cos\mu l=0$

(c) 振動数方程式から得られる固有値を μ_n，固有円振動数を ω_n とすると

$$u(x,t)=e^{\frac{\lambda}{2}x}\sum_{n=1}^{\infty}B_n\sin\sqrt{\dfrac{\omega_n^2}{c^2}-\dfrac{\lambda^2}{4}}\,x\sin\omega_n t, \quad \omega_n=\sqrt{\dfrac{E}{\rho}\left(\dfrac{\lambda^2}{4}+\mu_n^2\right)}$$

(d) 両端自由の境界条件：$\dfrac{dU(0)}{dx}=0, \ \dfrac{dU(l)}{dx}=0$ より

$$\dfrac{\lambda}{2}A_1+B_1\mu=0, \quad e^{\frac{\lambda}{2}l}\left(\dfrac{\lambda}{2}B_1\sin\mu l-A_1\mu\sin\mu l\right)=0$$

A_1, B_1 の連立方程式と見なすと，係数行列式 $=0$ より振動数方程式は $\sin\mu l=0$ となる．これより

$$\mu l=n\pi, \quad \mu=\dfrac{n\pi}{l}=\sqrt{\dfrac{\omega^2}{c^2}-\dfrac{\lambda^2}{4}}=\sqrt{\dfrac{\rho}{E}\omega^2-\dfrac{\lambda^2}{4}}$$

$$\therefore \quad \omega_n=\dfrac{n\pi}{l}\sqrt{\dfrac{E}{\rho}}\sqrt{1+\left(\dfrac{l\lambda}{2n\pi}\right)^2} \quad (n=1, 2, 3, \cdots)$$

一様断面棒（演習問題 5.5）の $\sqrt{1+\left(\dfrac{l\lambda}{2n\pi}\right)^2}$ 倍となる．

5.8 棒の左端から座標 x をとる．棒の中点は変位 0 と仮定すると，初期条件は
$$u(x,0)=\varepsilon l/2-\varepsilon x, \quad \dot{u}(x,0)=0$$
境界条件は両端自由であるから
$$\left(\dfrac{dU}{dx}\right)_{x=0}=0, \quad \left(\dfrac{dU}{dx}\right)_{x=l}=0$$
これに式（5.26）の $U(x)$ を代入すると $D=0$, $\sin\dfrac{\omega l}{c}=0 \to \dfrac{\omega_n l}{c}=n\pi$, $\omega_n=\dfrac{n\pi c}{l}$

以上を用いると，式（5.26）より一般解は
$$u(x,t)=\sum_{n=1}^{\infty}\cos\dfrac{n\pi}{l}x\left(A_n\cos\dfrac{n\pi c}{l}t+B_n\sin\dfrac{n\pi c}{l}t\right)$$
初期条件を代入すると
$$u(x,0)=\sum_{n=1}^{\infty}A_n\cos\dfrac{n\pi}{l}x=\dfrac{\varepsilon l}{2}-\varepsilon x, \quad \dot{u}(x,0)=\sum_{n=1}^{\infty}B_n\dfrac{n\pi c}{l}\cos\dfrac{n\pi}{l}x=0$$
これよりフーリエ係数 A_n, B_n を求めると
$$A_n=\dfrac{2}{l}\int_0^l\left(\dfrac{\varepsilon l}{2}-\varepsilon x\right)\cos\dfrac{n\pi}{l}x\,dx=\dfrac{2\varepsilon l}{n^2\pi^2}(1-\cos n\pi)=\begin{cases}\dfrac{4\varepsilon l}{n^2\pi^2} & : n \text{ が奇数のとき}\\ 0 & : n \text{ が偶数のとき}\end{cases}$$
$B_n=0$ となり，一般解は
$$u(x,t)=\dfrac{4\varepsilon l}{\pi^2}\sum_{n=1,3,5,\cdots}^{\infty}\dfrac{1}{n^2}\cos\dfrac{n\pi}{l}x\cos\dfrac{n\pi c}{l}t$$

5.9 棒の左端から座標 x をとる．初期条件は
$$u(x,0)=\varepsilon x, \quad \dot{u}(x,0)=0$$
境界条件は左端固定，右端自由であるから
$$(U)_{x=0}=0, \quad \left(\dfrac{dU}{dx}\right)_{x=l}=0$$
これに式（5.26）の $U(x)$ を代入すると，$C=0$, $\cos\dfrac{\omega l}{c}=0$. よって
$$\dfrac{\omega_n l}{c}=\dfrac{\pi}{2}(2n-1) \quad \therefore \quad \omega_n=\dfrac{(2n-1)\pi c}{2l}$$
以上を用いると，式（5.26）より一般解は
$$u(x,t)=\sum_{n=1}^{\infty}\sin\dfrac{(2n-1)\pi}{2l}x\left\{A_n\cos\dfrac{(2n-1)\pi c}{2l}t+B_n\sin\dfrac{(2n-1)\pi c}{2l}t\right\}$$
初期条件を代入すると
$$u(x,0)=\sum_{n=1}^{\infty}A_n\sin\dfrac{(2n-1)\pi}{2l}x=\varepsilon x,$$

$$\dot{u}(x,0)=\sum_{n=1}^{\infty}B_n\frac{(2n-1)\pi c}{2l}\sin\frac{(2n-1)\pi}{2l}x=0$$

これよりフーリエ係数 A_n, B_n を求めると

$$A_n=\frac{2}{l}\int_0^l \varepsilon x\sin\frac{(2n-1)\pi}{2l}xdx=\frac{8\varepsilon l}{(2n-1)^2\pi^2}\sin\frac{(2n-1)\pi}{2}=\frac{8\varepsilon l}{(2n-1)^2\pi^2}(-1)^{n+1}$$

$B_n=0$ となり,一般解は

$$u(x,t)=\frac{8\varepsilon l}{\pi^2}\sum_{n=1}^{\infty}\frac{(-1)^{n+1}}{(2n-1)^2}\sin\frac{(2n-1)\pi}{2l}x\cos\frac{(2n-1)\pi c}{2l}t$$

$$=\frac{8\varepsilon l}{\pi^2}\sum_{n=1,3,5,\cdots}^{\infty}\frac{(-1)^{\frac{n-1}{2}}}{n^2}\sin\frac{n\pi}{2l}x\,\cos\frac{n\pi c}{2l}t$$

5.10 円板には軸端から復元ねじりモーメントが作用する.よって例題にならって

$$J_1\frac{\partial^2\phi}{\partial t^2}=GI_p\frac{\partial\phi}{\partial x}\quad(\text{at }x=0),\quad J_2\frac{\partial^2\phi}{\partial t^2}=-GI_p\frac{\partial\phi}{\partial x}\quad(\text{at }x=l)$$

これらに式(5.31)を代入し整理すると

$$\left.\begin{array}{l}J_1\omega^2 C+GI_p\dfrac{\omega}{c}D=0\\[6pt]\left(J_2\omega\cos\dfrac{\omega l}{c}+\dfrac{GI_p}{c}\sin\dfrac{\omega l}{c}\right)C+\left(J_2\omega\sin\dfrac{\omega l}{c}-\dfrac{GI_p}{c}\cos\dfrac{\omega l}{c}\right)D=0\end{array}\right\}$$

C, D の連立方程式と見なし,係数行列式 $=0$ より,以下の振動数方程式を得る.

$$\begin{vmatrix}J_1\omega & \dfrac{GI_p}{c}\\[6pt]J_2\omega\cos\dfrac{\omega l}{c}+\dfrac{GI_p}{c}\sin\dfrac{\omega l}{c} & J_2\omega\sin\dfrac{\omega l}{c}-\dfrac{GI_p}{c}\cos\dfrac{\omega l}{c}\end{vmatrix}=0$$

展開して整理すると

$$\tan\frac{\omega l}{c}\left\{\frac{J_1 J_2}{(\rho lI_p)^2}\left(\frac{\omega l}{c}\right)^2-1\right\}=\left(\frac{J_1}{\rho lI_p}+\frac{J_2}{\rho lI_p}\right)\frac{\omega l}{c}$$

$$\therefore\quad \tan\frac{\omega l}{c}\left\{\frac{J_1 J_2}{J_0^2}\left(\frac{\omega l}{c}\right)^2-1\right\}=\left(\frac{J_1}{J_0}+\frac{J_2}{J_0}\right)\frac{\omega l}{c} \qquad(1)$$

(i) J_1, J_2 が J_0 に比べて十分小さい場合: 式(1)において極限を考えると

$$\tan\frac{\omega l}{c}\to 0\quad\therefore\quad \frac{\omega_n l}{c}=n\pi,\quad \omega_n=\frac{n\pi c}{l}=\frac{n\pi}{l}\sqrt{\frac{G}{\rho}}\quad(n=1,2,3,\cdots)$$

となり,両端自由の軸のみのねじり振動の固有円振動数が得られることとなる.これは,両自由端でねじりモーメントが0である条件 $\partial\phi/\partial x=0$ を設定して得られる結果(例題5.5参照)と一致する.

(ii) J_1, J_2 が J_0 に比べて十分大きい場合: いま,$\alpha=\dfrac{\omega l}{c}$, $\beta_1=\dfrac{J_1}{J_0}$, $\beta_2=\dfrac{J_2}{J_0}$ とおくと,β_1, β_2 が十分大きいため,式(1)は次式のようになる.

$$\tan\alpha = \frac{(\beta_1+\beta_2)\alpha}{(\beta_1\beta_2\alpha^2-1)} \cong \frac{\beta_1+\beta_2}{\beta_1\beta_2\alpha} \quad \therefore \quad \alpha\tan\alpha = \frac{1}{\beta_1}+\frac{1}{\beta_2}$$

この式の右辺は十分小さいため,近似的に $\tan\alpha \to \alpha$ とおくと

$$\alpha = \frac{\omega l}{c} \cong \sqrt{\frac{1}{\beta_1}+\frac{1}{\beta_2}}$$

$$\therefore \quad \omega \cong \sqrt{\frac{1}{\beta_1}+\frac{1}{\beta_2}}\frac{c}{l} = \sqrt{\frac{J_0}{J_1}+\frac{J_0}{J_2}}\frac{c}{l} = \sqrt{\frac{\rho l I_p}{J_1}+\frac{\rho l I_p}{J_2}}\frac{1}{l}\sqrt{\frac{G}{\rho}} = \sqrt{\frac{GI_p}{l}\frac{J_1+J_2}{J_1J_2}}$$

5.11 (a) 初期条件は,$\phi(x,0)=\phi_0 x/l$,$\dot\phi(x,0)=0$

(b) 式 (5.31) を用いる.境界条件は $x=0$ で固定より,$\Phi(0)=0$ $\therefore$ $C=0$

$x=l$ でねじりモーメント $\dfrac{\partial\phi}{\partial x}=0$ より振動数方程式,円振動数は

$$\cos\frac{\omega l}{c}=0, \quad \frac{\omega_n l}{c}=\frac{\pi}{2}(2n-1), \quad \therefore \quad \omega_n=\frac{(2n-1)\pi c}{2l} \quad (n=1,2,3,\cdots)$$

(c) 以上より,一般解は次式のようにおくことができる.

$$\phi(x,t)=\sum_{n=1}^{\infty}\sin\frac{\omega_n x}{c}(A_n\cos\omega_n t+B_n\sin\omega_n t)$$

初期条件に代入すると

$$\phi(x,0)=\sum_{n=1}^{\infty}A_n\sin\frac{(2n-1)\pi}{2l}x=\frac{\phi_0 x}{l},$$

$$\dot\phi(x,0)=\sum_{n=1}^{\infty}B_n\frac{(2n-1)\pi c}{2l}\sin\frac{(2n-1)\pi}{2l}x=0$$

これよりフーリエ係数 A_n,B_n を求めると

$$A_n=\frac{2}{l}\int_0^l\frac{\phi_0 x}{l}\sin\frac{(2n-1)\pi}{2l}x\,dx=\frac{2\phi_0}{l^2}\left\{\frac{2l}{(2n-1)\pi}\right\}^2\sin\frac{\pi}{2}(2n-1)$$

$$=\frac{2\phi_0}{l^2}\left\{\frac{2l}{(2n-1)\pi}\right\}^2(-1)^{n+1} \quad (n=1,2,3,\cdots)$$

また $B_n=0$ となる.したがって,一般解は

$$\phi(x,t)=\sum_{n=1}^{\infty}A_n\sin\frac{\omega_n x}{c}\cos\omega_n t$$

$$=\frac{2\phi_0}{l^2}\sum_{n=1}^{\infty}\left\{\frac{2l}{(2n-1)\pi}\right\}^2(-1)^{n+1}\sin\frac{(2n-1)\pi}{2l}x\cos\frac{(2n-1)\pi c}{2l}t$$

5.12 各棒のねじり角を,以下のように仮定する.

$$\phi_i(x_i,t)=\left(C_i\cos\frac{\omega}{c_i}x_i+D_i\sin\frac{\omega}{c_i}x_i\right)\sin\omega t,$$

$$c_i=\sqrt{\frac{G_i}{\rho_i}} \quad (0\le x_i\le l_i,\ i=1,2) \quad\quad (1)$$

境界条件は

固定端：$\phi_1(0,t)=0$，接合部：$\phi_1(l_1,t)=\phi_2(0,t)$， $G_1I_1\dfrac{\partial\phi_1(l_1,t)}{\partial x_1}=G_2I_2\dfrac{\partial\phi_2(0,t)}{\partial x_2}$

自由端：$\dfrac{\partial\phi_2(l_2,t)}{\partial x_2}=0$

式 (1) を代入すると

$$C_1=0,\quad D_1\sin\dfrac{\omega}{c_1}l_1=C_2,\quad G_1I_1D_1\dfrac{\omega}{c_1}\cos\dfrac{\omega}{c_1}l_1=G_2I_2D_2\dfrac{\omega}{c_2}$$

$$-C_2\dfrac{\omega}{c_2}\sin\dfrac{\omega}{c_2}l_2+D_2\dfrac{\omega}{c_2}\cos\dfrac{\omega}{c_2}l_2=0$$

C_2 を消去し，D_1，D_2 についての係数行列式 $=0$ より，振動数方程式は

$$\tan\dfrac{\omega}{c_1}l_1\tan\dfrac{\omega}{c_2}l_2=\dfrac{G_1I_1/c_1}{G_2I_2/c_2} \tag{2}$$

(a) 同一材質のときは，式 (2) より $\tan\dfrac{\omega}{c_1}l_1\tan\dfrac{\omega}{c_2}l_2=\dfrac{I_1}{I_2}$

(b) $l_2\to 0$ のとき $\tan\dfrac{\omega}{c_2}l_2\to\dfrac{\omega}{c_2}l_2$，このとき式 (2) より

$$\tan\dfrac{\omega}{c_1}l_1=\dfrac{c_2}{\omega l_2}\dfrac{G_1I_1/c_1}{G_2I_2/c_2}\to\infty \quad\therefore\quad \cos\dfrac{\omega}{c_1}l_1\to 0$$

これが振動数方程式に相当し，固有円振動数は

$$\dfrac{\omega_n}{c_1}l_1=\dfrac{\pi}{2}(2n-1),$$

$$\therefore\quad \omega_n=\dfrac{(2n-1)\pi c_1}{2l_1}=\dfrac{(2n-1)\pi}{2l_1}\sqrt{\dfrac{G_1}{\rho_1}} \quad (n=1,2,3,\cdots)$$

5.13 境界条件は

$$(W)_{x=0}=0,\quad \left(\dfrac{dW}{dx}\right)_{x=0}=0,\quad (W)_{x=l}=0,\quad \left(\dfrac{dW}{dx}\right)_{x=l}=0$$

式 (5.44) を代入すると

$$\left.\begin{array}{l} D_2+D_4=0 \\ D_1+D_3=0 \\ D_1\sin\alpha l+D_2\cos\alpha l+D_3\sinh\alpha l+D_4\cosh\alpha l=0 \\ D_1\cos\alpha l-D_2\sin\alpha l+D_3\cosh\alpha l+D_4\sinh\alpha l=0 \end{array}\right\}$$

$D_1\sim D_4$ を消去すると振動数方程式は $\cos\alpha l\cosh\alpha l=1$ となり，これは両端自由梁の振動数方程式とも一致している．

5.14 錘の運動に対して，梁先端 ($x=l$) のせん断力 F が復元力として作用するため

$$m\dfrac{\partial^2 w}{\partial t^2}=-F$$

式 (5.34a), (5.36), (5.40) より，境界条件は

$(W)_{x=0}=0, \quad \left(\dfrac{dW}{dx}\right)_{x=0}=0, \quad -EI\left(\dfrac{d^2W}{dx^2}\right)_{x=l}=0, \quad -EI\left(\dfrac{d^3W}{dx^3}\right)_{x=l}=\omega^2 m(W)_{x=l}$

式 (5.44) を代入すると

$$\left.\begin{array}{l} D_2+D_4=0 \\ D_1+D_3=0 \\ -D_1\sin\alpha l-D_2\cos\alpha l+D_3\sinh\alpha l+D_4\cosh\alpha l=0, \\ EI\alpha^3(-D_1\cos\alpha l+D_2\sin\alpha l+D_3\cosh\alpha l+D_4\sinh\alpha l) \\ \quad =-\omega^2 m(D_1\sin\alpha l+D_2\cos\alpha l+D_3\sinh\alpha l+D_4\cosh\alpha l) \end{array}\right\}$$

$D_4=-D_2,\ D_3=-D_1$, これを第 3, 4 式に代入すると

$$\left.\begin{array}{l} D_1(\sin\alpha l+\sinh\alpha l)+D_2(\cos\alpha l+\cosh\alpha l)=0, \\ D_1\left\{-\cos\alpha l-\cosh\alpha l+\dfrac{\omega^2 m}{EI\alpha^3}(\sin\alpha l-\sinh\alpha l)\right\} \\ +D_2\left\{\sin\alpha l-\sinh\alpha l+\dfrac{\omega^2 m}{EI\alpha^3}(\cos\alpha l-\cosh\alpha l)\right\}=0 \end{array}\right\}$$

D_1, D_2 の連立方程式と見なし,その係数行列式 $=0$ より,振動数方程式は

$$1+\cos\alpha l\cosh\alpha l+\dfrac{\omega^2 m}{EI\alpha^3}(\cos\alpha l\sinh\alpha l-\sin\alpha l\cosh\alpha l)=0$$

$m\to 0$ の極限では,$1+\cos\alpha l\cosh\alpha l=0$:一端固定・他端自由梁の振動数方程式

$m\to\infty$ の極限では,$\tan\alpha l-\tanh\alpha l=0$:一端固定・他端単純支持梁の振動数方程式

5.15 境界条件より

$(W)_{x=0}=0, \quad EI\left(\dfrac{d^2W}{dx^2}\right)_{x=0}=0, \quad \left(\dfrac{dW}{dx}\right)_{x=l/2}=0, \quad -2EI\left(\dfrac{d^3W}{dx^3}\right)_{x=l/2}=\omega^2 m(W)_{x=l/2}$

式 (5.44) を代入すると

$$\left.\begin{array}{l} D_2+D_4=0 \\ -D_2+D_4=0 \\ D_1\cos\dfrac{\alpha l}{2}-D_2\sin\dfrac{\alpha l}{2}+D_3\cosh\dfrac{\alpha l}{2}+D_4\sinh\dfrac{\alpha l}{2}=0, \\ 2EI\alpha^3\left(-D_1\cos\dfrac{\alpha l}{2}+D_2\sin\dfrac{\alpha l}{2}+D_3\cosh\dfrac{\alpha l}{2}+D_4\sinh\dfrac{\alpha l}{2}\right) \\ \quad =-\omega^2 m\left(D_1\sin\dfrac{\alpha l}{2}+D_2\cos\dfrac{\alpha l}{2}+D_3\sinh\dfrac{\alpha l}{2}+D_4\cosh\dfrac{\alpha l}{2}\right) \end{array}\right\}$$

$D_2=D_4=0$ より

$$\left.\begin{array}{l} D_1\cos\dfrac{\alpha l}{2}+D_3\cosh\dfrac{\alpha l}{2}=0 \\ \left(\omega^2 m\sin\dfrac{\alpha l}{2}-2EI\alpha^3\cos\dfrac{\alpha l}{2}\right)D_1+\left(\omega^2 m\sinh\dfrac{\alpha l}{2}+2EI\alpha^3\cosh\dfrac{\alpha l}{2}\right)D_3=0 \end{array}\right\}$$

D_1, D_3 の連立方程式の係数行列式 $=0$ より,振動数方程式は

$$\tan\frac{\alpha l}{2} - \tanh\frac{\alpha l}{2} = \frac{4EI\alpha^3}{\omega^2 m}$$

(a) $m \to \infty$ の極限では，$\tan\dfrac{\alpha l}{2} - \tanh\dfrac{\alpha l}{2} = 0$：長さ $l/2$，一端固定・他端単純支持梁の振動数方程式（表 5.1 参照）

(b) $m \to 0$ の極限では，$\left|\tanh\dfrac{\alpha l}{2}\right| \leq 1$ であるから，$\tan\dfrac{\alpha l}{2} = \dfrac{\sin\frac{\alpha l}{2}}{\cos\frac{\alpha l}{2}} \to \infty$ でなければならない．したがって $\cos\dfrac{\alpha l}{2} = 0$：長さ $l/2$，一端単純支持・他端ローラー端梁の振動数方程式（文献 6），4.3 を参照）

(c) 境界条件より

$(W)_{x=0} = 0,\ \left(\dfrac{dW}{dx}\right)_{x=0} = 0,\ \left(\dfrac{dW}{dx}\right)_{x=l/2} = 0,\ -2EI\left(\dfrac{d^3W}{dx^3}\right)_{x=l/2} = \omega^2 m(W)_{x=l/2}$

以下，上記の両端単純支持の解法にならうと，以下の振動数方程式を得る．

$$\tan\frac{\alpha l}{2} + \tanh\frac{\alpha l}{2} = \frac{\omega^2 m}{2EI\alpha^3}\left(\sec\frac{\alpha l}{2}\operatorname{sech}\frac{\alpha l}{2} - 1\right)$$

(i) $m \to \infty$ のとき：$\sec\dfrac{\alpha l}{2}\operatorname{sech}\dfrac{\alpha l}{2} - 1 = 0$ $\therefore$ $\cos\dfrac{\alpha l}{2}\cosh\dfrac{\alpha l}{2} = 1$

これは長さ $l/2$，両端固定梁の振動数方程式（表 5.1 参照）．

(ii) $m \to 0$ のとき：$\tan\dfrac{\alpha l}{2} + \tanh\dfrac{\alpha l}{2} = 0$

これは長さ $l/2$，固定・ローラー端梁の振動数方程式（文献 6），4.3 を参照）．

5.16 (a) 初期条件は

$$w(x, 0) = 0 \quad (0 < x < l)$$

$$\dot{w}(x, 0) = \begin{cases} 0 & (0 < x < c - s/2,\ c + s/2 < x < l) \\ v_0 & (c - s/2 < x < c + s/2) \end{cases}$$

(b) 両端単純支持の場合の一般解は，例題 5.7 の式（h）を正規化し，式（i）より

$$w(x, t) = \sum_{n=1}^{\infty} \sin\frac{n\pi x}{l}(A_n \cos\omega_n t + B_n \sin\omega_n t) \tag{1}$$

式（5.17）〜（5.20）の解法にならって，式（1）を上記の初期条件に代入すると

$$A_n = 0$$

$$B_n = \frac{2}{\omega_n l}\int_{c-\frac{s}{2}}^{c+\frac{s}{2}} v_0 \sin\frac{n\pi x}{l}dx = \frac{2v_0}{\omega_n l}\cdot\frac{l}{n\pi}\left\{\cos\frac{n\pi}{l}\left(c - \frac{s}{2}\right) - \cos\frac{n\pi}{l}\left(c + \frac{s}{2}\right)\right\}$$

$$= \frac{2v_0 s}{\omega_n l}\sin\frac{n\pi c}{l} \quad \therefore\ s \ll 1$$

これらを式 (1) に代入すると，梁の応答は次式で与えられる．

$$w(x,t) = \frac{2v_0 s}{l}\sum_{n=1}^{\infty}\frac{1}{\omega_n}\sin\frac{n\pi c}{l}\sin\frac{n\pi x}{l}\sin\omega_n t, \quad \omega_n = \frac{n^2\pi^2}{l^2}\sqrt{\frac{EI}{\rho A}}$$

(c), (d)：省略

5.17 例題 5.9 を参照すると，境界条件は

$$EI\left(\frac{d^2W}{dx^2}\right)_{x=0} = 0, \quad EI\left(\frac{d^3W}{dx^3}\right)_{x=0} = -k_1(W)_{x=0}$$

$$-EI\left(\frac{d^2W}{dx^2}\right)_{x=l} = 0, \quad -EI\left(\frac{d^3W}{dx^3}\right)_{x=l} = -k_2(W)_{x=l}$$

式 (5.44) を代入すると

$$\left.\begin{array}{l} -D_2 + D_4 = 0 \\ EI\alpha^3(-D_1 + D_3) = -k_1(D_2 + D_4) \\ -D_1\sin\alpha l - D_2\cos\alpha l + D_3\sinh\alpha l + D_4\cosh\alpha l = 0, \\ EI\alpha^3(-D_1\cos\alpha l + D_2\sin\alpha l + D_3\cosh\alpha l + D_4\sinh\alpha l) \\ = k_2(D_1\sin\alpha l + D_2\cos\alpha l + D_3\sinh\alpha l + D_4\cosh\alpha l) \end{array}\right\}$$

D_4 を消去すると

$$\begin{bmatrix} a_{11} & a_{12} & a_{13} \\ a_{21} & a_{22} & a_{23} \\ a_{31} & a_{32} & a_{33} \end{bmatrix} \begin{bmatrix} D_1 \\ D_2 \\ D_3 \end{bmatrix} = \begin{bmatrix} 0 \\ 0 \\ 0 \end{bmatrix}$$

$$a_{11} = -\frac{EI\alpha^3}{k_1}, \quad a_{12} = 2, \quad a_{13} = \frac{EI\alpha^3}{k_1}, \quad a_{21} = -\sin\alpha l, \quad a_{22} = \cosh\alpha l - \cos\alpha l$$

$$a_{23} = \sinh\alpha l, \quad a_{31} = \sin\alpha l + \frac{EI\alpha^3}{k_2}\cos\alpha l$$

$$a_{32} = \cos\alpha l + \cosh\alpha l - \frac{EI\alpha^3}{k_2}(\sin\alpha l + \sinh\alpha l), \quad a_{33} = \sinh\alpha l - \frac{EI\alpha^3}{k_2}\cosh\alpha l$$

この式の係数行列式 $=0$ より，振動数方程式は

$$\begin{vmatrix} a_{11} & a_{12} & a_{13} \\ a_{21} & a_{22} & a_{23} \\ a_{31} & a_{32} & a_{33} \end{vmatrix} = 0 \qquad (1)$$

(a) 式 (1) で $k_1, k_2 \to \infty$ の極限を考えると

$$\begin{vmatrix} 0 & 2 & 0 \\ -\sin\alpha l & \cosh\alpha l - \cos\alpha l & \sinh\alpha l \\ \sin\alpha l & \cos\alpha l + \cosh\alpha l & \sinh\alpha l \end{vmatrix} = 0$$

この 3 行 3 列の行列式を展開すると（付録 A5 (2) 参照）$\sin\alpha l \sinh\alpha l = 0$ となり，振動数方程式は $\sin\alpha l = 0$ → 両端単純支持梁の場合と一致．

(b) 式 (1) の第 3 行目に $k_2/EI\alpha^3$ を掛けて，$k_1 \to \infty$，$k_2 \to 0$ とおくと

$$\begin{vmatrix} 0 & 2 & 0 \\ -\sin\alpha l & \cosh\alpha l - \cos\alpha l & \sinh\alpha l \\ \cos\alpha l & -\sin\alpha l - \sinh\alpha l & -\cosh\alpha l \end{vmatrix} = 0$$

これを展開すると，$\tan\alpha l - \tanh\alpha l = 0$ が得られる．これは一端単純支持・他端自由梁の振動数方程式（文献 6）の 4.3 を参照）であり，また一端固定・他端単純支持梁の振動数方程式とも一致している．

(c) 式（1）の第 1，第 3 行目に $k_2/EI\alpha^3$ を掛けて，$k_1,\ k_2\to 0$ とおくと

$$\begin{vmatrix} -1 & 0 & 1 \\ -\sin\alpha l & \cosh\alpha l - \cos\alpha l & \sinh\alpha l \\ \cos\alpha l & -\sin\alpha l - \sinh\alpha l & -\cosh\alpha l \end{vmatrix} = 0$$

これを展開すると，$\cos\alpha l\cosh\alpha l = 1$ → 両端自由梁の振動数方程式と一致．

5.18 ダランベールの原理より

$$-\rho A dx \frac{\partial^2 w}{\partial t^2} - F + F + \frac{\partial F}{\partial x}dx - qdx = 0$$

この式に $F = \dfrac{\partial M}{\partial x},\quad M = -EI\dfrac{\partial^2 w}{\partial x^2},\quad q = \nu\dfrac{\partial w}{\partial t}$ を代入して

$$EI\frac{\partial^4 w}{\partial x^4} + \nu\frac{\partial w}{\partial t} + \rho A\frac{\partial^2 w}{\partial t^2} = 0$$

[第 6 章]

6.1 式（6.34）および表 6.1 より

$$f_1 = \frac{\omega_{00}}{2\pi} = \frac{\alpha_{00}}{2\pi a}\sqrt{\frac{T}{\rho}} = \frac{2.405}{2\pi\times 0.1}\sqrt{\frac{70}{0.01/980}} = 100\,\text{Hz}$$

同様にして

$$f_2 = \frac{\alpha_{10}}{2\pi a}\sqrt{\frac{T}{\rho}} = \frac{3.832}{2\pi\times 0.1}\sqrt{\frac{70}{0.01/980}} = 160\,\text{Hz}$$

以下，順に

$$f_3 = \frac{\alpha_{20}}{2\pi a}\sqrt{\frac{T}{\rho}} = 214\,\text{Hz},\quad f_4 = \frac{\alpha_{01}}{2\pi a}\sqrt{\frac{T}{\rho}} = 230\,\text{Hz},$$

$$f_5 = \frac{\alpha_{30}}{2\pi a}\sqrt{\frac{T}{\rho}} = 266\,\text{Hz},\quad f_6 = \frac{\alpha_{11}}{2\pi a}\sqrt{\frac{T}{\rho}} = 293\,\text{Hz}$$

6.2 (a) 外周 ($r=a$)，内周 ($r=b$) ともに固定され，かつ $n=0$ の軸対称振動であるから，式（6.31）より

$$\left.\begin{array}{l} EJ_0\!\left(\dfrac{\omega}{c}a\right) + FY_0\!\left(\dfrac{\omega}{c}a\right) = 0 \\[4pt] EJ_0\!\left(\dfrac{\omega}{c}b\right) + FY_0\!\left(\dfrac{\omega}{c}b\right) = 0 \end{array}\right\} \tag{1}$$

この同次方程式が非自明解をもつためには，その係数行列式の値が 0 でなければならない．これより振動数方程式は

$$J_0\left(\frac{\omega}{c}a\right)Y_0\left(\frac{\omega}{c}b\right)-Y_0\left(\frac{\omega}{c}a\right)J_0\left(\frac{\omega}{c}b\right)=0 \qquad (2)$$

(b) $\frac{\omega}{c}a,\ \frac{\omega}{c}b$ が十分大きい場合は，与えられた公式より

$$J_0\left(\frac{\omega}{c}a\right)\approx\sqrt{\frac{2c}{\pi\omega a}}\cos\left(\frac{\omega}{c}a-\frac{\pi}{4}\right),\quad Y_0\left(\frac{\omega}{c}a\right)\approx\sqrt{\frac{2c}{\pi\omega a}}\sin\left(\frac{\omega}{c}a-\frac{\pi}{4}\right)$$

などとなるから，式 (2) は次式のように変形できる．

$$\sqrt{\frac{2c}{\pi\omega a}}\sqrt{\frac{2c}{\pi\omega a}}\left\{\cos\left(\frac{\omega}{c}a-\frac{\pi}{4}\right)\sin\left(\frac{\omega}{c}b-\frac{\pi}{4}\right)-\sin\left(\frac{\omega}{c}a-\frac{\pi}{4}\right)\cos\left(\frac{\omega}{c}b-\frac{\pi}{4}\right)\right\}=0$$

$$\therefore\quad \sin\left\{\left(\frac{\omega}{c}a-\frac{\pi}{4}\right)-\left(\frac{\omega}{c}b-\frac{\pi}{4}\right)\right\}=\sin\frac{\omega}{c}(a-b)=0$$

$$\rightarrow\quad \frac{\omega_m}{c}(a-b)=m\pi \quad\therefore\quad \omega_m=c\frac{m\pi}{a-b}=\sqrt{\frac{T}{\rho}}\frac{m\pi}{a-b} \qquad (m=1,2,3,\cdots)$$

6.3 (a) $w(a,\theta,t)=0$ (1), $w(r,0,t)=0$ (2), $w(r,\beta,t)=0$ (3)

(b) 境界条件式 (1) を満足する解は，式 (6.35) より次式のように表される．

$$w_{nm}(r,\theta,t)=\left(A_{nm}\cos\frac{c}{a}\alpha_{nm}t+B_{nm}\sin\frac{c}{a}\alpha_{nm}t\right)(C_{nm}\cos n\theta+D_{nm}\sin n\theta)J_n\left(\frac{\alpha_{nm}}{a}r\right)$$

$$(n,m=0,1,2,3,\cdots) \qquad (4)$$

α_{nm} は $J_n\left(\frac{\omega}{c}a\right)=0$ の m 番目の正根である．これらの根の中から境界条件式 (2)，(3) を満足するものを求めればよい．$\theta=0$ で $w=0$ となるためには，$\sin n\theta$ を有する項を残せばよいので，式 (4) で $C_{nm}=0$ とする．さらに $\theta=\beta$ で $w=0$ となるためには $\sin n\beta=0$ を満足するように n を選べばよい．すなわち p を整数とすれば $n\beta=p\pi$ $\rightarrow$ $n=p\pi/\beta$ とおけばよい．このとき式 (4) は

$$w_{pm}(r,\theta,t)=\left(A_{pm}\cos\frac{c}{a}\bar{\alpha}_{pm}t+B_{pm}\sin\frac{c}{a}\bar{\alpha}_{pm}t\right)\sin\frac{p\pi}{\beta}\theta\,J_{\frac{p\pi}{\beta}}\left(\frac{\bar{\alpha}_{pm}}{a}r\right)$$

$$(p,m=1,2,3,\cdots) \qquad (5)$$

ここで，$\bar{\alpha}_{pm}$ は求める振動数方程式 $J_{\frac{p\pi}{\beta}}\left(\frac{\omega}{c}a\right)=0$ の m 番目の正根である．よって固有円振動数は，$\frac{\omega}{c}a=\bar{\alpha}_{pm}$ より，$\omega_{pm}=\frac{c}{a}\bar{\alpha}_{pm}$ $(p,m=1,2,3,\cdots)$ となる．一般解は次式のようになり，A_{pm}, B_{pm} は初期条件によって決定される．

$$w(r,\theta,t)=\sum_{p=1}^{\infty}\sum_{m=1}^{\infty}\left(A_{pm}\cos\frac{c}{a}\bar{\alpha}_{pm}t+B_{pm}\sin\frac{c}{a}\bar{\alpha}_{pm}t\right)\sin\frac{p\pi}{\beta}\theta\,J_{\frac{p\pi}{\beta}}\left(\frac{\bar{\alpha}_{pm}}{a}r\right) \qquad (6)$$

(c) $\beta=\pi/2$ のとき，$n=p\pi/\beta=2p$ となる．したがって，$p=1,2,3$ のとき式 (5)

中で $\sin\frac{p\pi}{\beta}\theta = \sin 2\theta$, $\sin 4\theta$, $\sin 6\theta$ となり，θ 方向の断面には，それぞれ節なしで山 1 個，節 1 個の波，節 2 個の波が生じる．

6.4
$$D\left(\frac{\partial^4 w}{\partial x^4}+2\frac{\partial^4 w}{\partial x^2 \partial y^2}+\frac{\partial^4 w}{\partial y^4}\right)+\rho h\frac{\partial^2 w}{\partial t^2}=N_x\frac{\partial^2 w}{\partial x^2}+2N_{xy}\frac{\partial^2 w}{\partial x \partial y}+N_y\frac{\partial^2 w}{\partial y^2} \quad (1)$$

いま，$w(x,y,t)=W(x,y)f(t)$ と置き，$N_{xy}=0$ の条件を用いると，式 (1) より
$$D\left(\frac{\partial^4 W}{\partial x^4}+2\frac{\partial^4 W}{\partial x^2 \partial y^2}+\frac{\partial^4 W}{\partial y^4}\right)-\rho h\omega^2 W=N_x\frac{\partial^2 W}{\partial x^2}+N_y\frac{\partial^2 W}{\partial y^2} \quad (2)$$

周辺単純支持で，x 方向の長さ a，y 方向の長さ b の長方形板の境界条件を満足する解として，次式を仮定する．
$$W(x,y)=A_{mn}\sin\frac{m\pi}{a}x\sin\frac{n\pi}{b}y \quad (m,n=1,2,3,\cdots) \quad (3)$$

式 (3) を式 (2) に代入し整理すると
$$D\pi^4\left(\frac{m^2}{a^2}+\frac{n^2}{b^2}\right)^2-\rho h\omega^2=-\pi^2\left(N_x\frac{m^2}{a^2}+N_y\frac{n^2}{b^2}\right)$$

これより，固有円振動数は
$$\omega=\sqrt{\left\{D\pi^4\left(\frac{m^2}{a^2}+\frac{n^2}{b^2}\right)^2+\pi^2\left(N_x\frac{m^2}{a^2}+N_y\frac{n^2}{b^2}\right)\right\}/\rho h}$$

6.5 (a) 式 (6.42) で $q=F(x,y,t)=F_0\sin\frac{\pi}{a}x\sin\frac{\pi}{b}y\sin\Omega t$ とおくと
$$D\left(\frac{\partial^4 w}{\partial x^4}+2\frac{\partial^4 w}{\partial x^2\partial y^2}+\frac{\partial^4 w}{\partial y^4}\right)+\rho h\frac{\partial^2 w}{\partial t^2}=F_0\sin\frac{\pi}{a}x\sin\frac{\pi}{b}y\sin\Omega t \quad (1)$$

A_{mn} を未定係数として，式 (1) の特解を，以下のように仮定する．
$$w(x,y,t)=A_{mn}\sin\frac{m\pi}{a}x\sin\frac{n\pi}{b}y\sin\Omega t \quad (m,n=1,2,3,\cdots) \quad (2)$$

式 (2) を式 (1) に代入すると
$$\left\{D\pi^4\left(\frac{m^2}{a^2}+\frac{n^2}{b^2}\right)^2-\rho h\Omega^2\right\}A_{mn}\sin\frac{m\pi}{a}x\ \sin\frac{n\pi}{b}y\ \sin\Omega t=F_0\sin\frac{\pi}{a}x\sin\frac{\pi}{b}y\sin\Omega t$$

これより A_{mn} を求めると
$$A_{mn}=\frac{F_0\sin\frac{\pi}{a}x\sin\frac{\pi}{b}y}{\left\{D\pi^4\left(\frac{m^2}{a^2}+\frac{n^2}{b^2}\right)^2-\rho h\Omega^2\right\}\sin\frac{m\pi}{a}x\ \sin\frac{n\pi}{b}y} \quad (3)$$

式 (3) を式 (2) に代入すると，求める変位は
$$w(x,y,t)=\frac{F_0}{D\pi^4\left(\frac{m^2}{a^2}+\frac{n^2}{b^2}\right)^2-\rho h\Omega^2}\sin\frac{\pi}{a}x\sin\frac{\pi}{b}y\sin\Omega t \quad (m,n=1,2,3,\cdots) \quad (4)$$

(b) Ω が板の固有円振動数に近づくときは，式 (6.59) より

$$\Omega \rightarrow \omega_{mn} = \pi^2 \sqrt{\frac{D}{\rho h}} \left(\frac{m^2}{a^2} + \frac{n^2}{b^2} \right)$$

となる．このとき式 (4) の分母 $\rightarrow 0$ より，$w(x, y, t) \rightarrow \infty$ となることがわかる．

6.6 例題 6.6 より $f_{nm} = 5.50\, \lambda_{nm}{}^2$，$n = 0$ の軸対称振動に限定した場合は，この式に表 6.2 で与えられている λ_{0m} の値の低い方から順に 4 個を選び代入すると，$f_{00} = 56.2\,\mathrm{Hz}$，$f_{01} = 219\,\mathrm{Hz}$，$f_{02} = 490\,\mathrm{Hz}$，$f_{03} = 870\,\mathrm{Hz}$ が得られる．

6.7 式 (6.77) より，外周固定の条件は

$$\left. \begin{array}{l} C_n J_n(\alpha a) + D_n Y_n(\alpha a) + E_n I_n(\alpha a) + F_n K_n(\alpha a) = 0 \\ C_n \left[\dfrac{dJ_n(\alpha r)}{dr}\right]_{r=a} + D_n \left[\dfrac{dY_n(\alpha r)}{dr}\right]_{r=a} + E_n \left[\dfrac{dI_n(\alpha r)}{dr}\right]_{r=a} + F_n \left[\dfrac{dK_n(\alpha r)}{dr}\right]_{r=a} = 0 \end{array} \right\} \quad (1)$$

同様に，内周固定の条件は

$$\left. \begin{array}{l} C_n J_n(\alpha b) + D_n Y_n(\alpha b) + E_n I_n(\alpha b) + F_n K_n(\alpha b) = 0 \\ C_n \left[\dfrac{dJ_n(\alpha r)}{dr}\right]_{r=b} + D_n \left[\dfrac{dY_n(\alpha r)}{dr}\right]_{r=b} + E_n \left[\dfrac{dI_n(\alpha r)}{dr}\right]_{r=b} + F_n \left[\dfrac{dK_n(\alpha r)}{dr}\right]_{r=b} = 0 \end{array} \right\} \quad (2)$$

与えられたベッセル関数の公式および式 (6.81) より，$n = 0$ の軸対称振動の場合，$r = a$ では

$$\left. \begin{array}{l} \left[\dfrac{dJ_0(\alpha r)}{dr}\right]_{r=a} = -[J_1(\alpha r)]_{r=a} = -J_1(\alpha a), \\ \left[\dfrac{dY_0(\alpha r)}{dr}\right]_{r=a} = -[Y_1(\alpha r)]_{r=a} = -Y_1(\alpha a), \\ \left[\dfrac{dI_0(\alpha r)}{dr}\right]_{r=a} = [I_1(\alpha r)]_{r=a} = I_1(\alpha a), \\ \left[\dfrac{dK_0(\alpha r)}{dr}\right]_{r=a} = -[K_1(\alpha r)]_{r=a} = -K_1(\alpha a) \end{array} \right\} \quad (3)$$

$r = b$ の場合も同様の式が得られる．いま，$\lambda = \alpha a$，$\beta = b/a$ と置き，式 (3) の関係を用いると，式 (1), (2) より

$$\left. \begin{array}{l} C_0 J_0(\lambda) + D_0 Y_0(\lambda) + E_0 I_0(\lambda) + F_0 K_0(\lambda) = 0 \\ -C_0 J_0(\lambda) - Y_0(\lambda) + E_0 I_0(\lambda) - F_0 K_0(\lambda) = 0 \\ C_0 J_0(\beta\lambda) + D_0 Y_0(\beta\lambda) + E_0 I_0(\beta\lambda) + F_0 K_0(\beta\lambda) = 0 \\ -C_0 J_0(\beta\lambda) - Y_0(\beta\lambda) + E_0 I_0(\beta\lambda) - F_0 K_0(\beta\lambda) = 0 \end{array} \right\}$$

この同次方程式が非自明解をもつためには，その係数行列式が 0 でなければならない．これより，振動数方程式は

$$\begin{vmatrix} J_0(\lambda) & Y_0(\lambda) & I_0(\lambda) & K_0(\lambda) \\ J_1(\lambda) & Y_1(\lambda) & -I_1(\lambda) & K_1(\lambda) \\ J_0(\beta\lambda) & Y_0(\beta\lambda) & I_0(\beta\lambda) & K_0(\beta\lambda) \\ J_1(\beta\lambda) & Y_1(\beta\lambda) & -I_1(\beta\lambda) & K_1(\beta\lambda) \end{vmatrix} = 0$$

6.8 この場合の一般解は，式 (6.78) と同様に考えて次式となる．

$$W(r,\theta) = [C_n J_n(\alpha r) + E_n I_n(\alpha r)]\cos(n\theta + \phi) \qquad (1)$$

境界条件は，式 (6.66b), (6.65) から

$$(w)_{r=a}=0, \quad (M_r)_{r=a}=0, \quad M_r = -D\left\{\frac{\partial^2 w}{\partial r^2} + \nu\left(\frac{1}{r}\frac{\partial w}{\partial r} + \frac{1}{r^2}\frac{\partial^2 w}{\partial \theta^2}\right)\right\} \qquad (2)$$

式 (1) を式 (2) に代入し，円板外縁境界上では $\dfrac{\partial^2 w}{\partial \theta^2}=0$ であることを考慮すると

$$\left.\begin{array}{c} C_n J_n(\alpha a) + E_n I_n(\alpha a) = 0 \\ C_n\left[\dfrac{d^2}{dr^2}J_n(\alpha r) + \dfrac{\nu}{r}\dfrac{d}{dr}J_n(\alpha r)\right]_{r=a} + E_n\left[\dfrac{d^2}{dr^2}I_n(\alpha r) + \dfrac{\nu}{r}\dfrac{d}{dr}I_n(\alpha r)\right]_{r=a} = 0 \end{array}\right\} \qquad (3)$$

この同次方程式が非自明解をもつためには，その係数行列式が 0 でなければならない．これより，以下のように振動数方程式が導かれる．

$$J_n(\alpha a)\left[\frac{d^2}{dr^2}I_n(\alpha r) + \frac{\nu}{r}\frac{d}{dr}I_n(\alpha r)\right]_{r=a} - I_n(\alpha a)\left[\frac{d^2}{dr^2}J_n(\alpha r) + \frac{\nu}{r}\frac{d}{dr}J_n(\alpha r)\right]_{r=a} = 0 \qquad (4)$$

ここで，式 (6.81) および (6.86) を用いると，式 (4) は次式のように整理できる．

$$\frac{J_{n+1}(\lambda)}{J_n(\lambda)} + \frac{I_{n+1}(\lambda)}{I_n(\lambda)} = \frac{2\lambda}{1-\nu}, \quad \lambda = \alpha a$$

[第 7 章]

7.1 半頂角 $\phi \to 0$ の極限のとき

$$x\sin\phi \to R, \quad \sin\phi \to 0, \quad \cos\phi \to 1, \quad \frac{1}{x} = \frac{\sin\phi}{R} \to 0$$

と考えて，式 (7.22) に適用すると式 (7.19) が導かれる．

7.2 半径 $a \to \infty$ の極限のとき，ϕ と円筒殻の長さ方向の座標 x との関係は $a\phi = x$ で与えられ，また $\bar{\theta} = \pi\theta$ が円筒殻の θ 座標に相当する．さらに

$$k = \frac{R}{a} \to 0, \quad \Phi = 1 + k\cos\pi\theta \to 1$$

と考えて，式 (7.26) に適用すると式 (7.19) が導かれる．

7.3 図より，以下のように幾何学パラメータを決定することができる．

$$\alpha_1 = \theta, \quad A_1 = R_1(\theta), \quad R_1 = R_1(\theta)$$
$$\alpha_2 = \phi, \quad A_2 = R_2(\theta)\cos\theta, \quad R_2 = R_2(\theta)$$

これを用いて，式（7.3）より

$$\varepsilon_1 = \frac{1}{R_1}\left(\frac{\partial \bar{u}}{\partial \theta} + \bar{w}\right), \quad \varepsilon_2 = \frac{1}{R_2}\left(\frac{1}{\cos\theta}\frac{\partial \bar{v}}{\partial \phi} - \bar{u}\tan\theta + \bar{w}\right),$$

$$\gamma_1 = \frac{1}{R_2\cos\theta}\frac{\partial \bar{u}}{\partial \phi} + \frac{R_2\cos\theta}{R_1}\frac{\partial}{\partial \theta}\left(\frac{\bar{v}}{R_2\cos\theta}\right), \quad \kappa_1 = \frac{1}{R_1}\frac{\partial}{\partial \theta}\left(\frac{\bar{u}}{R_1} - \frac{1}{R_1}\frac{\partial \bar{w}}{\partial \theta}\right),$$

$$\kappa_2 = \frac{\tan\theta}{R_1 R_2}\left(\frac{\partial \bar{w}}{\partial \theta} - \bar{u}\right) + \frac{1}{R_2^2\cos\theta}\left(\frac{\partial \bar{v}}{\partial \phi} - \frac{1}{\cos\theta}\frac{\partial^2 \bar{w}}{\partial \phi^2}\right),$$

$$\gamma_2 = \frac{1}{R_1 R_2\cos\theta}\left(\frac{\partial \bar{u}}{\partial \phi} - \frac{R_1}{R_2}\frac{\partial \bar{w}}{\partial \phi}\tan\theta - \frac{\partial^2 \bar{w}}{\partial \theta \partial \phi}\right) + \frac{1}{R_2}\left(\frac{1}{R_1}\frac{\partial \bar{v}}{\partial \theta} + \frac{\bar{v}}{R_2}\tan\theta\right)$$

7.4 式（7.48）を式（7.36）に代入すると

$$\begin{bmatrix} U_1 & U_2 & U_3 \\ V_1 & V_2 & V_3 \\ W_1 & W_2 & W_3 \end{bmatrix} \begin{bmatrix} A \\ B \\ C \end{bmatrix} = \begin{bmatrix} 0 \\ 0 \\ 0 \end{bmatrix}$$

ここに

$$U_1 = \frac{\rho(1-\nu^2)}{E}\omega^2 - \left(\frac{m\pi}{L}\right)^2 - \frac{(1-\nu)n^2}{2R^2}, \quad U_2 = \frac{(1+\nu)n}{2R}\frac{m\pi}{L}, \quad U_3 = \frac{\nu}{R}\frac{m\pi}{L},$$

$$V_1 = \frac{(1+\nu)n}{2R}\frac{m\pi}{L}, \quad V_2 = \frac{\rho(1-\nu^2)}{E}\omega^2 - \frac{1-\nu}{2}\left(\frac{m\pi}{L}\right)^2 - \frac{n^2}{R^2}, \quad V_3 = -\frac{n}{R^2},$$

$$W_1 = -\frac{\nu}{R}\frac{m\pi}{L}, \quad W_2 = \frac{n}{R^2}, \quad W_3 = \frac{1}{R^2} + \frac{h^2}{12}\left\{\left(\frac{m\pi}{L}\right)^2 + \left(\frac{n}{R}\right)^2\right\}^2 - \frac{\rho(1-\nu^2)}{E}\omega^2$$

この同次方程式を整理し，その係数行列式を 0 とおくと，振動数方程式は

$$\begin{vmatrix} \dfrac{\alpha^4}{\beta} - \dfrac{1-\nu}{2}n^2 - k^2 & \dfrac{1+\nu}{2}nk & \nu k \\ \dfrac{1+\nu}{2}nk & \dfrac{\alpha^4}{\beta} - \dfrac{1-\nu}{2}k^2 - n^2 & -n \\ -\nu k & n & 1 + \dfrac{1}{\beta}(k^2+n^2)^2 - \dfrac{\alpha^4}{\beta} \end{vmatrix} = 0, \quad k = \frac{m\pi R}{L}$$

7.5 面内の慣性力の影響を無視するためには，式（7.36）の第1,2式において，左辺の最終項を0とおけばよい．この処置を行った後，式（7.48）を式（7.36）に代入し，前問にならい，A, B, C についての同次方程式の係数行列式を0とおいて整理すると，以下のように振動数方程式が得られる．

$$\begin{vmatrix} -\dfrac{1-\nu}{2}n^2-k^2 & \dfrac{1+\nu}{2}nk & \nu k \\ \dfrac{1+\nu}{2}nk & -\dfrac{1-\nu}{2}k^2-n^2 & -n \\ -\nu k & n & 1+\dfrac{1}{\beta}(k^2+n^2)^2-\dfrac{\alpha^4}{\beta} \end{vmatrix}=0, \quad k=\dfrac{m\pi R}{L}$$

この式は,前問 7.4 で得られた振動数方程式の 1, 2 行目の α^4/β を 0 とおいた式に一致している.この 3 行 3 列の行列式を展開して(付録 A5 (2) 参照)整理すると

$$\dfrac{\alpha^4}{\beta}=\dfrac{\rho(1-\nu^2)R^2}{E}\omega^2=(1-\nu^2)\dfrac{k^4}{(k^2+n^2)^2}+\dfrac{1}{\beta}(k^2+n^2)^2$$

これより,固有円振動数は

$$\omega^2=\dfrac{E}{\rho R^2}\dfrac{k^4}{(k^2+n^2)^2}+\dfrac{1}{\beta}\dfrac{E}{\rho(1-\nu^2)R^2}(k^2+n^2)^2$$

$$\therefore\ \omega=\sqrt{\dfrac{E}{\rho R^2}\left\{\dfrac{k^4}{(k^2+n^2)^2}+\dfrac{(k^2+n^2)^2}{\beta(1-\nu^2)}\right\}}$$

$$=\dfrac{1}{R}\sqrt{\dfrac{(m\pi R/L)^4}{\{(m\pi R/L)^2+n^2\}^2}+\dfrac{h^2}{12R^2(1-\nu^2)}\left\{\left(\dfrac{m\pi R}{L}\right)^2+n^2\right\}^2}\sqrt{\dfrac{E}{\rho}}$$

7.6 (a) 式 (7.49) を式 (7.36) に代入し前問 7.5 にならうと,以下のように振動数方程式が得られる.

$$\begin{vmatrix} -\dfrac{1-\nu}{2}s^2-k^2 & -\dfrac{1+\nu}{2}sk & \nu k \\ -\dfrac{1+\nu}{2}sk & -\dfrac{1-\nu}{2}k^2-s^2 & s \\ -\nu k & -s & 1+\dfrac{1}{\beta}(k^2+s^2)^2-\dfrac{\alpha^4}{\beta} \end{vmatrix}=0, \quad k=\dfrac{m\pi R}{L},\ s=\dfrac{n\pi}{\phi}$$

これを展開して固有円振動数を求めると

$$\omega=\sqrt{\dfrac{E}{\rho R^2}\left\{\dfrac{k^4}{(k^2+s^2)^2}+\dfrac{(k^2+s^2)^2}{\beta(1-\nu^2)}\right\}}$$

$$=\dfrac{1}{R}\sqrt{\dfrac{(m\pi R/L)^4}{\{(m\pi R/L)^2+(n\pi/\phi)^2\}^2}+\dfrac{h^2}{12R^2(1-\nu^2)}\left\{\left(\dfrac{m\pi R}{L}\right)^2+\left(\dfrac{n\pi}{\phi}\right)^2\right\}^2}\sqrt{\dfrac{E}{\rho}} \quad (1)$$

これは,前問 7.5 で得られた ω において,n を $n\pi/\phi$ と置き換えた式になっている.

(b) n が大きくなると,式 (1) の根号内において,第 2 項に対して第 1 項の影響が相対的に小さくなるので,いま,これを無視できるものと仮定すると

$$\omega\cong\dfrac{1}{R}\sqrt{\dfrac{h^2}{12R^2(1-\nu^2)}\dfrac{E}{\rho}\left\{\left(\dfrac{m\pi R}{L}\right)^2+\left(\dfrac{n\pi}{\phi}\right)^2\right\}}$$

ここで，比較のため $L=a$, $R\phi=b$ とおくと
$$\omega \cong \frac{1}{R^2}\sqrt{\frac{Eh^3}{12(1-\nu^2)}\frac{1}{\rho h}}\left\{\left(\frac{m\pi R}{a}\right)^2+\left(\frac{n\pi}{b/R}\right)^2\right\}=\pi^2\sqrt{\frac{D}{\rho h}}\left(\frac{m^2}{a^2}+\frac{n^2}{b^2}\right)$$

これは，4辺単純支持長方形板の固有円振動数を与える式 (6.59) と一致する．

7.7 式 (7.18), (7.19) を，時間についての変数分離後を考えて，式 (7.13) の T_1, T_4, T_8 に代入すると

$$T_1=\beta r_0^2 R\left\{\frac{\partial u}{\partial x}+\frac{\nu}{R}\left(\frac{\partial v}{\partial \theta}+w\right)\right\}, \quad T_4=\beta r_0^2 \frac{1-\nu}{2}\left(\frac{1}{R}\frac{\partial u}{\partial \theta}+\frac{\partial v}{\partial x}\right), \quad T_8=0$$

これらを，式 (7.8) の第 1 式に代入すると，$E_1=0$ は次式のようになる．

$$-\beta r_0^2 R\left\{\frac{\partial^2 u}{\partial x^2}+\frac{\nu}{R}\left(\frac{\partial^2 v}{\partial x\partial \theta}+\frac{\partial w}{\partial x}\right)\right\}-\beta r_0^2 \frac{1-\nu}{2}\left(\frac{1}{R}\frac{\partial^2 u}{\partial \theta^2}+\frac{\partial^2 v}{\partial x\partial \theta}\right)-\alpha^4 Ru=0$$

両辺を $-\beta r_0^2 R$ で割り，式 (7.9) を用いると，次式が得られる．

$$\frac{\partial^2 u}{\partial x^2}+\frac{1-\nu}{2R^2}\frac{\partial^2 u}{\partial \theta^2}+\frac{1+\nu}{2R}\frac{\partial^2 v}{\partial x\partial \theta}+\frac{\nu}{R}\frac{\partial w}{\partial x}+\frac{\rho(1-\nu^2)\omega^2}{E}u=0$$

同様にして，$E_2=0$, $E_3=0$ を求めることにより，式 (7.32) が得られる．

7.8 省略

付　録

A1　ギリシャ文字・SI接頭辞

(1)　ギリシャ文字と読み方

大文字	小文字	英語表記	読み方	大文字	小文字	英語表記	読み方
A	α	alpha	アルファ	N	ν	nu	ニュー
B	β	beta	ベータ	Ξ	ξ	xi	クザイ（クシー）
Γ	γ	gamma	ガンマ	O	o	omicron	オミクロン
Δ	δ	delta	デルタ	Π	π	pi	パイ
E	ε	epsilon	イプシロン	P	ρ	rho	ロー
Z	ζ	zeta	ツェータ	Σ	σ	sigma	シグマ
H	η	eta	イータ	T	τ	tau	タウ
Θ	θ	theta	シータ	Υ	υ	upsilon	ウプシロン
I	ι	iota	イオタ	Φ	ϕ	phi	ファイ
K	κ	kappa	カッパ	X	χ	chi	カイ
Λ	λ	lambda	ラムダ	Ψ	ψ	psi	プサイ
M	μ	mu	ミュー	Ω	ω	omega	オメガ

(2)　SI接頭辞と読み方, 記号

倍数	英語表記	読み方	記号	倍数	英語表記	読み方	記号
10^{-24}	yocto-	ヨクト	y	10^{24}	yotta-	ヨタ	Y
10^{-21}	zepto-	ゼプト	z	10^{21}	zetta-	ゼタ	Z
10^{-18}	atto-	アト	a	10^{18}	exa-	エクサ	E
10^{-15}	femto-	フェムト	f	10^{15}	peta-	ペタ	P
10^{-12}	pico-	ピコ	p	10^{12}	tera-	テラ	T
10^{-9}	nano-	ナノ	n	10^{9}	giga-	ギガ	G
10^{-6}	micro-	マイクロ	μ	10^{6}	mega-	メガ	M
10^{-3}	milli-	ミリ	m	10^{3}	kilo-	キロ	k
10^{-2}	centi-	センチ	c	10^{2}	hecto-	ヘクト	h
10^{-1}	deci-	デシ	d	10^{1}	deca-	デカ	da

A2　三角関数，指数関数，対数関数などの公式

(1)-1　加法定理

$$\sin(A \pm B) = \sin A \cos B \pm \cos A \sin B$$
$$\cos(A \pm B) = \cos A \cos B \mp \sin A \sin B$$

(1)-2　付図1のような辺 a, b, c, 角 A, B, C をもつ三角形について

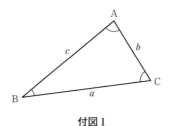

付図1

正弦定理：
$$\frac{a}{\sin A} = \frac{b}{\sin B} = \frac{c}{\sin C}$$

余弦定理：
$$c^2 = a^2 + b^2 - 2ab \cos C$$

他の辺についても同様

(2)　倍角の公式

$$\sin^2 A = \frac{1 - \cos 2A}{2}, \quad \cos^2 A = \frac{1 + \cos 2A}{2}$$

(3)　三角関数の合成

$$a \sin \theta + b \cos \theta = \sqrt{a^2 + b^2} \sin(\theta + \alpha), \quad \tan \alpha = \frac{b}{a}$$

$$a \sin \theta + b \cos \theta = \sqrt{a^2 + b^2} \sin(\theta - \alpha), \quad \tan \alpha = -\frac{b}{a}$$

$$a \sin \theta + b \cos \theta = \sqrt{a^2 + b^2} \cos(\theta + \beta), \quad \tan \beta = -\frac{a}{b}$$

$$a \sin \theta + b \cos \theta = \sqrt{a^2 + b^2} \cos(\theta - \beta), \quad \tan \beta = \frac{a}{b}$$

(4)　三角関数と指数関数の関係

$$\sin x = \frac{e^{ix} - e^{-ix}}{2i}, \quad \cos x = \frac{e^{ix} + e^{-ix}}{2}$$

$$e^{\pm i\alpha x} = \cos \alpha x \pm i \sin \alpha x \quad \text{（オイラーの公式）}$$

(5)　指数関数と対数関数の関係

$$\ln x = \log_e x, \quad \ln e = 1$$
$$\ln x = y \leftrightarrow e^y = x$$
$$\ln(e^x) = x, \quad e^{\ln x} = x$$
$$\frac{d}{dx}e^x = e^x, \quad \frac{d}{dx}\ln|x| = \frac{1}{x}, \quad \frac{d}{dx}x^n = nx^{n-1}$$

(6) 双曲線関数の定義，公式，概形

$$\sinh x = \frac{e^x - e^{-x}}{2}, \quad \cosh x = \frac{e^x + e^{-x}}{2}, \quad \tanh x = \frac{e^x - e^{-x}}{e^x + e^{-x}}$$

$$e^{\pm ax} = \cosh ax \pm \sinh ax$$

$$\frac{d}{dx}\sinh x = \cosh x, \quad \frac{d}{dx}\cosh x = \sinh x, \quad \cosh^2 x - \sinh^2 x = 1$$

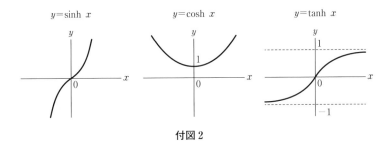

付図2

A3 微積分の一般公式

$$\frac{d}{dx}f(g(x)) = f'(g(x))g'(x)$$

$$\frac{d}{dx}[f(x)g(x)] = f'(x)g(x) + f(x)g'(x)$$

$$\frac{d}{dx}\left[\frac{f(x)}{g(x)}\right] = \frac{f'(x)g(x) - f(x)g'(x)}{[g(x)]^2}$$

$$\int_a^b f(x)g'(x)dx = [f(x)g(x)]_a^b - \int_a^b f'(x)g(x)dx$$

A4 2次方程式の解の公式

$$ax^2 + bx + c = 0, \quad x = \frac{-b \pm \sqrt{b^2 - 4ac}}{2a} \quad (a \neq 0, b^2 - 4ac \geq 0)$$

A5 行　列

(1) **クラメルの公式**（Cramer's rule）（連立方程式の解法，2×2 行列の場合）

$$[A]\{x\}=\{b\}$$

$$[A]=\begin{bmatrix} a_{11} & a_{12} \\ a_{21} & a_{22} \end{bmatrix}, \quad \{x\}=\begin{Bmatrix} x_1 \\ x_2 \end{Bmatrix}, \quad \{b\}=\begin{Bmatrix} b_1 \\ b_2 \end{Bmatrix}, \quad |A|=\begin{vmatrix} a_{11} & a_{12} \\ a_{21} & a_{22} \end{vmatrix} \neq 0$$

このとき

$$x_1 = \frac{\begin{bmatrix} b_1 & a_{12} \\ b_2 & a_{22} \end{bmatrix}}{|A|}, \quad x_2 = \frac{\begin{bmatrix} a_{11} & b_1 \\ a_{21} & b_2 \end{bmatrix}}{|A|}$$

(2) **行列式の展開**

$$\begin{vmatrix} a_{11} & a_{12} \\ a_{21} & a_{22} \end{vmatrix} = a_{11}a_{22} - a_{12}a_{21}$$

$$\begin{vmatrix} a_{11} & a_{12} & a_{13} \\ a_{21} & a_{22} & a_{23} \\ a_{31} & a_{32} & a_{33} \end{vmatrix} = a_{11}a_{22}a_{33} + a_{12}a_{23}a_{31} + a_{21}a_{32}a_{13}$$

$$- a_{13}a_{22}a_{31} - a_{23}a_{32}a_{11} - a_{12}a_{21}a_{33}$$

A6　テイラー展開による近似式

関数 $f(x)$ のテイラー展開は次式のように与えられる．

$$f(a+x) = f(a) + \frac{f'(a)}{1!}x + \frac{f''(a)}{2!}x^2 + \frac{f'''(a)}{3!}x^3 + \cdots$$

ここに，a は基準点を示す．原点（$a=0$）についてテイラー展開（**マクローリン展開**とも呼ばれる）を適用すると

$$f(x) = f(0) + \frac{f'(0)}{1!}x + \frac{f''(0)}{2!}x^2 + \frac{f'''(0)}{3!}x^3 + \cdots$$

主要な関数のテイラー展開

$$\sin x = x - \frac{x^3}{3!} + \frac{x^5}{5!} - \cdots, \quad \cos x = 1 - \frac{x^2}{2!} + \frac{x^4}{4!} - \cdots$$

$$\tan x = x + \frac{x^3}{3} + \frac{2x^5}{15} + \cdots, \quad e^x = 1 + x + \frac{x^2}{2!} + \frac{x^3}{3!} + \cdots$$

$$(1+x)^n = 1 + nx + \frac{n(n-1)}{2!}x^2 + \cdots$$

A7 ベッセル関数の公式

(1) 微 分

$$\left.\begin{aligned}\frac{d}{dr}J_n(\alpha r)&=\frac{n}{\alpha r}J_n(\alpha r)-J_{n+1}(\alpha r)\\ \frac{d}{dr}I_n(\alpha r)&=\frac{n}{\alpha r}I_n(\alpha r)+I_{n+1}(\alpha r)\\ \frac{d}{dr}Y_n(\alpha r)&=\frac{n}{\alpha r}Y_n(\alpha r)-Y_{n+1}(\alpha r)\\ \frac{d}{dr}K_n(\alpha r)&=\frac{n}{\alpha r}K_n(\alpha r)-K_{n+1}(\alpha r)\end{aligned}\right\}$$

(2) 漸化式

$$\left.\begin{aligned}J_{n+2}(\alpha r)&=\frac{2(n+1)}{\alpha r}J_{n+1}(\alpha r)-J_n(\alpha r)\\ I_{n+2}(\alpha r)&=-\frac{2(n+1)}{\alpha r}I_{n+1}(\alpha r)+I_n(\alpha r)\end{aligned}\right\}$$

(1), (2) において, α は定数.

(3) 漸近展開による近似

$$J_n(x)\approx\sqrt{\frac{2}{\pi x}}\cos\left(x-\frac{n\pi}{2}-\frac{\pi}{4}\right),\quad Y_n(x)\approx\sqrt{\frac{2}{\pi x}}\sin\left(x-\frac{n\pi}{2}-\frac{\pi}{4}\right),\quad (x\geq 10)$$

索引

〈ア 行〉

アクティブ振動制御　active vibration control　*2*
アクティブ・マス・ダンパ：AMD　*5*
圧電素子　piezoelectric element　*6*
厚肉殻理論　thick shell theory　*158*
アンチローリング・タンク装置　*2*
位相　phase　*42*
位相線図　phase diagram　*42*
位相平面　phase plane　*41*
板　plate　*99*
板の曲げ剛性　flexural rigidity of plate　*144*
1 次元構造　one-dimensional structure　*100*
一般解　general solution　*41*
一般回転殻　shell of revolution　*158, 168*
一般化座標　generalized coordinate　*83*
一般化力　generalized force　*83*
インディシャル応答　indicial response　*56*
インパルス応答　impulse response　*52, 53*
インパルス関数　impulse function　*53*
薄肉殻理論　thin shell theory　*158, 169*
薄膜理論　thin membrane theory　*159*
運動の法則　law of motion　*10*
運動方程式　equation of motion　*10*
運動量　momentum　*52*
エクスポネンシャル形ホーン　*109*
エネルギー法　energy method　*29*
エネルギー保存則　law of conservation of energy　*10, 29*
円環板　annular plate　*153*
円環膜　annular membrane　*142*
円形板　circular plate　*149*
円形膜　circular membrane　*137*
円振動数　circular frequency　*13*
円錐殻　conical shell　*158, 164*
円筒殻　cylindrical shell　*158, 164*
円筒殻の曲げ振動　flexural vibration of cylindrical shell　*169*
円板　circular plate　*149*
オイラーの公式　Euler's formula　*19, 34, 115, 208*
オイラーの座屈荷重　Euler's buckling load　*123*
オイラー・ベルヌーイ梁　Euler-Bernoulli beam　*113, 125*
応答　response　*9, 41*
応力関数　stress function　*179*
オレオ式緩衝装置　oleo-pneumatic shock absorber　*32, 51*

〈カ 行〉

回転運動　rotational motion　*21, 68, 87*
回転運動系　rotational motion system　*21*
回転慣性力　rotatory inertia　*125, 158*
回転半径　radius of gyration　*23*
外力　external force　*9*
殻　shell　*99, 157*
殻の振動　vibration of shell　*158*
殻の曲げ剛性　flexural rigidity of shell　*161*
過減衰　over damping　*33*
加速度ベクトル　acceleration vector　*64*
過渡応答　transient response　*51*
加法定理　*208*
von Kármán の式　von Kármán equation　*181*
緩衝装置　shock absorber　*51*
慣性　inertia　*9*
慣性抵抗　inertial resistance　*11*

慣性の法則　law of inertia	11
慣性モーメント　moment of inertia	21, 23
慣性力　inertia force	11
幾何学的境界条件　geometrical boundary condition	116
奇関数　odd function	14
危険速度　critical speed	50
基本円振動数　fundamental circular frequency	14
脚　gear	51
逆位相　out of phase	42, 66, 135, 140, 147, 174
球殻　spherical shell	158, 165
Q値　quality factor	47
境界条件　boundary condition	101
共振　resonance	42, 129
強制振動　forced vibration	9, 41, 75, 128
強制振動解　forced vibration solution	41
極座標　polar coordinate	137, 149
キルヒホッフ-ラブの仮定　Kirchhoff-Love's hypothesis	159
偶関数　even function	14
矩形板　rectangular plate	143
矩形膜　rectangular membrane	131
組合せ等価せん断力　combined equivalent shearing force	145, 150
クラメルの公式　Cramer's rule	209
クーロン摩擦　Coulomb's friction	37, 38
形状係数　geometrical parameter	176
弦　string	99, 100
減衰　damping	9, 31, 78
減衰固有円振動数　damped natural circular frequency	34, 103
減衰振動　damped vibration	34
減衰比　damping ratio	32, 34
減衰力　damping force	31
弦の横振動　transverse vibration of string	100
減揺モーメント　anti-rolling moment	2
剛性行列　stiffness matrix	64
合成接線力　resultant tangential force	161
合成せん断力　resultant shearing force	161
構造減衰　structural damping	9
構造要素　structural element	99
剛体運動　rigid motion	91
固体摩擦　solid friction	37
剛体モード　rigid body mode	91, 120
コダジィの条件　conditions of Codazzi	168
弧度法　circular measure	13
固有円振動数　natural circular frequency	12, 19
固有関数　eigenfunction	102, 107, 111, 116, 117, 133
固有振動　natural vibration	9
固有振動数　natural frequency	12, 17
固有振動特性　vibration characteristics	17
固有振動モード　natural vibration mode	67
固有値　eigenvalue	65, 102, 133, 152
固有ベクトル　eigenvector	66

〈サ 行〉

最適減衰比　optimum damping ratio	81
最適同調　optimum tuning	81
最適同調条件　optimum tuning condition	81
座屈　buckling	123
三角関数の合成	208
3次元構造　three-dimensional structure	99, 157
サンダース理論　Sanders theory	158
残留変位　residual displacement	40
時間波形　time history	67
軸　shaft	100
軸圧縮　axial compression	100
軸対称振動　axisymmetric vibration	140, 173
軸棒　rod	100
軸方向振動次数　axial vibration order	173
軸力　axial force	122
質点　point mass	17
質量　mass	17
質量行列　mass matrix	64
質量連成　inertial coupling	64

索　引　215

自明解 trivial solution	65
周期 period	1, 11, 102
周期運動 periodic motion	1, 11
周期的励振 periodic excitation	9
自由振動 free vibration	9, 17
自由振動解 free vibration solution	41
修正 Galerkin 法 modified Galerkin method	174
修正理論 improved theory	158
周波数 frequency	1
周波数応答曲線 frequency response curve	42, 46
周方向波数 circumferential wave number	171
主系 main system	77
主脚 main gear	52
縮小質量 reduced mass	91
縮退 degeneration	148
衝撃 impact	52
衝撃力 impulsive force	52
初期位相 initial phase angle	12
初期条件 initial condition	19, 33, 101
ショックアブソーバ shock absorber	32
自励振動 self-excited vibration	10
伸縮力 tension force	100
振動 vibration	1
振動数 frequency	1, 11
振動数方程式 frequency equation	65, 101
振動モード vibration mode	17
心柱 central piller	4
振幅 amplitude	12, 42
水晶振動子 crystal or quartz oscillator	6
水平振り子 horizontal pendulum	27
ステップ応答 step response	55
鋭さ sharpness	46
正規関数 normal function	102
正弦定理	208
制振 seismic suppression	4
正方形板 square plate	148
静摩擦係数 coefficient of static friction	37
静摩擦に関するクーロンの法則 Coulomb's law of static friction	37
静連成 static coupling	64, 72, 88, 89, 90
節 node	117
節円 nodal circle	140, 153
節線 nodal line	135, 147, 174
節直径 nodal diameter	140, 153
前脚 nose gear	52
線形振動 linear vibration	10
扇形膜 sectorial membrane	142
せん断角 shear angle	126
せん断形状係数 shear shape factor	126
せん断剛性 shear rigidity	126
せん断修正係数 shear correction factor	126
せん断中心 shearing center	87
せん断変形 shear deformation	125, 158
せん断力 shearing force	99, 100, 131, 157, 158
線密度 line density, mass per unit length	23, 100
双曲線関数 hyperbolic function	33, 115, 209

〈タ　行〉

第1種ベッセル関数 Bessel function of the first kind	139, 151
第1種変形ベッセル関数 modified Bessel function of the first kind	151
第2種ベッセル関数 Bessel function of the second kind	139, 151
第2種変形ベッセル関数 modified Bessel function of the second kind	151
退化 degeneration	148
耐震 seismic resistant	4
対数減衰率 logarithmic decrement	35
ダイナミックダンパ dynamic damper	78
足し合わせの原理 principle of superposition	54
畳み込み積分 convolution integral	55
ダッシュポット dashpot	32
縦揺れ pitching	2
ダランベールの原理 d'Alembert's principle	

単位インパルス unit impulse	53
単位インパルス応答 unit impulse response	54
単位ステップ応答 unit step response	56
単位ステップ関数 unit step function	56
単振動 simple harmonic motion	19, 29
弾性軸 elastic axis	87
弾性床 elastic foundation	123
弾性体 elastic body	99
弾性連成 elastic coupling	64
単振り子 simple pendulum	26
断面2次極モーメント polar moment of inertia of area	26, 110
中立軸 neutral axis	126
中立面，中央面 middle surface	113, 143, 159
チューンド・マス・ダンパ：TMD	4
超越方程式 transcendental equation	108
長周期振り子 long-period pendulum	27
張力 tension	100, 131
調和解析 harmonic analysis	15
調和振動 harmonic vibration	11〜13
直角座標 Cartesian coordinate	137
直交曲線座標 orthogonal curvilinear coordinate	159
直交軸の定理 perpendicular-axis theorem	25
直交性 orthogonality	75
定常応答 steady (state) response	9, 42, 44, 51
ティモシェンコの梁理論 Timoshenko beam theory	126
ディラックのデルタ関数 Dirac delta function	53
テイラー展開 Taylor expansion	105, 109, 210
デュアメル積分 Duhamel integral	55, 56
同位相 in phase	42, 66
等価ばね定数 equivalent suppression	21
動吸振器 dynamic damper	77
等差級数的 arithmetically	40
同次解 homogeneous solution	41
	10
等時性 isochronism	26
動的不安定振動 dynamic instability vibration	87
等比数列 geometric progression	35
動摩擦 kinetic friction	37
動摩擦係数 coefficient of kinetic friction	38
動摩擦に関するクーロンの法則 Coulomb's law of kinetic friction	37
倒立振り子 inverted pendulum	28
動連成 dynamic coupling	64, 88, 90
特殊解 particular solution	18, 41
特性方程式 characteristic equation	19, 32, 65, 103, 115, 172
トーションバースプリング	110
トラジェクトリー trajectory	41
トーラス torus, toroidal shell	158, 166〜168
ドンネルの式 Donnell equation	176, 178
ドンネル理論 Donnell theory	158, 169

〈ナ　行〉

内部抵抗 internal resistance	31
2次元構造 two-dimensional structure	99, 131
ニュートンの運動法則 Newton's law of motion	10
ニュートンの第1法則	11
ニュートンの第2法則	10
ニュートン・ラフソン法 Newton-Raphson method	108, 117
ねじり torsion	87, 99, 131, 157
ねじり剛性 torsional rigidity	27, 110
ねじりモーメント torque, torsional moment	100, 131, 158
粘性減衰 viscous damping	9, 32
粘性減衰係数 coefficient of viscous damping	32
乗り心地 ride quality	2

〈ハ　行〉

倍角の公式	208

索　　引　217

パーカッション・ボーリングマシン	108
はさみうち法　Regula-Falsi method	108,117
柱　column	100
ハーフパワーポイント　half-power point	47
ハーフパワーポイント法　half-power point method	47
ハミルトンの原理　Hamilton's principle	161
梁　beam	99,113
梁状モード　beam-type mode	173
梁の曲げ剛性　flexural rigidity of beam	21,114
梁の曲げ振動　bending vibration of beam	113
反共振点　anti-resonance point	77
半定値システム　semi-definite system	91
半頂角　semi vertex angle	164
バンド幅　band width	47
反発　rebound	51
非円筒殻　non-circular cylindrical shell	158
非自明解　non-trivial solution	65,69,72,90,94,152,172
微小重力　micro gravity	3
非線形振動　non-linear vibration	10
非定常応答　unsteady response	9
非同次, 非斉次　inhomogeneous	41
非保存力　non-conservative system	83
比例減衰　proportional damping	82
非連成化	74,82
不規則励振　random excitation	9
副系　sub-system	77
復元性　restorability	9
複素振幅　complex amplitude	13
複素数表示	13
符号関数　signum function	38
不足減衰　under damping	34
部分円形膜, 扇形膜　sectorial membrane	142
フーリエ級数　Fourier series	14
フーリエ係数　Fourier coefficients	14
フーリエスペクトル　Fourier spectrum	15
フリューゲの式　Flügge equation	176,178
フリューゲ理論　Flügge theory	158,167,169
ブロムウィッチ積分　Bromwich integral	57
分周　frequency division	6
平行軸の定理　parallel-axis theorem	25
平衡状態　equilibrium state	9
並進運動　translational motion	17,21,63,87
並進・回転運動　translational-rotational motion	71,89
平板　flat plate	131,143
平板の曲げ振動　bending vibration of flat plate	143
ベッセル関数　Bessel function	139,151,211
ベッセルの微分方程式　Bessel differential equation	138,151
変位伝達率　displacement transmissibility	49
変位ベクトル　displacement vector	64
変形ベッセルの微分方程式　modified Bessel differential equation	151
変数分離法　method of separation of variables	101,106,110,114,132,138,145,150
ポアソン比　Poisson's ratio	143,160
棒　rod	99
棒の縦振動　longitudinal vibration of bar	105
包絡線　envelope curve	35
保存系　conservative system	29,84

〈マ　行〉

膜　membrane	99,131
膜の横振動　transverse vibration of membrane	131
マクローリン展開	210
曲げ　bending	87,99,131,157
曲げ剛性　flexural rigidity	100,114,132,161
曲げねじりフラッタ　bending-torsion flutter	87
曲げモーメント　bending moment	100,114,131,143,158,161
摩擦角　angle of friction	37
摩擦減衰　frictional damping	9
摩擦抵抗　frictional resistance	31

丸棒のねじり振動　torsional vibration of
　　circular bar　110
無周期的励振　aperiodic excitation　9
面積密度　area density　24
免震　seismic isolation．　4
面密度　mass per unit area　131
モデル化　modelling　9
モード行列　modal matrix　74
モード減衰比　modal damping ratio　83
モード剛性　modal rigidity　75
モード座標　modal coordinate　74
モード質量　modal mass　75

〈ヤ　行〉

有限要素法　finite element method：FEM　97
余弦定理　208
横弾性係数　modulus of transverse elasticity
　　26,110
横揺れ　rolling　2

〈ラ　行〉

ラグランジアン　Lagrangian　83
ラグランジュ関数　Lagrange function　160
ラグランジュの運動方程式　Lagrange's
　　equations of motion　83
ラジアン　radian　13

ラブの第1近似理論　Love's first
　　approximation theory　158
ラプラス逆変換　inverse Laplace
　　transformation　57
ラプラス変換　Laplace transformation　57
ラブ理論　Love theory　158, 169
ラメのパラメータ　Lamé parameters　159
力学的境界条件　dynamical boundary
　　condition　116
力積　impulse　52, 53
リサージュ軌跡　Lissajous orbit　48
離散化　discretization　97
流体抵抗　fluid resistance　31
流体摩擦　fluid friction　52
両立条件　compatibility condition　181
臨界減衰　critical damping　34
臨界減衰係数　critical damping coefficient　32
励振力　excitation force　9
レーリー減衰　Rayleigh damping　82
レーリーの散逸関数　Rayleigh's dissipation
　　function　83
レーリー法　Rayleigh method　29
連成　coupling　64
連成項　coupling term　64
連続体　continuous system　99

〈著者紹介〉

千葉　正克　（ちば　まさかつ）
- 1985 年　東北大学大学院 工学研究科 博士後期課程修了
- 専門分野　航空宇宙構造動力学
- 2022 年　大阪府立大学 名誉教授，客員教授
- 現　在　大和大学 理工学部 理工学科 機械工学専攻教授，工学博士

小沢田　正　（こさわだ　ただし）
- 1981 年　山形大学大学院 工学研究科 修士課程修了
- 専門分野　振動工学，医用生体力学
- 現　在　山形大学 名誉教授，客員教授，工学博士

（著者近影）

構造振動学

2016 年 9 月 25 日　初版 1 刷発行
2023 年 9 月 1 日　初版 4 刷発行

検印廃止

著　者　千葉　正克　Ⓒ 2016
　　　　小沢田　正

発行者　南條　光章

発行所　共立出版株式会社

〒 112-0006　東京都文京区小日向 4 丁目 6 番 19 号
電話　03-3947-2511
振替　00110-2-57035
URL　www.kyoritsu-pub.co.jp

一般社団法人
自然科学書協会
会員

印刷・製本：真興社
NDC 531.18／Printed in Japan

ISBN 978-4-320-08214-4

JCOPY ＜出版者著作権管理機構委託出版物＞

本書の無断複製は著作権法上での例外を除き禁じられています．複製される場合は，そのつど事前に，出版者著作権管理機構（ＴＥＬ：03-5244-5088，ＦＡＸ：03-5244-5089, e-mail：info@jcopy.or.jp）の許諾を得てください．

■機械工学関連書

www.kyoritsu-pub.co.jp　**共立出版**

- 生産技術と知能化 (S知能機械工学1)……………山本秀彦著
- 情報工学の基礎 (S知能機械工学2)………………谷　和男著
- 現代制御 (S知能機械工学3)………………………山田宏尚他著
- 構造健全性評価ハンドブック……構造健全性評価ハンドブック編集委員会編
- 入門編 生産システム工学 総合生産工学への途 第6版……人見勝人著
- 衝撃工学の基礎と応用………………………………横山　隆編著
- 機械系の基礎力学……………………………………山川　宏著
- 機械系の材料力学……………………………………山川　宏他著
- Mathematicaによるテンソル解析…………………野村靖一著
- 工学基礎 材料力学 新訂版…………………………清家政一郎著
- わかりやすい材料力学の基礎 第2版………………中田政之他著
- 詳解 材料力学演習 上・下…………………………斉藤　渥他著
- 固体力学の基礎 (機械工学テキスト選書1)………田中英一著
- 工学基礎 固体力学……………………………………園田佳巨他著
- 超音波による欠陥寸法測定……小林英男他編集委員会代表
- 破壊事故 失敗知識の活用……………………………小林英男編著
- 構造振動学……………………………………………千葉正克他著
- 基礎 振動工学 第2版…………………………………横山　隆他著
- 機械系の振動学………………………………………山川　宏著
- わかりやすい振動工学………………………………砂子田勝昭他著
- 弾性力学………………………………………………荻　博次著
- 繊維強化プラスチックの耐久性……………………宮野　靖他著
- 複合材料の力学………………………………………岡部朋永他訳
- 図解 よくわかる機械加工……………………………武藤一夫著
- 材料加工プロセス ものづくりの基礎………………山口克彦他編著
- ナノ加工学の基礎……………………………………井原　透著
- 機械・材料系のためのマイクロ・ナノ加工の原理……近藤英二著
- 機械技術者のための材料加工学入門………………吉田総仁他著
- 基礎 精密測定 第3版…………………………………津村喜代治著
- X線CT 産業・理工学でのトモグラフィー実践活用……戸田裕之著
- 図解 よくわかる機械計測……………………………武藤一夫著
- 基礎 制御工学 増補版 (情報・電子入門S 2)………小林伸明他著
- 詳解 制御工学演習……………………………………明石　一他共著
- 工科系のためのシステム工学 力学・制御工学……山本郁夫他著
- 基礎から実践まで理解できるロボット・メカトロニクス……山本郁夫他著
- ロボティクス モデリングと制御 (S知能機械工学4)……川﨑晴久著
- 熱エネルギーシステム 第2版 (機械システム入門S 10)……加藤征三編著
- 工業熱力学の基礎と要点……………………………中山　顕他著
- 熱流体力学 基礎から数値シミュレーションまで……中山　顕他著
- 伝熱学 基礎と要点……………………………………菊地義弘他著
- 流体工学の基礎………………………………………大坂英雄他著
- データ同化流体科学 流動現象のデジタルツイン (クロスセクショナルS 10)……大林　茂他著
- 流体の力学……………………………………………太田　有他著
- 流体力学の基礎と流体機械…………………………福島千晴他著
- 空力音響学 渦音の理論………………………………浅井雅人他訳
- 例題でわかる基礎・演習流体力学…………………前川　博他著
- 対話とシミュレーションムービーでまなぶ流体力学……前川　博著
- 流体機械 基礎理論から応用まで……………………山本　誠他著
- 流体システム工学 (機械システム入門S 12)………菊山功嗣他著
- わかりやすい機構学…………………………………伊藤智博他著
- 気体軸受技術 設計・製作と運転のテクニック……十合晋一他著
- アイデア・ドローイング コミュニケーションツールとして 第2版……中村純生著
- JIS機械製図の基礎と演習 第5版……………………武田信之改訂
- JIS対応 機械設計ハンドブック………………………武田信之著
- 技術者必携 機械設計便覧 改訂版……………………狩野三郎著
- 標準 機械設計図表便覧 改新増補5版………………小栗冨士雄他共著
- 配管設計ガイドブック 第2版…………………………小栗冨士雄他共著
- CADの基礎と演習 AutoCAD2011を用いた2次元基本製図……赤木徹也他共著
- はじめての3次元CAD SolidWorksの基礎………木村　昇著
- SolidWorksで始める3次元CADによる機械設計と製図……宋　相載他著
- 無人航空機入門 ドローンと安全な空社会……………滝本　隆著